Sentire e pensare

Emozioni e apprendimento fra mente e cervello

Sentire e pensare

Emozioni e apprendimento fra mente e cervello

Carlo Cristini • Alberto Ghilardi

Sentire e pensare

Emozioni e apprendimento
fra mente e cervello

Presentazione a cura di
Marcello Cesa-Bianchi

 Springer

CARLO CRISTINI
Dipartimento Materno Infantile e Tecnologie Biomediche
Facoltà di Medicina e Chirurgia
Università degli Studi di Brescia
Brescia

ALBERTO GHILARDI
Dipartimento Materno Infantile e Tecnologie Biomediche
Facoltà di Medicina e Chirurgia
Università degli Studi di Brescia
Brescia

ISBN 978-88-470-1068-0   ISBN 978-88-470-1069-7   (eBook)
DOI 10.1007/978-88-470-1069-7

Springer fa parte di Springer Science+Business Media

springer.com

Layout/copertina: Simona Colombo, Milano
Impaginazione: Graphostudio S.r.l., Milano
Stampa: Press Grafica S.r.l., Gravellona Toce (VB)

Stampato in Italia
Springer-Verlag Italia S.r.l., Via Decembrio 28, 20137 Milano

Presentazione

Quando nascono le emozioni e i pensieri, la mente e il cervello? Quando ha inizio la vita psichica? Sono interrogativi che hanno sempre affascinato, coinvolto numerosi studiosi, ricercatori, dalla psicologia generale a quella del profondo, dalla psicofisiologia alle neuroscienze. L'ontogenesi è un fenomeno complesso, articolato, influenzato da molti fattori – biologici, sociali, culturali – ma è fondamentalmente un processo unitario; si sviluppano cellule, tessuti e apparati, il sistema nervoso e le reti neurali, si attivano funzioni, interconnessioni, si forma, si afferma la storia, il volto di un essere umano. Ancora prima di venire al mondo si avvertono sensazioni, si percepisce, si apprende ciò che si sta vivendo, si fanno esperienze sensoriali, di cui non si è consapevoli ma che compongono, istituiscono la memoria, l'identità, la biografia personale. All'inizio cervello e mente sono indistinti, sembrano procedere, reagire, rispondere all'unisono agli stimoli ambientali, e nel progredire degli anni, dall'infanzia alla vecchiaia, non si separeranno mai in modo definitivo, continueranno, più o meno apertamente, ad interagire come unità.

Sentire e pensare nascono e si apprendono insieme, appartengono alla medesima struttura (psico-biologica) dell'essere umano. È difficile, forse impossibile, alle conoscenze attuali, sostenere, determinare con precisione quando cominciano a differenziarsi pensieri ed emozioni come entità con proprie caratteristiche funzionali. La comparsa della coscienza consente di discriminare, di collocare gli eventi, le esperienze in una prospettiva temporale e spaziale. Il bambino progressivamente impara a riconoscere un quando e un dove si sia verificata una situazione. Nel corso della crescita si ha sempre più consapevolezza di quanto ci accade, di ciò che si prova e si pensa. Non sempre, tuttavia, lo sviluppo procede in modo armonico, coerente, integrato fra le diverse dimensioni della persona: organiche, psicologiche, relazionali, culturali. Si possono potenziare alcune funzioni cognitive e inibire quelle emotive, diversamente da quanto avviene nel declino mentale in cui si perdono progressivamente le prime, ma si conservano generalmente le seconde, connesse alle memorie più remote; si riesce talvolta ad interagire con gli altri solamente attraverso schemi e comportamenti rigidi, stereotipati; si ripetono acriticamente modelli culturali, tradizionali, anche se negativi, involuti; si replica meccanicamente un pensiero, impedito alle novità, si compiono azioni, prive di aspetti creativi. Sentire e pensare si possono fermare, arrestare, regredire; il cervello e la mente rischiano di non crescere, di non imparare, per lungo tempo, per generazioni, millenni. Si parla sempre più negli ultimi anni di intelligenza emotiva e di intelligenza sociale nell'intento anche di sottolineare l'importanza di uno sviluppo complessivo, di una reale maturazione dell'individuo. Sentire e pensare nascono insieme, ma spesso si separano, si dissociano negli anni successivi. La differenziazione funzionale fra pensiero ed emozione avviene in senso accrescitivo quando vi è integrazione, empatia, riconoscimento, consapevolezza dell'uno e dell'altro. Ogni volta che proviamo un'emozione, "proviamo" anche un pensiero.

Sentire e pensare si possono ammalare. Le emozioni "malate", se non adeguatamente curate, affliggono la mente ed il corpo; i pensieri deviati spesso escludono, reprimono le istanze affettive e si traducono in comportamenti inappropriati, anomali, patologici. Pensieri ed emozioni sono fattori di salute o indicatori di disagio.

Quando si soffre, si sta male nei sentimenti, negli affetti, ne risentono i pensieri che tuttavia possono aiutarci a comprendere e superare il dolore emotivo. Si impara a pensare e a sentire, a consolidare, a cambiare, a sviluppare l'uno e l'altro, consapevoli della loro unitarietà e integrazione. Quando si modifica un'emozione, mutano anche il pensiero e i substrati biologici della struttura cerebrale. Siamo composti di mente, cervello e relazionalità, fra loro in costante, dialettica comunicazione. Apprendiamo attraverso le esperienze, individuali e di gruppo. Condividiamo pensieri e sentimenti con altre persone, instauriamo, costruiamo dialoghi a due o più voci, viviamo insieme agli altri, ci scambiamo informazioni, idee, stati d'animo, conosciamo, impariamo attraverso l'ambiente in cui siamo inseriti, siamo apportatori e destinatari di opinioni, modelli ed emozioni. Pensieri, sentimenti, il loro modo di esprimersi, a livello individuale e collettivo, influenzano le interazioni fra le persone, il contesto culturale. Le recenti scoperte neuroscientifiche sui neuroni a specchio evidenziano l'importanza delle relazioni, la capacità di "attivare" emozioni e comportamenti, di stimolare atteggiamenti, possibilmente positivi, costruttivi attraverso l'osservazione, l'imitazione di propri simili. "La società è organizzata non tanto dalla legge quanto dalla tendenza all'imitazione", scriveva Carl Gustav Jung e "La fiducia genera fiducia", sosteneva Gandhi, ad ogni età e condizione.

Si può vivere, invecchiare continuando ad essere creativi, ad acquisire nuovi elementi, a perfezionare ciò che si è imparato, ad affinare pensieri e sentimenti. Le emozioni toccano il cuore, animano o deprimono la vita, sollevano, liberano od offuscano lo spirito e gli affetti. Per Martin Buber: "Essere vecchi è una cosa splendida se non si è dimenticato cosa significa cominciare", per Paolo Mantegazza: "Ad ogni età un clima diverso, ma fiori sempre e frutti sempre". Si ama e si impara, dall'infanzia alla vecchiaia, nelle memorie dei genitori ed in quelle dei propri figli.

Sentire e pensare si apprendono, caratterizzano l'esistenza, la storia di una donna, di un uomo, ne personalizzano la mente, il cervello, il cuore, l'interpretazione della vita.

Il volume curato da Carlo Cristini e Alberto Ghilardi affronta, approfondisce in una prospettiva interdisciplinare i temi accennati e può essere sicuramente di aiuto a studenti, ricercatori, medici, psicologi, ai professionisti della salute, alle persone che considerano la natura umana nella sua unitarietà, che credono nell'avventura, nel valore, nella difesa della sua conoscenza.

Scriveva Niccolò Machiavelli ne *Il principe* (VI):

> *Camminando gli uomini quasi sempre per le vie battute da altri, e procedendo nelle azioni loro con le imitazioni, né si potendo le vie di altri al tutto tenere, né alla virtù di quelli che tu imiti aggiugnere, debbe uno prudente intrare sempre per vie battute da uomini grandi, e quelli che sono stati eccellentissimi imitare, acciò che, se la sua virtù non vi arriva, almeno ne renda qualche odore; e fare come gli arcieri prudenti, a' quali parendo el loco dove disegnano ferire troppo lontano, e conoscendo fino a quanto va la virtù del loro arco, pongono la mira assai più alta che il loco destinato, non per aggiugnere con la loro freccia a tanta altezza, ma per potere, con l'aiuto di sì alta mira, pervenire al disegno loro.*

Marcello Cesa-Bianchi

Prefazione

Il rapporto fra mente e cervello, emozioni e apprendimento, sentire e pensare costituisce un tema da sempre dibattuto – specie in ambito filosofico –, ma che nel mondo scientifico contemporaneo, in particolare negli ultimi anni, è stato ripreso, a volte con toni entusiastici, attraverso la ricerca in psicologia e nelle neuroscienze.

Le nuove tecniche di indagine – del cervello e della mente – il progredire e l'affermarsi in vari settori della cultura e della scienza di una concezione olistica dell'essere umano, nelle sue dimensioni biologica, psicologica e relazionale, dagli inizi dello sviluppo e per l'intero ciclo di vita, hanno consentito di confermare, ampliare e approfondire le conoscenze sulle interconnessioni fra soma e psiche, natura ed esperienza, soggettività e ambiente.

Nuove scoperte aprono ulteriori spazi di curiosità, di ricerca, di applicazione nei quali diverse discipline – connesse alla biologia, alla psicologia ed alle neuroscienze – possono contribuire a meglio comprendere i meccanismi, le dinamiche, le interazioni che regolano la natura, la vita e il cammino dell'essere umano. Come si costruiscono, si realizzano il sentire e il pensare, quali fattori ne influenzano, ne determinano la formazione e il percorso, l'inibizione o l'espressione, la qualità, rappresentano essenziali elementi di riflessione e di studio. Nell'apprendimento entrano in gioco le emozioni, i pensieri, le strutture cerebrali, le reti neurali, il contesto, il significato dell'esperienza. Nei confronti di qualsiasi evento e situazione che lo coinvolge l'individuo risponde in funzione di chi è, di come si sente e si pensa, del suo percorso autobiografico e della sua storia relazionale.

Lo sviluppo, l'espressione delle funzioni cognitive ed affettive vengono sempre più esaminati, valutati all'interno di un sistema di relazioni e di un racconto personale. Ciò che si pensa e si prova modula i contatti sinaptici, attiva (o inibisce) le vie nervose, può accrescere la consapevolezza di sé, è condizionato dall'ambiente, avviene mediante l'interazione, più o meno cosciente, con altri individui. Freud parlava di comunicazione fra inconscio e inconscio. Pensieri e sentimenti costituiscono sia la base che il prodotto di relazioni interpersonali. Le "menti" si incontrano, comunicano, si influenzano reciprocamente. Ognuno ha una propria storia, un proprio cervello, che si sviluppano e si modificano attraverso il rapporto con gli altri, dal periodo prenatale alla vecchiaia.

Tali contenuti e riflessioni scorrono in vari passaggi del volume che presentiamo, riflettono una sorta di filo conduttore, di denominatore comune dei contributi che costituiscono il testo.

L'idea di questo volume nasce dai seminari che tradizionalmente vengono rivolti agli studenti di vari corsi di laurea, soprattutto quelli di medicina. Nonostante i temi siano relativamente specialistici, sono iniziative che generalmente riscuotono un'ampia affluenza e un esplicito interesse per l'attualità di quanto viene proposto. Questi eventi ci hanno permesso di far incontrare pensieri e colleghi-studiosi di campi differenti e ci hanno fatto intravedere la possibilità, attraverso i concetti del pensare e del sentire, di trovare un collegamento e uno spunto di confronto reciproco.

Non abbiamo pensato a un libro con uno sviluppo unitario, chiedendo quindi agli autori una prospettiva concettuale omogenea, ma ad un testo a più voci; non abbiamo fornito particolari indicazioni per lo svolgimento dei loro lavori, ma abbiamo lasciato la libertà di affrontare gli argomenti proposti secondo l'esperienza, il sapere, le competenze personali. Ne è emersa una reale articolazione pluridisciplinare, e il lettore troverà contributi differenti, talora in forma di spunto e breve riflessione, talora in forma estesa, su temi che si inseriscono nel dibattito attuale sull'interazione continua fra mente, cervello e ambiente.

Il volume si compone di tre parti. La prima considera le emozioni nello svolgersi del ciclo di vita, la seconda tratta il ruolo delle emozioni in medicina riguardo al profilo storico, fisiologico e psicologico, la terza parte esamina alcuni aspetti significativi dell'apprendimento anche nella sua funzione costruttiva della mente e formativa della professione.

Sentire e pensare, emozioni e apprendimento (cognitivo) non rappresentano una dicotomia, ma l'espressione unitaria di ogni persona che nel corso della propria esistenza cerca il valore, la realizzazione, la verità della sua narrazione.

La storia individuale testimonia l'immagine di una memoria, di un'identità, di un'interpretazione della vita che si configura nelle sue esperienze fra pensieri e sentimenti, natura e cultura: la sintesi fra ciò che caratterizza un volto interiore e ciò che di esso riusciamo a cogliere e a vedere.

Carlo Cristini
Alberto Ghilardi

Indice

Elenco degli autori

CHIARA BUIZZA
Dipartimento Materno Infantile e Tecnologie Biomediche, Facoltà di Medicina e Chirurgia, Università degli Studi di Brescia, Brescia

GIOVANNI CAVADI
Psicologo, Azienda Ospedaliera di Brescia, Brescia

GIOVANNI CESA-BIANCHI
Istituto di Psicologia, Facoltà di Medicina e Chirurgia, Università degli Studi di Milano, Milano

MARCELLO CESA-BIANCHI
Fondatore Istituto di Psicologia e Scuole di Specializzazione in Psicologia e in Psicologia Clinica, Facoltà di Medicina e Chirurgia, Università degli Studi di Milano, Milano

CARLO CRISTINI
Dipartimento Materno Infantile e Tecnologie Biomediche, Facoltà di Medicina e Chirurgia, Università degli Studi di Brescia, Brescia

ANNA MARIA DELLA VEDOVA
Dipartimento Materno Infantile e Tecnologie Biomediche, Facoltà di Medicina e Chirurgia, Università degli Studi di Brescia, Brescia

RENATO DE POLO
Psicoterapeuta, Psicoanalista della Società Psicoanalitica Italiana, Milano

LUCA FALCIATI
Dipartimento Scienze Biomediche e Biotecnologie, Facoltà di Medicina e Chirurgia, Università degli Studi di Brescia, Brescia

AURELIA GALLETTI
Psicoterapeuta, Scuola di Specializzazione in Psicoterapia – COIRAG
Presidente di Ariele Psicoterapia, Brescia

ALBERTO GHILARDI
Dipartimento Materno Infantile e Tecnologie Biomediche, Facoltà di Medicina e
Chirurgia, Università degli Studi di Brescia, Brescia

ANTONIO IMBASCIATI
Direttore della Sezione di Psicologia, Dipartimento Materno Infantile e Tecnologie
Biomediche, Facoltà di Medicina e Chirurgia, Università degli Studi di Brescia,
Brescia

ALESSANDRO MAHONY
Dipartimento Materno Infantile e Tecnologie Biomediche, Facoltà di Medicina e
Chirurgia, Università degli Studi di Brescia, Brescia

CLAUDIO MAIOLI
Dipartimento Scienze Biomediche e Biotecnologie, Facoltà di Medicina e
Chirurgia, Università degli Studi di Brescia, Brescia

PAOLA MANFREDI
Dipartimento Materno Infantile e Tecnologie Biomediche, Facoltà di Medicina e
Chirurgia, Università degli Studi di Brescia, Brescia

ALESSANDRO PORRO
Dipartimento Specialità Chirurgiche, Scienze Radiologiche e Medico Forensi,
Facoltà di Medicina e Chirurgia, Università degli Studi di Brescia, Brescia

GIORGIO TOSINI
Dipartimento Materno Infantile e Tecnologie Biomediche, Facoltà di Medicina e
Chirurgia, Università degli Studi di Brescia, Brescia

Parte I

Emozioni e ciclo di vita

Capitolo 1

Emozioni e gravidanza: effetti dello stress materno sul benessere fetale

Anna Maria Della Vedova

Benché l'idea che gli stati d'animo materni possano influire sul benessere fetale non sia nuova, solo di recente lo studio dei potenziali effetti delle emozioni materne sullo sviluppo del feto è divenuto oggetto di attenzione e ricerca scientifica.

Le emozioni possono essere definite come stati soggettivi di natura transitoria, caratterizzati dalla concomitanza di aspetti psicologici, fisiologici e comportamentali, il cui impatto sul benessere della persona dipende in gran parte dal "significato" che l'individuo attribuisce al proprio stato emotivo e alla situazione che lo causa. A tale riguardo entrano in gioco da un lato le capacità individuali di riconoscere, dare significato e modulare le proprie emozioni – "capacità riflessiva e regolazione affettiva" secondo la definizione di Fonagy (Fonagy et al., 2005) – e dall'altro il ruolo dell'esperienza interpersonale passata e presente. Altri fattori che incidono sulla percezione emotiva degli eventi sono la qualità del sostegno sociale, la rete relazionale e il contesto in cui la persona vive. Le capacità individuali di modulare le emozioni sono di particolare importanza in situazioni in cui nuovi equilibri devono essere creati e la valutazione delle proprie capacità/incapacità può divenire un elemento cruciale della percezione della situazione.

Secondo la definizione di Selye (1956) il termine "stress" indica la risposta di adattamento dell'organismo a mutate condizioni interne od esterne. Tale risposta si accompagna ad attivazione psicofisiologica ed a valutazione cognitiva della situazione che si ripercuote direttamente sul vissuto emotivo della persona. La valutazione cognitiva ed emotiva della situazione e le modalità attraverso le quali il disequilibrio viene affrontato ("coping skills") differiscono da individuo a individuo e si dimostrano più o meno efficaci a contrastare il crearsi di una situazione di "di-stress".[1]

---

[1] Selye (1956) definisce "eu-stress" un'attivazione benigna che permette all'organismo di mobilitare risorse emotive e cognitive al fine di ripristinare un nuovo equilibrio e "di-stress" una reazione per cui la risposta di allarme viene mantenuta in modo prolungato con ricadute potenzialmente dannose per l'organismo stesso. Le modalità attraverso le quali il disequilibrio viene

→

C. Cristini, A. Ghilardi (a cura di), *Sentire e pensare. Emozioni e apprendimento fra mente e cervello*. ISBN 978-88-470-1068-0 © Springer-Verlag Italia 2009

La gravidanza costituisce di per sé un momento particolare della vita di una donna, in cui gli aspetti di cambiamento psicologico e somatico richiedono complesse capacità di adattamento. Oltre alle trasformazioni sul piano biologico, la gestazione implica nuovi ed importanti equilibri riguardo all'identità individuale, di coppia e sociale.

È acquisito che i processi psicologici coinvolti nella transizione alla genitorialità comportino una ri-definizione dell'identità individuale: il divenire genitore è considerato il "terzo processo di separazione-individuazione" che completa i processi di costruzione dell'identità (primaria e secondaria) avvenuti nel corso dell'infanzia e dell'adolescenza (Delassus, 2000; Mastella, 2004; Monti et al., 2006). Dal punto di vista intrapsichico ciò si lega ad una forte mobilitazione emotiva e cognitiva dovuta al riaffiorare delle esperienze infantili e dei conflitti irrisolti che riportano al confronto con i propri modelli genitoriali. La donna in gravidanza deve confrontarsi contemporaneamente con le modificazioni corporee in atto e con l'assunzione del ruolo materno, processo che implica responsabilità e timori. Gli aspetti relativi alla costruzione dell'identità femminile-materna devono inoltre essere conciliati con i cambiamenti che il nuovo ruolo impone rispetto al contesto, all'identità lavorativa, culturale e sessuale della donna.

La gravidanza si presenta dunque come un momento di notevole complessità psicologica e quindi anche di potenziale vulnerabilità. In questo senso la gestione delle emozioni diviene più delicata. Considerata inoltre la natura dei processi legati all'intero ciclo riproduttivo femminile (si pensi a problematiche quali l'infertilità psicogena, alcuni tipi di abortività o nascita pretermine) risulta evidente quanto la dimensione biologica e psicologica siano profondamente interrelate. La gravidanza si caratterizza come un processo di natura psicosomatica, ovvero modulato e influenzato da fattori psicologici, oltre che somatici, che interagiscono tra loro influenzandone il decorso. È importante chiedersi quali ripercussioni possano avere gli stati emotivi della gestante sia sul benessere proprio sia su quello del bambino che si sta sviluppando.

È noto che i fenomeni emotivi si accompagnano ad alterazioni più o meno marcate dei parametri psicofisiologici. Queste sono dovute all'attivazione del sistema nervoso autonomo simpatico e parasimpatico ed al rilascio in circolo di sostanze, come ormoni e catecolamine, che attivano complessi meccanismi di feedback. L'azione di tali sostanze, se prolungata nel tempo, può indurre modificazioni permanenti dell'equilibrio neuroendocrino ed alterare la funzionalità

---

affrontato ("coping skills") sono state definite da Lazarus e Folkman (1984) come l'insieme degli sforzi cognitivi e comportamentali che l'individuo compie al fine di gestire situazioni che egli giudica potenzialmente logoranti. In una prima fase l'individuo percepisce un evento e lo giudica come potenzialmente dannoso, in una seconda fase valuta se la situazione è o meno modificabile con le proprie risorse. Il modo in cui la situazione viene percepita influisce sulle capacità di reagire e di farvi fronte. In questo senso, si distingue un *coping* efficace da un *coping* inefficace e sono stati definiti i costrutti di *appraisal, resilience, autoefficacia.*

di alcuni organi. È documentato come, nell'adulto, gli effetti dello stress e di stati emotivi quali ansia e depressione si associno ad effetti di attivazione del sistema simpatico e di disregolazione nel funzionamento dell'asse ipotalamo-ipofisi-surrene (HPA). Studi endocrinologici evidenziano come l'organismo reagisca a situazioni stressanti con un aumento della produzione di cortisolo e norepinefrina che vengono rilasciati nel torrente circolatorio (Morgan e Wang, 2001).

Di conseguenza diviene un obiettivo prioritario determinare quali siano gli effetti dello stato psicologico e degli stati emotivi materni sull'andamento della gravidanza e sullo sviluppo fetale. Un ostacolo a questo tipo di ricerche è costituito dalla difficoltà di indagare un sistema complesso, e allo stesso tempo estremamente vulnerabile, come l'unità gestante-feto. Per questo motivo molto di quello che sappiamo oggi sugli effetti delle emozioni materne e dello stress in gravidanza deriva da studi sul modello animale, ove è possibile implementare situazioni sperimentali in cui le condizioni di stress possano essere indotte per valutarne i possibili effetti sullo sviluppo fetale e neonatale.

Per quanto riguarda l'essere umano numerosi studi documentano l'impatto sulla gestante di emozioni legate ad ansia, depressione e stress percepito. Le modalità attraverso le quali si ritiene che le emozioni materne influenzino gli equilibri neurofisiologici fetali sono di diverso tipo ed interessano differenti livelli del funzionamento della persona. Studi epidemiologici hanno evidenziato una relazione tra stati emotivi materni di tipo ansioso o depressivo e fattori di rischio per il feto quali: basso peso del bambino alla nascita (Hoffman e Hatch, 2000), aumentato rischio di parto pretermine (Dunkel-Schetter, 1998; Dayan et al., 2002), circonferenza del capo inferiore alla media (Lou et al., 1994). Ansia e depressione si dimostrano inoltre legate a comportamenti a rischio della gestante, come scarsa attenzione a norme di igiene e screening prenatali, alimentazione materna, consumo di alcol, fumo e stupefacenti (Lindgren, 2001). Tali indici di rischio si ritrovano in genere combinati con fattori sociodemografici quali bassi livelli di condizioni economiche, di istruzione e di sostegno sociale. Ciò sottolinea la complessità della valutazione degli effetti dello stress in gravidanza. Tuttavia, studi sperimentali (Field et al., 2003; Buitelaar et al., 2003; Huizink et al., 2004; Ruiz e Avant, 2005; Austin et al., 2005; Davis et al., 2007) hanno recentemente permesso di evidenziare un'azione diretta degli ormoni legati ad ansia, depressione o stress materno sullo sviluppo del sistema nervoso fetale, con particolare riguardo al ruolo dei glucocorticoidi e delle catecolamine.

Mentre gli effetti dello stress nell'adulto sono documentati, i potenziali effetti dello stress sulla salute fetale sono molto meno conosciuti. È dunque importante interrogarsi su quale ruolo possano rivestire ormoni e neurotrasmettitori legati alle emozioni, se possano attraversare la placenta, se siano in grado di alterare l'ambiente fisico nel quale avviene lo sviluppo embrionale e fetale e quali effetti un aumentato livello degli stessi possa avere sul feto.

Ipotesi sulle modalità attraverso le quali lo stress materno esercita i suoi effetti sul feto

Studi recenti suggeriscono che tra le principali conseguenze dello stress materno – in grado di esercitare effetti dannosi sul feto – vi sia l'aumentata attività dell'asse ipotalamo-ipofisi-surrene (HPA) e del sistema simpatico-noradrenergico (Huizink et al., 2004; Austin et al., 2005). Tale attivazione comporta un incremento dei livelli plasmatici di cortisolo e noradrenalina. In condizioni di esposizione prolungata a stimoli stressanti l'organismo può andare incontro ad alterazioni stabili dell'equilibrio neuroendocrino, i cui effetti, in caso di gravidanza, si ripercuotono sull'ambiente uterino e sul feto.

Ma quali sono le vie attraverso le quali lo stress materno può arrivare fino al feto? Gli studiosi hanno ipotizzato tre modalità attraverso le quali lo stress percepito dalla madre potrebbe influenzare il benessere fetale: il passaggio diretto dei glucocorticoidi materni al feto attraverso la placenta; un aumento di cortisolo in conseguenza del rilascio di CRH (*corticotropin-releasing hormone*) placentare stimolato dagli effetti dello stress materno; cambiamenti dell'irrorazione sanguigna uterina dovuti a contrazione delle pareti dei vasi arteriosi materni a seguito dell'incremento di catecolamine legate allo stress.

Il ruolo del cortisolo materno viene particolarmente indagato dal momento che diversi studi sul modello animale suggeriscono che esso possa alterare lo sviluppo del sistema nervoso fetale. Recenti ricerche hanno evidenziato effetti diretti del cortisolo sulla morfologia di alcune strutture del sistema nervoso fetale in via di sviluppo, con particolare riguardo alla riduzione del volume dell'ippocampo e del numero dei recettori per i corticosteroidi di cui tale regione è ricca (Uno et al., 1994). Una dimostrazione degli effetti dannosi dell'esposizione fetale ai glucocorticoidi materni è stata ottenuta da Barbazanges e collaboratori (1996). Nel loro esperimento femmine di ratto in gravidanza sono stati suddivise in due gruppi e sottoposte a stress: nel gruppo sperimentale la secrezione di cortisolo era stata bloccata chirurgicamente, mentre il gruppo di controllo non aveva ricevuto alcun trattamento. Confrontando successivamente lo sviluppo dei cuccioli si è constatato che solo i cuccioli del gruppo di controllo evidenziavano una diminuzione dei recettori per i corticosteroidi a livello dell'ippocampo ed una disregolazione dell'asse ipotalamo-ipofisi-surrene, con elevata secrezione di cortisolo (Barbazanges et al., 1996). Gli autori riconducono tali risultati all'esposizione prenatale dei cuccioli del gruppo di controllo al cortisolo materno, dovuto allo stress cui gli animali erano stati sottoposti sperimentalmente.

Per quanto riguarda l'uomo e i primati non umani – al contrario di quanto avviene nei roditori, nei quali la placenta è agevolmente attraversata dal cortisolo – la placenta svolge una funzione protettiva grazie ad un particolare enzima, l'11-hydroxysteroid dehydrogenase type 2 (11-HSD2), in grado di rendere inattivo il cortisolo materno. Si dovrebbe dunque ritenere che nell'uomo gli effetti dello stress materno legati all'iperproduzione di cortisolo non raggiungano il feto, ma ciò non è quanto si rileva nei fatti. Misurando contemporaneamente i livelli plasmatici di cortisolo sia nelle madri che nei feti, tra le 13 e le 35 settimane di gestazione, Gitau e collaboratori (1998) hanno evidenziato che le concentrazioni plasmatiche materne e fetali erano correlate positivamente e che i valori di cortisolo materno spiegavano il 40% dei valori fetali, nonostante l'azione dell'enzima 11-HSD2. Si deve dunque considerare la possibilità che il feto sia direttamente esposto agli effetti del cortisolo materno, nei casi di elevata concentrazione dovuta a condizioni stressanti.

La produzione di glucocorticoidi in gravidanza aumenta con il procedere della gestazione ed è regolata in modo complesso. Ad essa concorrono sia il funzionamento dell'asse ipotalamo-ipofisi-surrene materno, sia la secrezione endocrina della placenta (che svolge a tutti gli effetti funzioni endocrine utili ad un corretto sviluppo fetale), sia il funzionamento dell'asse ipotalamo-ipofisi-surrene fetale. Questi tre sistemi sono collegati mediante meccanismi di feedback e si influenzano l'un l'altro. In particolare la produzione del CRH (*corticotropin-releasing hormone*) placentare è stimolata da un incremento del funzionamento dell'asse HPA materno ed è a sua volta in grado di stimolare il funzionamento sia dell'asse HPA materno sia di quello fetale. Si comprende così come una situazione di stress prolungato per la madre sia una potenziale minaccia per l'equilibrio neuroendocrino materno-fetale. Ciò può esitare in effetti neurotossici per il feto, tra cui la diminuzione sia dei recettori dei corticosteroidi a livello dell'ippocampo sia del volume ippocampale (Uno et al., 1990). Un'alterata regolazione della funzione endocrina placentare può essere inoltre ricollegata alla patogenesi del parto pretermine, dei ritardi di accrescimento fetale e delle alterazioni del sistema ipotalamo-ipofisi-surrene nei cuccioli le cui madri sono state sottoposte a stress prenatale (McLean e Smith, 1999).

Lo stress materno può influire anche indirettamente sul benessere fetale. Un corretto rifornimento di ossigeno e sostanze nutrienti per il feto può essere ostacolato da una contrazione delle pareti dei vasi che assicurano l'afflusso sanguigno uterino. In caso di stress materno cronico, l'aumentata presenza di catecolamine nel torrente circolatorio materno può influire sul tono delle pareti dei vasi sanguigni riducendo l'irrorazione della regione uterina. Teixeira e collaboratori (1999), in un campione di donne al terzo trimestre di gravidanza, hanno riscontrato che soggetti con alti livelli d'ansia (ansia di stato >40) allo State-Trait Anxiety Inventory (Spielberger et al., 1970) mostravano un afflusso sanguigno uterino (determinato con metodica Doppler ultrasound) significativamente ridotto rispetto ai soggetti con bassi livelli d'ansia.

Studi sul modello animale

Negli ultimi dieci anni, gli studi svolti sul modello animale hanno permesso di indagare sperimentalmente gli effetti del di-stress emotivo materno sul feto ed hanno fornito una notevole quantità di evidenze a sostegno dell'ipotesi che lo stress prenatale sia un fattore di rischio per lo sviluppo del sistema nervoso fetale (Huizink e coll., 2004; Austin e coll., 2005). Sebbene applicare un modello sperimentale allo studio di un fenomeno così complesso come lo stress prenatale e i suoi effetti sia un'impresa ardua, le procedure sperimentali che possono essere utilizzate negli studi sul modello animale hanno reso in parte possibile isolare gli stimoli stressogeni (stressors) da altre fonti di stimolazione, osservare singolarmente gli effetti di differenti condizioni di di-stress materno sullo sviluppo fetale e neonatale e raffrontare lo sviluppo successivo dei cuccioli esposti a stress materno prenatale con lo sviluppo di cuccioli non esposti (gruppo di controllo).

L'esperimento classico prevede che la femmina gravida sia sottoposta ad una situazione stressante in condizioni controllate. L'ipotesi è che tale condizione alteri la fisiologia materna e che ciò si rifletta in una conseguente alterazione dell'ambiente endocrino, metabolico e fisico uterino, con potenziali effetti sul feto. Gli effetti dovuti all'esposizione alle condizioni stressanti vengono rilevati valutando parametri di sviluppo fetale e neonatale. Per quanto riguarda lo sviluppo fetale gli indici considerati sono l'andamento della gravidanza, il peso per settimana di gestazione, la motricità fetale e la presenza di malformazioni. Per quanto concerne lo sviluppo neonatale sono generalmente valutati lo sviluppo neuromotorio precoce, lo sviluppo delle capacità di apprendimento, il comportamento e la qualità delle risposte allo stress. Gli animali utilizzati negli esperimenti sono principalmente roditori e primati non umani. I secondi sono più facilmente comparabili con l'uomo per alcune caratteristiche della gestazione (maggiore durata, possibilità di confrontare periodi diversi della gestazione, gravidanze singole) nonché per le maggiori analogie nello sviluppo del sistema nervoso centrale (anche se lo sviluppo del sistema nervoso nell'essere umano è molto più lento e per alcune aree corticali si completa ben dopo la nascita). Le condizioni stressanti a cui gli animali vengono sottoposti sono le più diverse e possono variare da training di condizionamento aversivo a situazioni di sovraffollamento, di isolamento sociale, di rumori, lampi di luce ed altro ancora (per una rassegna si veda Huizink et al., 2004).

È importante tenere presente che la conduzione di esperimenti sugli effetti dello stress in gravidanza, anche nel caso del modello animale, si presenta estremamente complessa. Ogni studio deve essere valutato considerando con attenzione la scelta degli stimoli stressogeni, dei tempi e dei modi in cui tali stimoli vengono somministrati agli animali. Infatti le condizioni stressanti differiscono sia per la natura degli stimoli, che possono essere molto diversi tra loro, sia perché alcune utilizzano una componente sociale ed altre no. Il periodo della gestazione interessato dalla somministrazione degli stimoli influisce in modo determinante sugli esiti, così come la modalità di somministrazione degli stessi può provocare effetti molto diversi a seconda che avvenga ad intervalli regolari o comporti somministrazioni imprevedibili. A ciò si aggiungono ulteriori variabili legate agli sperimentatori, quali: la quantità di manipolazione degli animali e l'esposizione a luce o rumore durante le cure quotidiane. Bisogna inoltre tenere conto di modificazioni fisiologiche alle quali l'animale gravido può andate incontro in seguito alla somministrazione di stimoli stressogeni, come per esempio la perdita di peso, in grado di influire di per sé sul benessere fetale e sull'andamento della gravidanza. Un ulteriore aspetto che deve essere valutato è come avviene l'allevamento postnatale: se vi sia o meno allevamento da parte di madri sostitutive, dal momento che il comportamento postnatale di madri sottoposte a stress durante la gestazione potrebbe influire sullo sviluppo dei cuccioli al di là dell'esperienza prenatale.

La considerazione di tutti questi elementi evidenzia la difficoltà nel controllare i possibili effetti di variabili intervenienti e comporta che la generalizzazione (e l'estensione all'uomo) dei risultati conseguiti attraverso studi sul modello animale debba essere prudente (Huizink et al., 2004).

Quanto emerge dagli studi sperimentali sul modello animale è tuttavia di grande rilevanza, dal momento che possediamo oggi numerose evidenze a sostegno dell'ipotesi che il di-stress emotivo materno influenzi lo sviluppo del sistema nervoso fetale con effetti duraturi, riscontrabili dopo la nascita nei cuccioli come negli adulti.

Per quanto riguarda gli effetti dello stress materno sullo sviluppo postnatale, lo studio dei cuccioli di roditori e primati non umani, le cui madri sono state sottoposte a stress sperimentalmente indotto durante la gestazione, ha permesso di evidenziare differenze significative nello sviluppo neuromotorio e comportamentale degli stessi rispetto al gruppo di controllo.

Uno degli effetti più evidenti dell'esposizione a stress prenatale sono le anomalie nei comportamenti di esplorazione in ambienti sconosciuti. Fenomeni di inibizione motoria e reazioni di paura eccessiva sono stati riscontrati in cuccioli di roditori esposti a stress prenatale: questi, posti in un ambiente nuovo, manifestano una riduzione dei comportamenti esplorativi e aumentata defecazione rispetto ai cuccioli del gruppo di controllo (Weinstock et al., 1992). Un dato ricorrente in cuccioli sottoposti a stress prenatale è il basso peso alla nascita (Weinstock et al., 1988) così come il ritardo nello sviluppo motorio precoce (Barlow et al., 1978; Fride e Weinstock, 1984). Lo stress prenatale appare interferire anche con i comportamenti di adattamento dei cuccioli a condizioni di stress: a 14 giorni di vita cuccioli di ratto le cui madri sono state sottoposte a stress prenatale emettono un minore numero di vocalizzazioni, rispetto ai controlli, quando posti in condizioni di isolamento (Takahashi et al., 1990). Un fenomeno frequente è l'inibizione del comportamento nelle situazioni nuove o stressanti: Takahashi e collaboratori (1992) hanno potuto constatare, in cuccioli tra i 70 e 90 giorni di vita, una risposta di immobilizzazione (*shock-induced freezing*) significativamente prolungata rispetto ai controlli. Lo stress prenatale riduce inoltre le prestazioni dei cuccioli di roditori in compiti di apprendimento. Essi risultano inferiori ai controlli sia in compiti di discriminazione (Archer e Blackman, 1971) che di apprendimento motorio (labirinti e percorsi): si evidenziano tempi più lunghi, maggior numero di tentativi necessari per risolvere i compiti, un aumento delle risposte di fuga e difficoltà ad affrontare i nuovi ostacoli (Vallee et al., 1997).

Si sono infine riscontrate anomalie dello sviluppo e dei comportamenti sociali e sessuali. Maggiori tempi di latenza nell'iniziativa rispetto al gioco sociale in cuccioli le cui madri sono state sottoposte a stress prenatale sono stati riscontrati da Takahashi e collaboratori (1992), mentre anomalie nello sviluppo sessuale e nei comportamenti correlati sono state trattate in particolare da Ward (1984).

Gli studi su cuccioli di primati hanno portato a risultati analoghi. Schneider (1992a; 1992b) ha riscontrato in cuccioli di macaca rhesus, sottoposti a stress prenatale: un peso minore alla nascita, ritardo nello sviluppo motorio, span attentivo inferiore e ritardo nello sviluppo della permanenza dell'oggetto rispetto ai controlli. Gli studi sui primati hanno inoltre permesso di evidenziare che lo stress subito nelle prime settimane di gestazione provoca danni più pervasivi allo sviluppo del sistema nervoso rispetto all'esposizione allo stress nelle fasi più avanzate della gravidanza (Schneider et al., 1999).

Gli studi sul modello animale hanno evidenziato effetti dello stress prenatale anche sullo sviluppo del sistema immunitario fetale. Una diminuzione del numero dei linfociti T e delle cellule del timo è stata dimostrata in cuccioli di ratto esposti sperimentalmente all'azione di glucocorticoidi nel periodo prenatale (Bakker et al., 1995).

Un aspetto interessante che emerge dagli studi sul modello animale riguarda la natura delle condizioni stressanti ed i loro effetti sulle reazioni fetali. Gli stressors rivelano differenti effetti in relazione alla frequenza, prevedibilità, intensità, durata dello stimolo e settimana gestazionale in cui sono somministrati. È interessante notare che un'esposizione regolare agli stressors provoca effetti minori, o addirittura opposti, rispetto all'esposizione non prevedibile agli stessi. Per esempio Fride e Weinstock (1984) hanno riscontrato che l'esposizione in gravidanza ad uno stesso stimolo, costituito da luce più suono, si associa a un ritardo nello sviluppo motorio postnatale se viene somministrato in modo imprevedibile, mentre si associa ad un'accelerazione dello stesso quando somministrato con regolarità ogni giorno nelle ultime fasi della gestazione. Tali risultati sembrano suggerire che la valenza stressogena di uno stimolo si manifesti solo in certe condizioni. Ma cosa contraddistingue tali condizioni? Studi sugli effetti dell'intensità dello stimolo hanno dimostrato che le caratteristiche degli stimoli non sono determinanti di per sé: ciò che fa la differenza sembra essere la mediazione dell'organismo materno ovvero come la madre reagisce a determinati stimoli. In questo senso diviene più chiaro il motivo per cui stimoli imprevedibili assumono una valenza stressante: in questi casi l'organismo materno, non potendo operare un adattamento, fallisce nella possibilità di mediare. L'impatto della condizione stressante risulta più intenso, raggiungendo così direttamente il feto. Altri studi evidenziano come alcuni aspetti dell'ambiente e delle cure neonatali, come per esempio l'*handling* (manipolazione), attutiscano gli effetti dannosi sullo sviluppo neonatale dell'esposizione a stress prenatale (Vallee et al., 1997). Questi risultati sono coerenti con gli studi che sottolineano la plasticità neuronale (Berardi et al., 2000) e la straordinaria rilevanza della qualità dell'interazione sistema nervoso-ambiente (mediata dalle cure materne) per un corretto sviluppo postnatale e infantile.

Alla luce delle evidenze che emergono dalle ricerche più recenti sul modello animale, è possibile ritenere che lo stress materno in gravidanza costituisca una potenziale fonte di minaccia per lo sviluppo del sistema nervoso fetale con effetti duraturi riscontrabili anche nell'animale adulto. I dati inoltre suggeriscono che alcune condizioni, che riguardano sia la natura dello stimolo, sia le caratteristiche dell'animale, sia le caratteristiche dell'ambiente, siano in grado di diminuire o aumentare l'impatto delle condizioni stressanti sul feto e sullo sviluppo neonatale.

Gli studi sull'uomo

Rispetto ai disegni sperimentali sul modello animale, negli studi sull'uomo la valutazione degli effetti dello stress è molto più complessa e deve tenere conto di numerose variabili quali le caratteristiche di personalità, lo stile di *coping*, la qualità delle relazioni affettive e il sostegno sociale, che possono modulare significativamente la percezione che la persona ha della situazione e le emozioni ad essa connesse. Come si può facilmente comprendere la valutazione dello stress in gravidanza risulta ancora più complicata.

Negli ultimi anni sono stati pubblicati numerosi studi prospettici sugli effetti delle emozioni legate a ansia, depressione e stress materni sullo sviluppo fetale e neonatale (per una rassegna si veda Ruiz e Avant, 2005; Austin et al., 2005). Come negli studi sul modello animale l'attenzione si è concentrata sui fenomeni di disregolazione del sistema ipotalamo-ipofisi-surrene (cortisolo) e simpatico-adrenergico (norepinefrina) associati allo stress materno e sulla valutazione concomitante delle variabili psicologiche, gravidiche, sociodemografiche e di contesto della gestante.

Tra i primi studi longitudinali che sono stati effettuati, Van den Bergh (1992) ha riscontrato una correlazione positiva tra l'ansia materna rilevata al terzo trimestre di gravidanza e difficoltà di temperamento nei bambini a 10 settimane e a 7 mesi di vita. O'Connor e collaboratori (2002) hanno studiato gli effetti di ansia e depressione prenatale sullo sviluppo emotivo e comportamentale dei bambini. Ansia e depressione, rilevate a 18 e 32 settimane di gestazione e a 8 e 32 settimane post partum, sono risultate altamente correlate in gravidanza e moderatamente nel post partum, mentre l'ansia materna a 32 settimane di gestazione si è rivelata predittiva per gravi problemi comportamentali nei bambini di 4 anni.

Un interessante studio sperimentale che ha valutato la correlazione tra variabili di natura psicologica e variabili biologiche è stato condotto da Buitelaar e collaboratori (2003) per valutare se l'esposizione a stress in gravidanza fosse predittiva rispetto allo sviluppo successivo dei bambini. In un campione di gestanti nel terzo trimestre di gravidanza è stata rilevata la sintomatologia ansiosa, depressiva e il livello di stress attraverso scale psicometriche e sono stati raccolti campioni salivari per determinare il tasso di cortisolo materno. I bambini sono stati esaminati a tre e otto mesi di vita applicando una scala di valutazione del temperamento ed una scala per la valutazione dello sviluppo psicomotorio (Bayley Scales of Infant Development, BSID, Bayley, 1993). I valori del cortisolo salivare, prelevati al mattino presto nell'ultimo trimestre di gravidanza, si sono rivelati inversamente correlati ai punteggi di sviluppo cognitivo e motorio della BSID nei bambini sia a tre che a otto mesi. Analogamente il livello di ansia misurata in gravidanza è risultata predittiva rispetto a bassi livelli di sviluppo cognitivo e motorio. In questo studio gli effetti dell'ansia in gravidanza sono risultati significativi anche dopo aver controllato l'effetto di variabili confondenti quali: età materna, status socioeconomico, sostegno sociale, settimana di gestazione, peso alla nascita, complicazioni perinatali, rischio in gravidanza, stress e depressione materna postnatale (Buitelaar et al., 2003).

Un passo avanti nelle conoscenze sull'azione dei neurotrasmettitori materni associati allo stress è stato compiuto grazie ad un complesso studio prospettico realizzato da Field e collaboratori (2003). In un campione di 166 gestanti sono state rilevate: variabili psicologiche (ansia, depressione e irritabilità materne e sviluppo psicomotorio dei bambini); variabili biologiche (livello di dopamina, serotonina, noradrenalina rilevate nel periodo prenatale nella madre e nel periodo neonatale nei bambini attraverso campioni di urine); variabili psicofisiologiche (tono vagale e elettroencefalogramma rilevati sia nelle madri che nei bambini); variabili fetali (attività motoria e livello di accrescimento, attraverso ecografia). Nelle gestanti classificate come ansiose si evidenziarono all'ecografia una maggiore attività motoria fetale, minore accrescimento fetale e si riscontrarono maggiori problematiche ostetriche rispetto alle gestanti non ansiose. L'osservazione postnatale dei bambini delle madri classificate come ansiose rilevò fasi significativamente più lunghe di sonno profondo rispetto al gruppo di controllo. Si evidenziarono inoltre ritardi nello sviluppo psicomotorio e asimmetria frontale destra al tracciato elettroencefalografico. Tra i risultati più interessanti di questo studio vi sono le analogie tra il profilo biochimico delle gestanti classificate come ansiose e quello dei loro figli: le gestanti ansiose presentarono alti livelli di norepinefrina e bassi livelli di dopamina, i loro neonati bassi livelli di dopamina e serotonina (Field et al., 2003).

In un campione di 247 donne, Davis e collaboratori (Davis et al., 2007) hanno indagato gli effetti a lungo termine dell'esposizione fetale all'azione del cortisolo materno, controllando anche variabili psicologiche quali ansia, depressione e stress. Il cortisolo è stato prelevato a 18-21, 24-26 e 30-32 settimane di gestazione. I valori materni sono stati in seguito confrontati con indici del temperamento dei bambini, valutato dalle madri attraverso un questionario, due mesi dopo il parto. Il tasso di cortisolo materno misurato tra le 30-32 settimane è risultato predittivo per il temperamento (alti punteggi nella sottoscala di reattività negativa) dei bambini. Allo stesso modo l'ansia e la depressione materne, quest'ultima pure associata ai valori del cortisolo, sono risultate predittive per il temperamento infantile.

Infine, secondo i risultati di alcuni recenti studi anche lo sviluppo del sistema immunitario potrebbe risentire degli effetti del stress prenatale. Von Hertzen (2002) ha proposto l'ipotesi che lo stress prenatale cronico della madre possa predisporre i bambini a patologie asmatiche o allergiche. Barker (1998) suggerisce che l'azione dell'ambiente endocrino e metabolico materno sul feto possa avere effetti duraturi in grado di influenzare il benessere dell'organismo anche nella vita adulta. Così alcune patologie organiche, quali ipertensione o diabete, potrebbero trovare la loro origine nelle condizioni di sviluppo intrauterino dell'organismo (*fetal programming*).

Dall'insieme degli studi esaminati risulta in modo sorprendentemente chiaro come l'esposizione a stress prenatale possa essere uno dei fattori che predispongono a ritardi nello sviluppo psicomotorio e affettivo nella prima infanzia. Quanto emerge dalle ricerche più recenti sembra infatti supportare un collegamento tra esposizione a stress prenatale e sviluppo del sistema nervoso anche nell'uomo. Tali evidenze portano all'attenzione degli studiosi e dei clinici l'importanza di una valutazione dello stress percepito dalla gestante ai fini della promozione del benessere materno-infantile, e sottolineano la rilevanza di misure che permettano l'individuazione precoce dei soggetti a rischio. Rispetto agli interventi possibili la psiconeuroimmunologia, che studia gli effetti dell'interazione organismo-ambiente sul funzionamento dei sistemi nervoso, endocrino e immunitario, evidenzia il ruolo del contesto socioaffettivo. Poiché l'attività neurale dell'organismo è innescata da fattori ambientali ed è influenzata dalle esperienze pregresse e dalle caratteristiche specifiche di quell'organismo (LeDoux, 2002), aspetti quali il sostegno sociale, inteso come supporto emotivo e aiuto concreto che la donna riceve da familiari e amici, ed elementi del contesto di vita, tra cui anche la qualità e accessibilità dei servizi sanitari, possono avere una importante funzione nel modulare il di-stress percepito dalla donna in gravidanza e nel post partum. Il sostegno sociale, infatti, si è rivelato un fattore in grado di attutire e modulare gli effetti della sintomatologia depressiva in gravidanza (Elsenbruch et al., 2006).

Gli studi che hanno esaminato i fattori che concorrono al benessere materno in gravidanza hanno potuto evidenziare le relazioni intercorrenti tra sintomatologia ansiosa o depressiva e variabili quali: caratteristiche di personalità della gestante, qualità del sostegno sociale, qualità della relazione di coppia, status socioeconomico, variabili associate alla gravidanza, pregressi episodi ansiosi o depressivi e impatto dei life events nell'anno precedente la gravidanza. Gli studi sugli effetti del di-stress materno sullo sviluppo fetale suggeriscono che gli elementi in grado di influire sul benessere psicologico della donna in gravidanza, alcuni come modulatori, altri come indici predittivi del rischio, siano presi in considerazione nei programmi di promozione della salute al fine di tutelare il benessere materno-infantile e prevenire l'insorgere di problematiche dello sviluppo psicologico infantile.

Bibliografia

Archer JE, Blackman DE (1971) Prenatal psychological stress and offspring behavior in rats and mice. Dev Psychobiol 4:193-248

Austin MP, Leader RL, Reilly N et al (2005) Prenatal stress, the hypothalamic-pituitary-adrenal axis, and fetal and infant neurobehaviour. Early Hum Dev 81:917-926

Bakker JM, Schimdt ED, Kroes H et al (1995) Effects of short-term dexamethasone treatment during pregnancy on the development of the immune system and the hypothalamo-pituitary adrenal axis in the rat. J Neuroimmunology 63 (2):183-191

Barbazagens A, Piazza PV, Le Moal M et al (1996) Maternal glucocorticoid secretion mediates long-term effects of prenatal stress. J Neurosci 16:3943-3949

Barker DPJ (1998) In utero programming of chronic disease. Clin Sci 95:115-128

Barlow SM, Knight AF, Sullivan FM (1978) Delay in postnatal growth and development of offspring produced by maternal restraint stress during pregnancy in the rat. Teratology 18:211-218

Bayley N (1993) Bayley Scales of Infant Development. Psychological Corp, San Antonio TX

Berardi N, Pizzorusso T, Maffei L (2000) Critical periods during sensory development. Curr Opin Neurobiol 10(1):138-145

Buitelaar JK, Huizink AC, Mulder EJ et al (2003) Prenatal stress and cognitive development and temperament in infants. Neurobiol Aging 24:853-860

Dayan J, Creveuil C, Herlicoviez M et al (2002) Role of anxiety and depression in the onset of spontaneous preterm labor. Am J Epidemiol 155:293-301

Davis EP, Glynn NM, Dunkel Schetter C et al (2007) Prenatal exposure to maternal depression and cortisol influences infant temperament. J Am Acad Child Adolesc Psychiatry 46(6):737-746

Delassus JM (ed) (2000) Il senso della maternità. Borla, Roma

Dunkel Schetter C (1998) Maternal stress and preterm delivery. Prenat Neonatal Med 3:39-42.

Elsenbruch S, Benson S, Rücke M et al (2006) Social support during pregnancy: effects on maternal depressive symptoms, smoking and pregnancy outcome. Human Reproduction 16:1-9

Field T, Diego M, Hernandez-Reif M et al (2003) Pregnancy anxiety and comorbid depression and anger: effects on the fetus and neonate. Depress Anxiety 17:140-151

Fonagy P, Gergely G, Jurist E et al (eds) (2005) Regolazione affettiva, mentalizzazione e sviluppo del Sé. Raffaello Cortina Editore, Milano

Fride E, Weinstock M (1984) The effects of prenatal exposure to predictable or unpredictable stress on early development in the rat. Dev Psychobiol 17:651-660

Gitau R, Cameron A, Fisk N et al (1998) Fetal exposure to maternal cortisol. Lancet 352:307-308

Hoffman S, Hatch M (2000) Depressive symptomatology during pregnancy: evidence for an association with decreased fetal growth in pregnancy of lower social class women. Health Psychol 19(6):535-543

Huizink AC, Mulder EJH, Buitelaar JK et al (2004) Prenatal stress and risk for psychopatology: specific effects or induction of general susceptibility? Psychol Bull 130(1):115-142

Lazarus RS, Folkman S (eds) (1984) Stress, Appraisal, and Coping. Springer-Verlag, New York

LeDoux J (2002) Il Sé sinaptico. Come il nostro cervello ci fa diventare quelli che siamo. Raffaello Cortina Editore, Milano

Lindgren K (2001) Relationships among maternal-fetal attachment, prenatal depression and health practices in pregnancy. Res Nurs Health 24:203-217

Lou HC, Hansen D, Nordentoft M et al (1994) Prenatal stressors of human life affect fetal brain development. Dev Med Child Neurol 36:826-832

Mastella M (2004) Nascita del figlio e dinamica della coppia: una prospettiva psicoanalitica. In: Arfelli Galli A, Galli G (eds) Interpretazione e nascita. La nascita dei genitori – la nascita del figlio. Istituti Editoriali e Poligrafici Internazionali, Pisa

Monti F, Fagandini P, Agostini F et al (2006) La complessità della nascita: genitorialità e modalità di parto. In: La Sala GB, Iori V, Monti F, Fagandini P (eds) La "normale" complessità del venire al mondo. Guerini e Associati, Milano, pp 317-354

McLean M, Smith R (1999) Corticotropin-releasing hormone in human pregnancy and parturition. Trends Endocrinol Metab 10:174-178

Morgan CA, Wang S (2001) Relationship among plasma cortisol, catecholamines, neuropeptide Y, and human performance during exposure to uncontrollable stress. Psychosom Med 63:412-422

O'Connor TG, Heron J, Glover V et al (2002) Antenatal anxiety predicts child behavioral/emotional problems indipendently of postnatal depression. J Am Acad Child Adolesc Psychiatry 41(12):1470-1477

Ruiz RJ, Avant KC (2005) Effects of maternal prenatal stress on infant outcome. Adv Nurs Sci 28(4):345-355

Schneider ML (1992a) Delayed object permanence development in prenatally stressed rhesus monkey infants (Macaca mulatta). Occup Ther J Res 12:96-110

Schneider ML (1992b) The effect of mild stress during pregnancy on birthweight and neuromotor maturation in rhesus monkey infants (Macaca mulatta). Infant Behav Dev 15:389-403

Schneider ML, Roughton E, Koehler AJ et al (1999) Growth and development following prenatal stress exposure in primates: An examination of ontogenetic vulnerability. Child Dev 70:263-274

Selye H (1956) The Stress of Life. McGraw-Hill, New York.

Spielberger CD, Gorsuch I, Lushene RE et al (1970) Manual for the State-Trait Anxiety Inventory. Consulting Psychologist Press, Palo Alto, CA

Takahashi LK, Baker EW, Kalin NH (1990) Ontogeny of behavioral and hormonal responses to stress in prenatally stressed male rat pups. Physiol Behav 47:357-364

Takahashi LK, Haglin C, Kalin NH (1992) Prenatal stress potentiate stress-induced behavior and reduced the propensity to play in juvenile rats. Physiol Behav 51:319-323

Teixeira JMA, Fisk NM, Glover V (1999) Association between maternal anxiety in pregnancy and increased uterine artery resistance index: Cohort based study. BMJ 318:153-157

Uno H, Eisele S, Sakai A et al (1994) Neurotoxicity of glucocorticoids in the primate brain. Horm Behav 26:336-348

Uno H, Lohmiller L, Thieme C et al (1990) Brain damage induced by prenatal exposure to dexamethasone in fetal rhesus macaques. I. Hippocampus. Dev Brain Res 53:157-167

Vallee M, Mayo W, Dellu F et al (1997) Prenatal stress induces high anxiety and postnatal handling induces low anxiety in adult offspring: Correlation wih stress-induced corticosterone secretion. J Neurosci 17:2626-2636

Van den Bergh B (1992) Maternal emotion during pregnancy and fetal and neonatal behaviour. In: Nijhuis JG (ed) Fetal behaviour: Developmental and Perinatal Aspects. Oxford University Press, pp 157-158

Von Hertzen LC (2002) Maternal stress and T-cell differentiation of developing immune system: possible implications for the development of asthma and atopy. J Allergy Clin Immunol 109(6):923-928

Ward IL (1984) The prenatal stress syndrome: Current Status. Psychoneuroendocrinology 9:3-11

Weinstock M, Fride E, Hertzberg R (1988) Prenatal stress effects on functional development of the offspring. Prog Brain Res 73:319-331

Weinstock M, Matlina E, Maor GI et al (1992) Prenatal stress selectively alters the reactivity of the hypothalamic-pituitary-adrenal system in the female rat. Brain Res 595:195-200

Capitolo 2

Le emozioni nella prospettiva cognitivo-costruttivistica

Giovanni Cavadi

Fino agli anni '70 la scena teorica delle emozioni è stata dominata dalla controversia James-Cannon in riferimento all'esperienza emozionale; la diatriba riguardava il rapporto tra sensazioni periferiche – causate dai propri movimenti e dalle proprie reazioni fisiologiche (James-Lange) – e sensazioni di origine centrale nel cervello, nei muscoli e nel cuore (Cannon-Bard). Inoltre tale controversia ha interessato la relazione tra esperienza e risposta emozionale. Per James (1884) l'esperienza emozionale non è causa della risposta emozionale, bensì conseguenza; per Cannon (1927) l'esperienza emozionale è considerata una delle cause del comportamento emozionale.

Allo stato attuale delle conoscenze della psicologia scientifica entrambe le ipotesi non hanno trovato conferma empirica (Anolli, 2002).

Dopo anni di stallo nella ricerca psicofisiologica sulle emozioni, ad eccezione, forse, di Ekman (1973, 1999) e di Izard (1977), i neuroscienziati hanno riportato in evidenza le basi neurali dei processi affettivi e motivazionali.

Tra il 1989 e il 1994 lo psicobiologo Joseph LeDoux (1999) ha evidenziato che l'amigdala può essere considerata il sito anatomico e la chiave biologica dei meccanismi neurali che "computano" il significato affettivo degli stimoli: "Il cuore del sistema emozionale è così un meccanismo per computare il significato affettivo dello stimolo (…) l'amigdala come un computer emozionale".

Queste ricerche hanno favorito l'integrazione fra neuroscienze e psicologia cognitiva, promuovendo l'origine delle neuroscienze cognitive; un importante lavoro di Davidson e Sutton (1995) ha inaugurato una nuova disciplina, quella delle 'neuroscienze affettive', grazie anche alle nuove tecniche di indagine basate soprattutto sulle modalità di neuroimaging, con notevoli mutamenti nello studio e nella concettualizzazione dei fenomeni affettivi.

Esse rappresentano, come sottolinea Tiberi (2002), un misto di neuroscienze di base e di studi psicologici sulla personalità e l'emozione: "Denominata neuroscienza affettiva, questa nuova area interdisciplinare sta avendo un impatto importante nella nostra concezione della personalità, dell'emozione e dei disturbi dell'emozione" (Davidson, 2000).

Il cervello isolato non è un organo sufficiente a spiegare la complessità delle funzioni psichiche superiori.

C. Cristini, A. Ghilardi (a cura di), *Sentire e pensare. Emozioni e apprendimento fra mente e cervello*. ISBN 978-88-470-1068-0 © Springer-Verlag Italia 2009

La coscienza e le funzioni psichiche superiori non affiorano dalla complessità strutturale del cervello, ma dall'interazione del cervello con altri cervelli e, forse, dallo sforzo e dalla necessità sociale di comunicare: un cervello strutturalmente umano, ma funzionalmente interumano; forse non è assurdo dire che la coscienza è anzitutto coscienza dell'altro e/o della relazione tra io e l'altro.

Tali affermazioni sottolineano un difetto metodologico o, per dire meglio, un errore "ideologico", che ha inciso non poco sulle neuroscienze, il cui sviluppo è avvenuto sostanzialmente a partire da un modello di riferimento inerente l'attività mentale, identificabile nel cognitivismo.

Secondo tale modello, che considerava l'attività mentale equivalente a funzioni cognitive, il cervello sarebbe un organo computazionale e la mente si costruirebbe e funzionerebbe come un elaboratore di informazioni. In questa ottica, la sorgente delle informazioni avrebbe un valore secondario e sarebbe univocamente ricondotta all'ambiente, alla realtà esterna.

Tale impostazione non ha convinto molti studiosi in quanto mette tra parentesi il ruolo del tutto particolare svolto, a livello di organizzazione e di funzionamento mentale, dall'ambiente sociale e, in particolare, dalle relazioni interpersonali. La cognizione si riferisce ad un set di attività attraverso il quale l'informazione disponibile è elaborata dal soggetto, che la riceve, la seleziona, la trasforma e organizza e, mediante questi processi, costruisce una rappresentazione della realtà e produce conoscenza.

Gran parte della psicologia cognitiva contemporanea si è sviluppata dall'elaborazione dell'informazione proposta da Broadbent (1958), dominata dalla metafora del computer; si sono enfatizzati gli stadi dell'elaborazione stessa dell'informazione: codificazione, immagazzinamento e recupero. Se le risposte affettive agli stimoli dipendono dall'elaborazione cognitiva, ne deriva che le teorie sulle emozioni dovrebbero avere una impronta nettamente cognitiva.

Secondo Damasio (2000) mente e corpo vanno considerati come componenti integrate ed interdipendenti di un unico organismo capace di interagire in modo intelligente ed efficace con l'ambiente. Le emozioni rappresentano la convergenza sinergica fra la mente e il corpo – sono certamente un processo mentale, ma hanno come teatro il corpo –, costituiscono condotte di adattamento dell'individuo, mediate congiuntamente da processi mentali e fisici: "L'emozione consiste nella combinazione fra il processo valutativo mentale della situazione e le modificazioni somatiche concorrenti" (Damasio, 2000).

Attraverso un rassegna dei principali studiosi della tematica e in un'ottica prevalentemente cognitiva proviamo a verificare se il modello cognitivista si presta ad un esame esauriente dei rapporti tra pensiero ed emozione.

Alcuni modelli cognitivi delle emozioni

Arnold (1960) ha introdotto il concetto di *appraisal*, che indica un atto diretto e immediato di conoscenza che integra la percezione e del quale si può diventare consapevoli soltanto a processo concluso; le differenze nelle emozioni derivano dalla diversità nel modo in cui gli individui interpretano l'ambiente. Gli *appraisals* sono valutazioni di specifici eventi e della loro rilevanza per il benessere personale. La teoria dell'*appraisal* ha posto in evidenza che le emozioni sono profondamente intrecciate con i processi cognitivi, poiché l'elaborazione cognitiva della situazione è sottesa all'esperienza emotiva stessa del soggetto.

Nella prospettiva di Schachter e Singer (1962) il fattore cognitivo risulta essere decisivo per l'insorgenza dell'esperienza emozionale attraverso un processo di percezione e di attribuzione causale: teoria cognitivo-attivazionale o dei due fattori. L'emozione è la risultante dell'*arousal* e di due atti cognitivi distinti, uno che riguarda la percezione e il riconoscimento della situazione emotigena, l'altro che stabilisce la connessione tra questo atto cognitivo e l'*arousal* stesso.

Nell'ipotesi di Schachter e Singer, "una emozione può essere considerata funzione di uno stato di *arousal* e di un insieme di percezioni e di cognizioni sulla situazione presente, che appaiono appropriate allo stato di *arousal*". Per gli autori la percezione e il pensiero relativi allo stimolo ambientale influenzano il tipo di emozione provata, e il feedback sensoriale, prodotto dal grado di attivazione corporea, influenza l'intensità di tale emozione. Uno stato di elevata attivazione fisiologica è in grado di intensificare le emozioni soltanto se la persona crede che l'attivazione sia interamente causata dalla situazione esterna. Le informazioni sulla realtà presente eserciterebbero una funzione di guida e di chiave interpretativa del proprio stato, in quanto verrebbero decodificate sulla base dell'esperienza passata "quando quei 'sintomi fisici' e quegli accadimenti reali si erano trovati associati".

Lazarus (1984) va oltre e sostiene che la valutazione cognitiva precede invariabilmente ogni reazione affettiva: "La valutazione cognitiva (del significato o senso) è una caratteristica integrante e sottende gli stimoli emotivi".

Le valutazioni emozionali degli eventi si realizzano in ambito relazionale, non sono isolate dalle caratteristiche dell'ambiente, bensì sono in rapporto al benessere personale. Lazarus (1984) precisa che la risposta motorio-comportamentale e l'esperienza emozionale sono sempre successive alla valutazione dell'evento. Per l'autore la valutazione cognitiva può essere suddivisa in tre forme specifiche:
1. valutazione primaria, in cui una situazione ambientale è considerata positiva, stressante o irrilevante per lo stato di benessere della persona;
2. valutazione secondaria, in cui si tiene conto delle risorse alle quali l'individuo può fare appello per far fronte alla situazione;
3. rivalutazione, in cui vengono monitorate la situazione-stimolo e le strategie per fronteggiarla, modificando, se necessario, le valutazioni primaria e secondaria.

La manipolazione della valutazione cognitiva individuale nei confronti di un evento stressante può avere un effetto significativo sulle reazioni psicologiche allo stress.

La valutazione cognitiva anticipa invariabilmente ogni reazione emotiva, ma tale valutazione non coinvolge necessariamente un processo cosciente: i processi affettivi pre-consci determinano le reazioni affettive.

Leventhal (1974), nella sua teoria delle emozioni, incorpora elementi cognitivi come le credenze e il giudizio: "il sistema verbale, concettuale è un modo di rappresentare e comunicare i sentimenti, ma non è una rappresentazione dei sentimenti stessi". Sottolinea che esiste una divisione fra i sentimenti ed i mezzi con i quali tali sentimenti vengono rappresentati concettualmente.

Per Mandler (1975) due sono i sistemi implicati nel comportamento emotivo: l'*arousal* e l'analisi del significato (l'interpretazione cognitiva), la teoria juke-box. All'insorgere dell'*arousal*, scatenato da stimoli esterni, eventi automatici non appresi, scatta l'interpretazione cognitiva, l'analisi del significato della situazione che ha provocato l'*arousal*, ma anche della percezione del sé e delle azioni. L'*arousal* si verifica quando un evento interrompe un piano in atto e la valutazione dell'evento attiva l'emozione e provoca la fase successiva dell'azione. L'*arousal* provvede al tono emotivo e l'interpretazione cognitiva alla qualità dello stato emotivo. L'analisi del significato, i processi cognitivi, fanno parte integrante del processo dell'emozione: "provare un'emozione è provare l'effetto dell'interazione tra *arousal* e l'interpretazione cognitiva". Per Mandler l'emozione avviene sempre nella coscienza.

Su una linea opposta si muove Zajonc (1980), secondo il quale la valutazione degli stimoli è un processo basilare che si può verificare indipendentemente dai processi cognitivi: "affettività e pensiero sono separati e parzialmente indipendenti e benché essi di solito operino insieme, l'affettività può essere generata senza un precedente processo cognitivo" (in Izard, 1984).

La teoria di Bower (1981), o teoria della rete dell'affettività come formulata da Gilligan e Bower (1984), sostiene che le emozioni possono essere considerate come unità o nodi in una rete semantica con numerosi collegamenti ad idee correlate a sistemi fisiologici, ad eventi, a configurazioni muscolari ed espressive. Le esperienze emotive possono essere descritte attraverso le strutture concettuali e gli elementi metalinguistici ad esse associati (lessico dei sentimenti) e gli stati emotivi influenzano i nostri pensieri.

Il materiale semantico è immagazzinato nella rete semantica sotto forma di proposizioni o asserzioni: il pensiero si verifica attraverso l'attivazione di nodi all'interno della rete semantica e tali nodi possono essere attivati da stimoli interni o esterni; l'attivazione si diffonde in modo selettivo da un nodo attivato a quelli collegati; la 'coscienza' consiste in una rete di nodi attivati al di sopra di un valore soglia.

Tali presupposti teorici conducono a quattro ipotesi:
1. la rievocazione dipende dallo stato dell'umore;
2. il pensiero è congruente allo stato dell'umore;
3. l'apprendimento è congruente allo stato dell'umore;
4. l'aumento dell'intensità dell'umore è correlato con l'incremento di attivazione dei nodi collegati nella rete associativa.

Oatley e Johnson-Laird (1987) sostengono che le emozioni sono configurazioni di risposta complesse e organizzate, selezionate nel corso dell'evoluzione per favorire l'adattamento dell'organismo all'ambiente. Esse implicano l'integrazione dei sistemi psicologici e fisiologici attivati soprattutto quando gli individui attribuiscono significato e valore agli eventi ambientali.

La teoria prevede due movimenti. Il primo prepara il sistema mente-cervello ad uno degli stati coordinati di prontezza e disponibilità; in altri termini prepara a continuare o a desistere dall'azione o dal comportamento.

Oltre a segnalare che qualcosa di importante è successo e a preparare rapidamente il cervello ad uno stato di disponibilità rispetto alla situazione individuata, il primo movimento di un'emozione non può dare molte altre informazioni.

Il secondo movimento permette di scoprire le ragioni che hanno generato l'emozione, e di decidere che cosa fare coinvolgendo l'attenzione in un ampio processo di valutazione e di rivalutazione.

Se consideriamo le emozioni fondamentali ottenute dall'analisi di 590 parole del linguaggio affettivo (Johnson-Laird e Oatley, 1989), si rilevano: felicità, tristezza, rabbia, paura, disgusto; nella loro forma reattiva tali emozioni sono attivate da un particolare avvenimento in rapporto ad uno scopo.

Per questi studiosi la valutazione è fondamentale per la comprensione delle emozioni: il particolare tipo di emozione che proviamo, le reazioni emotive correlate, dipende dalla valutazione che ne diamo: "Un'emozione è quindi una forma speciale di pensiero su cui interpretiamo un evento. I valori derivano dalle valutazioni delle nostre emozioni". Le emozioni attivano il sistema, orientano verso la fase successiva dell'azione e consentono la comunicazione non verbale.

Secondo Frijda (1986), le emozioni sono scatenate non da eventi esterni in quanto tali, ma dal significato soggettivo che le persone assegnano a questi eventi; significati differenti stimolano emozioni diverse: "Le emozioni sorgono in risposta alla struttura di significato di una determinata situazione". Questo significato situazionale contribuisce a spiegare le diverse emozioni e la loro intensità, nonché a sottolineare la dimensione soggettiva dell'esperienza emotiva.

Le emozioni si verificano quando gli eventi sono valutati in relazione agli scopi importanti di una persona: le preoccupazioni, come le chiama Frijda, predispongono e preparano all'azione attivando, di volta in volta, specifiche configurazioni di comportamento. Un'emozione è un processo che inizia tipicamente con un evento scatenante, percepito, decodificato e poi valutato in relazione alle proprie ansie e preoccupazioni. Ogni emozione è generalmente accompagnata da variazioni fisiologiche.

Dal cognitivismo al costruttivismo nello studio delle emozioni

Tradizionalmente è stata attribuita alle emozioni una valenza di irrazionalità, di perturbazione in grado di sconvolgere il processo del pensiero, mentre oggi vengono sempre più considerate le funzioni adattive e regolative delle emozioni quali rappresentazioni mentali predittive della realtà contingente, proprie dello spazio di vita delle persone; non solo perciò fenomeni esclusivamente legati all'attivazione fisiologica, ma fenomeni cognitivi, in cui il processo cognitivo, sotto forma di credenze e valutazioni, è un fattore fondamentale. Le emozioni hanno un ruolo adattivo, nel senso che aiutano l'organismo nella sua interazione con l'ambiente a scopo di sopravvivenza: servono agli individui ad entrare (nascita) e ad uscire dalla vita (morte).

Ma le emozioni svolgono anche una funzione sociale nel mantenere particolari sistemi di valori, quali interiorizzazioni di rappresentazioni sociali.

Come sottolinea la Zammuner (1995) le emozioni sono "processi transazionali adattivi e soggetti a regolazione, per comprenderle è necessario tenere conto del contesto sociale ed interpersonale in cui le persone le provano e le comunicano".

In quanto controllo valutativo dello stimolo (Scherer, 1984) l'emozione costituisce un fenomeno sociale, dato che la struttura emotiva propria di un individuo non è solo determinata dalle disposizioni innate, ma anche dalle sue relazioni sociali; prima con la famiglia e poi con i gruppi sociali di cui farà parte.

Il significato funzionale di un'emozione deve essere cercato prima di tutto all'interno del sistema socioculturale. Averill (1980), mediante l'analisi fattoriale di 717 concetti citati complessivamente da studenti americani per descrivere la loro emotività, ha classificato la percezione dello stato emotivo al primo posto (F1) e il grado di eccitazione al secondo (F2). Nessun fattore implicava un criterio basato sul contesto o sulla situazione, ma tutti sottendevano la qualità dei sentimenti, dei giudizi e del senso di controllo del soggetto. Quindi le emozioni si presentano come sindromi complesse socialmente costituite, il cui significato e la cui funzione "possono essere compresi solo riferendoli al sistema sociale di cui sono parte" (Averill, 1992).

Per il costruttivismo le emozioni non sono risposte naturali, ma schemi esperienziali ed espressivi determinati dal contesto socio-culturale; sono risposte apprese che non hanno né contenuti, né funzioni naturali, legate alla conservazione dell'individuo e della specie. La rappresentazione delle emozioni comprende informazioni relative sia alla persona (risposte fisiologiche, espressive, cognitive e comportamentali) sia al contesto situazionale in cui si verificano gli eventi.

Nel suo modello delle emozioni come costruzioni sociali Thoits (1995) considera le emozioni come variabili intervenienti per spiegare i processi sociali: l'emotività è intessuta nei ruoli. Il mondo sociale ha assunto la massima importanza ed è diventato l'oggetto principale delle emozioni umane: la dimensione esplicitamente sociale di scopi e progetti. L'emozione stabilisce il copione per interagire con gli altri nei termini di questi scopi sociali. Ad esempio l'emozione reattiva caratteristica della gerarchia sociale è la rabbia, che crea i copioni essenziali per il conflitto e la competizione, come la felicità determina la collaborazione.

Le emozioni sociali predispongono ai copioni (*script*) specifici corrispondenti. Lo *script* è una sequenza che tende ad essere ripetuta, combinando gli aspetti dell'abitudine con quelli dell'episodio narrativo.

Le emozioni, oltre a segnalarci la presenza di un problema e indicarci la strada per risolverlo, costituiscono i mezzi fondamentali attraverso i quali si strutturano i rapporti umani, e organizzano le nostre motivazioni.

Kemper (1978, 1987) sosteneva una teoria sociologica secondo la quale le emozioni sono evocate universalmente da due dimensioni fondamentali dei rapporti sociali, il potere e lo status: "spesso si hanno emozioni miste poiché gli attori hanno sempre relazioni reciproche sia in termini di potere che di status. Le emozioni spiacevoli motivano il tentativo di ripristinare il potere e lo status". Quella di Kemper è una prospettiva che studia il modo in cui le emozioni vengono controllate. L'emozione esplica una funzione di segnale nei confronti della posizione sociale: ad esempio un comportamento imbarazzante influenza direttamente la propria posizione nell'interazione.

Inoltre l'emozione è un indice della posizione sociale, sia a livello intrapersonale che interpersonale. Nel primo caso essa delimita la posizione dell'individuo oppure rende l'individuo consenziente rispetto alla pretesa, da parte altrui, di una posizione superiore.

Le emozioni non solo svelano il nostro punto di vista sul mondo, ma svolgono anche una funzione di formazione dell'esperienza, in cui l'educazione emozionale (l'educazione ai sentimenti) costituisce una forma di esperienza e di apprendimento a tutto campo. A questo riguardo Hochschild (1995) parlava di *feeling rules*, di regole che prescrivono per ogni situazione le emozioni ammesse e le forme appropriate delle loro espressioni.

Secondo i costruttivisti le emozioni vengono costruite e prescritte socialmente ai fini del mantenimento e sostegno di un certo sistema di valori.

Thoits (1995) ha indicato i principi regolatori delle emozioni:
1. le regole di valutazione definiscono come è percepita e valutata una situazione;
2. le regole di comportamento stabiliscono come deve essere espressa un'emozione;
3. le regole prognostiche riguardano la durata di un'emozione;
4. le regole di attribuzione legittimano l'emozione rispetto al sistema sociale.

Emozioni, computer e robot

Frijda e Swagerman (1988) hanno ideato il programma ACRES: Artificial Concern REalization System, progettato al fine di "implementare la teoria delle emozioni" e per rispondere essenzialmente a due interrogativi:
1. i computer possono comportarsi come gli uomini nel processo di attribuzione delle emozioni?
2. i computer possono essere predisposti in modo da realizzarlo in una maniera funzionalmente simile?

La risposta di Frijda è che se le emozioni sono ciò che ascriviamo agli altri sulla base di quello che fanno, si potrebbe considerare l'opportunità di attribuire la medesima operazione anche ai computer.

Il tipo di ragionamento ci riporta agli studi e ricerche sulla linguistica operativa condotti da Ceccato negli anni '60 del secolo scorso, con l'ideazione operativa di una cibernetica della mente che si proponeva di riprodurre in modelli meccanici il pensiero ed il linguaggio umano. Nelle ambizioni di Ceccato c'era anche il sogno di: "costruire le mie macchinette che vorrei dotate di sentimenti, tenendo però presente che mi sembra difficile, per mia esperienza, avere gioie senza dolori, o solo dolori senza gioie. Ma credo che si possa giocare su una certa elasticità nelle durate: dolori magari inattesi, ma brevi, e gioie lunghe, diffuse" (Ceccato, 1968). I limiti dell'informatica dell'epoca, allora in evoluzione, non gli permisero di realizzare questa idea.

Non dimentichiamo il computer HAL del film *2001 Odissea nello spazio*, che provava forti emozioni tanto da entrare in conflitto con gli astronauti della navetta spaziale.

Nella ricerca di Frijda, lo sviluppo di ACRES rappresenta teoricamente un rafforzamento dell'approccio funzionalista all'emozione, evidenziando "il contenuto chiaramente specifico di alcuni dei più difficili concetti della teoria: disposizione all'azione, precedenza di controllo, segnali edonici e interessi, meccanismi di valutazione".

Nel 1997 Rodney Brook e colleghi del MIT (Massachusetts Institute of Technology) hanno sviluppato il robot KISMET, privo di voce, che esprime alcune emozioni quali la gioia, la tristezza e la sorpresa (Evans, 2001).

Evans si sta occupando di *mobots* (*mobile robots*) e in particolare della possibilità che esprimano delle emozioni. La società giapponese Sony ha prodotto AIBO, due robot-cagnolini che presentano le emozioni di base, in grado di essere modificate dagli stimoli esterni e di influenzare il comportamento.

Se queste applicazioni avranno successo, saremo forse nella condizione di riconoscere la teoria delle emozioni più adeguata alla riproducibilità mediante le macchine, e quindi forse più prossima alla validità operazionale, anche se probabilmente vale il paradosso proposto da Simon (1964) che ipotizzò che i robot avrebbero avuto bisogno delle emozioni per risolvere il dilemma nella gestione del conflitto.

Considerazioni conclusive

Le relazioni fra emozione e cognizione presuppongono il funzionamento di due sistemi integrati, in continua interazione, in cui i processi cognitivi non sono meno rilevanti ed essenziali quanto il substrato neurale nel costituire l'esperienza emozionale. Gli stessi *cognitive appraisals* si sono rivelati insufficienti, e recentemente sono stati amplificati dai *social appraisals* (Manstead e Fischer, 2001), dati gli importanti contributi concettuali della psicosociologia che vede le emozioni come risultato di un processo interazionale e interpersonale tra il sé e l'ambiente sociale, nel rapporto io-altro da me. Le emozioni sono come meccanismi chiave che legano la struttura sociale al comportamento individuale e viceversa.

Le teorie cognitiviste hanno rappresentato un rilevante supporto ai progressi delle neuroscienze affettive. Un cervello isolato non esiste, ma esistono solo soggetti interagenti tra loro, la cui attività mentale s'intreccia indissolubilmente nell'impatto della vita quotidiana. Uno studioso si è spinto ad affermare che "i neuroni-specchio saranno per la psicologia quello che il DNA è stato per la biologia". Forse il giudizio è prematuro, ma è certo che, grazie anche alla scoperta dei neuroni-specchio, le neuroscienze permettono di sottolineare "quanto bizzarro sia concepire un io senza un noi".

Gli obiettivi personali, gli standard, le credenze di controllo e le visioni di sé danno forma alle nostre reazioni emotive. Le abilità sociali ed interpersonali degli individui si esprimono più chiaramente proprio in presenza degli stati affettivi. La crescita, la malattia, i danneggiamenti possono modificare la risposta emozionale nel corso del ciclo di vita dell'individuo, influendo quindi sul processo di formazione della personalità. La comprensione delle emozioni rappresenta la chiave per la comprensione della personalità umana (Caprara e Cervone, 2003), della sua storia e del suo divenire.

Bibliografia

Anolli L (2002) Le emozioni. Unicopli, Milano
Arnold MB (1960) Emotion and personality. Columbia University Press, New York
Averill J (1980) A constructivist view of emotion. In: Plutchik R, Kellerman H (eds) Theory of emotions: Theory, research and experience. Academic Press, New York, vol 1, pp 339-395
Averill J (1992) L'acquisizione delle emozioni nell'età adulta In: Harré R (ed), La costruzione sociale delle emozioni. Giuffrè, Milano, pp 141-167
Bower GH (1981) Mood and memory. Am J Psychol 36:129-148
Broadbent DE (1958) Perception and communication. Pergamon Press, London
Cannon WB (1927) The James-Lange theory of emotions. A critical examination and an alternative theory. Am J Psychol 39:106-124
Caprara GV, Cervone D (2003) Personalità. Determinanti, dinamiche, potenzialità. Raffaello Cortina, Milano
Ceccato S (1968) Cibernetica per tutti. Feltrinelli, Milano
Damasio AR (2000) Emozione e coscienza. Adelphi, Milano
Davidson RJ (2000) Cognitive neuroscience needs affective neuroscience (and vice versa). Brain Cogn 42:89-92
Davidson RJ, Sutton SK (1995) Affective neurosciences: The emergence of a discipline. Curr Opin Neurobiol 5:217-224
Ekman P (1973) (ed) Darwin and facial expression: A century of research in review. Academic Press, New York
Ekman P (1999) Facial Expressions. In: Dalgleish T, Power M (eds) Handbook of Cognition and Emotion. John Wiley & Sons Ltd., New York
Evans D (2001) Emotion. A very short introduction. Oxford University Press, Oxford
Frijda NH (1986) The emotions, tr. it. Emozioni. il Mulino, Bologna, 1990
Frijda NH, Swagerman J (1988) I computer provano emozioni? Teoria e progetto per un sistema emozionale. In: D'Urso V, Trentin R (eds) Psicologia delle emozioni. il Mulino, Bologna, pp 305-330
Gilligan SG, Bower GH (1984) Cognitive consequences of emotional arousal. In: Izard CE, Harré H (eds) La costruzione sociale delle emozioni. Giuffrè, Milano, 1992
Hochschild AR (1995) Ideologia e controllo delle emozioni: prospettive e indicazioni per la ricerca futura. In: Turnaturi G (ed) La sociologia delle emozioni. Edizioni Anabasi, Milano
Izard C (1977) Human emotions. Plenum Press, New York
Izard C, Kagan J, Zajonc R (eds) (1984), Emotions, cognition and behaviour. Cambridge University Press, Cambridge, MA
James W (1884) What is an emotion? Mind 9:188-205

Johnson-Laird PN, Oatley K (1989) The language of emotions: An analysis of a semantic field. Cambridge University Press, Cambridge

Kemper TD (1978) A social interactional theory of emotions. John Wiley & Sons Ltd, New York

Kemper TD (1987) How many emotions are there? Am J Sociol 93:1-34

Lazarus R (1984) On the primacy of cognition. Am J Psychol 69:124-129

LeDoux JE (1999) Il cervello emotivo. Baldini & Castoldi, Milano

Leventhal H (1980) Towards a comprehensive theory of emotion. Adv Exp Soc Psych13:139-207

Mandler G (1975) Mind and emotion. John Wiley & Sons Ltd., New York

Manstead ASR, Fischer AH (2001) Social appraisal. The social world as object of and influence on appraisal process. In: Scherer KR, Scorr A, Johnstone T (eds) Appraisal processes in emotion: Theory, methods, research. Oxford University Press, London, pp 221-232

Oatley K, Johnson-Laird PN (1987) Towards a cognitive theory of emotions. Cogn Emot 1:29-50

Oatley K (2007) Breve storia delle emozioni. il Mulino, Bologna

Schachter S, Singer JE (1962) Cognitive, social and physiological determinants of emotional state. Psychol Rev 69:379-399

Scherer KR (1984) On the nature and function of emotion: A component process approach. In: Scherer KR, Ekman P (eds) Approaches to emotion. Erlbaum, Hillsdale

Simon H (1964) Motivation and emotional control of cognition. Psychol Rev 74:29-39

Thoits PA (1995) La sociologia delle emozioni. In: Turnaturi G (ed) La sociologia delle emozioni. Edizioni Anabasi, Milano

Tiberi E (2002) Basi neurali dei fenomeni emozionali. Quaderni DiPAV 3:179-201

Tiberi E (2002) Alcune tematiche delle neuroscienze cognitive ed affettive. Quaderni DiPAV 5 11-34

Zajonc R (1980) Feeling and thinking. Preferences need no inferences. Am Psychol 35:151-175

Zammuner WL (1995) Le emozioni. In: Arcuri L (ed) Manuale di psicologia sociale. il Mulino, Bologna, pp 161-196

Capitolo 3
Social Appraisal: una dimensione del *Cognitive Appraisal*

Giorgio Tosini

Introduzione

Se ognuno di noi provasse a ricordare una qualsiasi tra le esperienze emotive significative della propria vita, potrebbe accorgersi che, spesso, durante quella esperienza non era solo: una o più persone reali o immaginate erano presenti con le loro emozioni, i loro pensieri, i loro comportamenti.

Si potrebbe scoprire che tali elementi, e la loro valutazione, hanno svolto un ruolo decisivo nel vissuto emotivo.

Sulla base di queste considerazioni le emozioni non appaiono sempre come esperienze esclusivamente personali, fenomeni essenzialmente interni e privati, e la presenza di altre persone non è più considerata semplicemente un elemento che rende più complesse le diverse situazioni in grado di generare le emozioni.

In sostanza, alla valutazione dell'evento emotigeno si viene associando un'altra nostra specifica valutazione che ha come oggetto la reazione, reale o immaginata, delle altre persone presenti allo stesso evento: il *Social Appraisal* (Manstead e Fischer, 2001), vale a dire una valutazione riferita ad aspetti sociali.

La novità di questa proposta nasce dalla convinzione che gli aspetti sociali (non solo relazionali, ma anche di gruppo e culturali) rappresentano importanti variabili che costituiscono oggetto di specifica valutazione da parte delle persone. Questa specifica valutazione va quindi ad aggiungersi alla valutazione dell'evento emotigeno in quanto tale (Manstead e Fischer, 2001).

Prima del costrutto del *Social Appraisal*, come nuova dimensione dell'emozione proposta da Manstead e Fischer (2001), verrà presentato in questo contributo, all'interno della cornice teorica del *Cognitive Appraisal*, l'approfondimento di Scherer (2001) sulla valutazione di quattro dimensioni dell'emozione: rilevanza, implicazione, potenziale di *coping* e significato normativo.

Cognitive Appraisal

La complessa relazione tra emozione e cognizione è studiata con particolare attenzione dai teorici dell'approccio indicato con l'espressione inglese *Cognitive Appraisal*, la valutazione cognitiva.

C. Cristini, A. Ghilardi (a cura di), *Sentire e pensare. Emozioni e apprendimento fra mente e cervello*. ISBN 978-88-470-1068-0 © Springer-Verlag Italia 2009

Arnold (1960) ha usato per prima il termine *appraisal* per indicare il processo cognitivo con cui l'individuo valuta se lo stimolo emotivo che percepisce può essere benefico o nocivo. In conseguenza di questa valutazione può essere attivata una tendenza all'azione, ad esempio di avvicinamento o di allontanamento. Successivi studi (Schachter e Singer, 1962; Lazarus, 1966; Lazarus e Smith, 1988; Frijda, 1986; Smith e Ellsworth, 1985; Roseman, 1991; Schorr, 2001; Scherer, 1984; 2001; 2003) hanno apportato nuovi sviluppi di questo orientamento, anche diversi tra loro, ma che conservano l'elemento ritenuto comune dai teorici dell'*appraisal*: i vissuti emotivi sono considerati a partire non dalla natura di un evento, ma dall'interpretazione che ciascuno dà di quell'evento.

In passato, il dibattito a proposito della maggiore o minore importanza da attribuire alla cognizione, nella determinazione delle esperienze emozionali, è stato molto animato e gli studiosi si sono spesso divisi, ad esempio tra le posizioni di Lazarus e quelle di Zajonc (Schorr, 2001).

Da una parte Lazarus ha formulato ipotesi (Lazarus, 1966; Lazarus e Smith, 1988) sulla valutazione:

a) di un evento e del suo significato per il nostro benessere (*primary appraisal*);
b) della relazione tra valutazioni cognitive e azioni (*secondary appraisal*).

Questa seconda valutazione è costituita da due tipi di *coping*: uno comprende azioni per affrontare situazioni in qualche modo pericolose, l'altro è una rivalutazione (*reappraisal*) cognitiva di quanto messo in atto per fronteggiare quelle situazioni. Questi due tipi di *coping* sono da ritenere componenti dell'emozione e il processo di *reappraisal* può essere considerato come il mediatore della risposta emotiva. Sulla base di queste ipotesi, non solo la valutazione risulta determinante per l'esperienza emotiva, ma porta a considerare l'emozione come un processo continuo in cui il citato *reappraisal* può far variare l'iniziale vissuto emotivo (D'Urso e Trentin, 2000).

Sul fronte opposto, per Zajonc (1980) l'esperienza emotiva precede la valutazione dell'evento. Inoltre, dimostrando che le emozioni possono esistere al di fuori della consapevolezza, l'Autore ha evidenziato una criticità nella visione cognitivista più ortodossa.

Il confronto si è a tratti trasformato in una pura questione semantica, piuttosto che cercare di chiarire il reale processo che avviene durante l'esperienza emotiva (Leventhal e Scherer, 1987).

Nel corso degli anni successivi, sulla base dei risultati di numerose ricerche, si sono raggiunti buoni livelli di condivisione da parte di molti studiosi che fanno riferimento al *Cognitive Appraisal* (Ellsworth e Scherer, 2003); attraverso diversi contributi, il processo di *appraisal* è stato anche ridefinito su alcune importanti questioni:

a) se sia da ritenere solo antecedente l'emozione;
b) se sia un processo sequenziale o parallelo;
c) se sia da ritenere un processo solo consapevole.

Per quanto riguarda il primo punto, l'*appraisal* è ritenuto sia un antecedente, sia una componente dell'emozione: con quest'ultima affermazione si è venuto compiendo un passo importante per superare il confine che nella tradizione ha separato emozione e cognizione.

Rispetto alla sequenzialità o parallelismo dei processi, si ipotizza la presenza di entrambi i tipi di processi. Come vedremo in modo dettagliato, Scherer (2001) propende per una sequenzialità basata su diversi tipi di *appraisals,* e afferma che la sua teoria sequenziale non contraddice la presenza di ulteriori processi paralleli.

Per quanto riguarda l'ultimo punto relativo alla consapevolezza, vi è una sostanziale concordanza di vedute intorno al fatto che i diversi *appraisals* possano avvenire, indifferentemente e anche automaticamente, in modo consapevole o inconsapevole. La possibilità di una valutazione al di fuori della consapevolezza era peraltro contemplata nel pensiero di Magda Arnold (1960) in cui la valutazione, condizionata dall'apprendimento pregresso, dal temperamento, dalla personalità, dallo stato fisiologico, dalle particolari caratteristiche della situazione, veniva definita tipicamente diretta, immediata, automatica, e quindi anche non necessariamente deliberata e consapevole.

Oggi, l'*appraisal* si configura (Ellsworth e Scherer, 2003) come la valutazione delle circostanze reali, ricordate o immaginarie concomitanti il vissuto emotivo e, di conseguenza, viene visto come un processo che, mettendo in relazione la situazione e l'organismo, delinea le emozioni come risposte adattive.

Inoltre, concependo le emozioni come processi che si compiono in un intervallo di tempo, si coglie in modo più appropriato la complessità dei vissuti emotivi umani (Ellsworth, 1991).

Ad esempio, dopo un primo *appraisal* si registrerà una prima risposta emozionale, la quale diventerà parte della situazione e quindi verrà valutata, così contribuendo a influenzare successive emozioni. Infine, le emozioni possono condizionare la valutazione di un successivo evento negativo: se sono arrabbiato sarà più facile attribuire ad altri la responsabilità di quanto è in procinto di accadere (Keltner, Ellsworth e Edwards, 1993).

Le dimensioni dell'*appraisal*: il contributo di Klaus R. Scherer

Tra gli autori che, in anni recenti e attraverso la ricerca empirica, hanno dato un grande contribuito alla definizione del processo dell'*appraisal* e dell'emozione, va ricordato Klaus R. Scherer che, partendo dallo studio della valutazione dell'evento-stimolo, ha studiato la relazione tra questa e le conseguenti risposte dei sottosistemi dell'organismo: il sistema nervoso centrale, autonomo e somatico, il sistema neuro-endocrino.

Nel 1984, nell'intento di chiarire il processo che caratterizza l'*appraisal*, Scherer ha inizialmente proposto una griglia di controlli di valutazione dello stimolo (*stimulus evaluation check, SEC*): 1) novità dello stimolo; 2) piacevolezza/spiacevolezza intrinseca; 3) pertinenza e rilevanza dello stimolo per i bisogni e gli scopi dell'organismo; 4) capacità di far fronte allo stimolo (*coping*); 5) compatibilità con le norme sociali e con l'immagine di sé.

Su questa base, lo stesso autore ha aggiornato, nel corso degli anni, fino alla versione più recente (Scherer, 2001), la sua Teoria del controllo sequenziale

della differenziazione delle emozioni (Fig. 3.1) che prevede la valutazione sequenziale di quattro diverse dimensioni delle emozioni:
1. rilevanza;
2. implicazione;
3. potenziale di *coping*;
4. significato normativo.

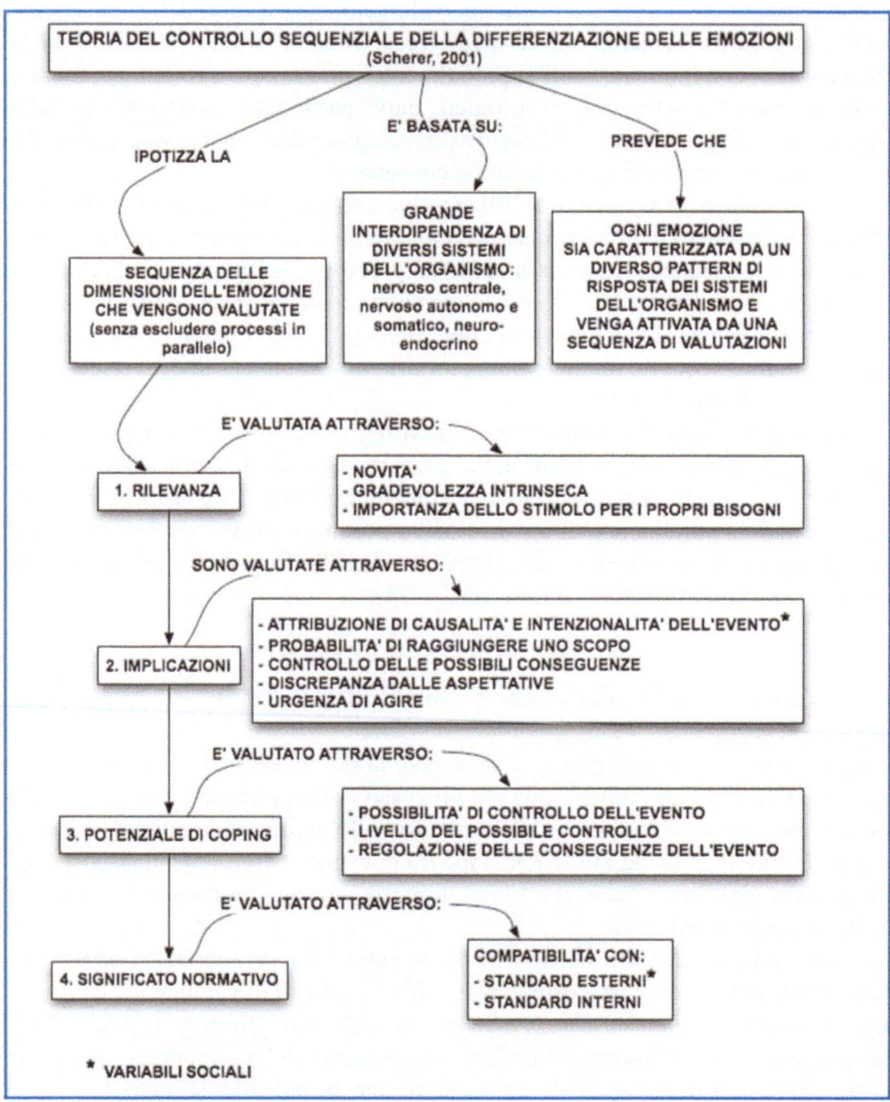

Fig. 3.1 Aspetti principali della Teoria della differenziazione di Scherer (2001)

La rilevanza è valutata attraverso il grado di novità di uno stimolo, il suo tono edonico relativo al grado di gradevolezza e il livello di importanza rispetto ai propri bisogni.

La dimensione delle implicazioni viene valutata attraverso diverse variabili tra cui l'attribuzione della causalità ad un agente. Nel caso di un essere vivente, le motivazioni, l'intenzionalità o la negligenza dell'agente assumono particolare importanza, come per un evento che provochi ira.

Per quanto riguarda il *coping*, Scherer propone una sua articolazione in tre aspetti:
1. la reale possibilità di controllo della situazione;
2. il livello del controllo effettivamente raggiungibile;
3. la possibilità di regolare le conseguenze dell'evento emotigeno.

Infine, il significato normativo è connesso alle norme morali (interne) ed etiche (esterne) e si configura rispetto alla conformità dell'evento ad esse.

La valutazione dell'evento-stimolo, attraverso la sequenza di valutazione delle dimensioni dell'emozione, è concepita come un processo di natura soggettiva il cui risultato, per ciascuna delle molteplici emozioni, è rappresentato da *patterns* di variazioni sincronizzate e interrelate dei sottosistemi dell'organismo (sistema nervoso centrale, sistema nervoso autonomo e somatico, sistema neuro-endocrino).

In questo modo vengono colti complessità e carattere processuale dell'emozione, dovuti ai continui e mutui cambiamenti delle sue componenti (cognizione, motivazione, reazione somatica) che dipendono dalle interazioni dei vari sottosistemi dell'organismo.

Scherer (2001), pur ribadendo l'importanza della sequenzialità del processo dell'*appraisal*, non esclude la presenza di processi paralleli e non consapevoli, di cui riconosce l'importanza.

In sintesi, l'emozione è definita come un episodio di cambiamenti interrelati e sincronizzati di tutti o della maggior parte dei sottosistemi dell'organismo; questi cambiamenti si manifestano come risposta alla valutazione di un evento stimolo, interno o esterno, rilevante per lo stesso organismo. Ogni emozione sarà, quindi, caratterizzata da un *pattern* di risposta, attivato da una sequenza di *appraisals,* e costituito dai cambiamenti del sistema nervoso centrale e di quello neuro-endocrino (Scherer, 2001).

Social Appraisal: una dimensione del *Cognitive Appraisal*

Dopo aver considerato come i teorici che fanno riferimento all'indirizzo del *Cognitive Appraisal* abbiano saputo affrontare quesiti critici riguardanti l'approccio dicotomico ad emozione e cognizione, la sequenzialità e il parallelismo dei processi dell'*appraisal* e l'ipotesi che questi processi possano essere indifferentemente consapevoli o inconsapevoli, si prende ora in considerazione un altro importante tema sul quale non esiste ancora una posizione condivisa: l'influenza dei fattori sociali sull'esperienza emotiva e sull'espressione delle emozioni.

I fattori sociali che intervengono nel processo di *appraisal* sono spesso considerati solo come aspetti dello stesso processo di valutazione, senza una propria specificità. È questa, ad esempio, la posizione di Scherer (2003) che inserisce nell'ipotesi sulla sequenza dell'*appraisal* (Fig. 3.1), ed in forma esplicita, fondamentalmente due aspetti legati alla relazione o alla socialità:
1. la distinzione tra l'elemento agente causale (ad esempio, a chi si attribuisce l'azione) e le motivazioni dell'agente causale (ad esempio, se l'azione dipende da intenzionalità o da negligenza);
2. la compatibilità con standard esterni rappresentati dalle norme sociali.

Da un'altra prospettiva, Manstead e Fischer (2001) hanno formulato una più specifica definizione del rapporto tra cognizione ed emozione riguardo agli aspetti sociali dell'*appraisal*: il costrutto del *Social Appraisal*, giungendo a definire questo costrutto come un'ulteriore e peculiare nuova dimensione dell'*appraisal*, non quindi solo come un aspetto relativo ad altre dimensioni.

Secondo questi autori, il *Social Appraisal* può essere definito come la valutazione dei vissuti emotivi, ma anche dei pensieri e delle azioni che altre persone esprimono come risposta allo stesso evento emotigeno che si sta vivendo. Ad esempio, se durante una cena un ospite fa una battuta di spirito per noi molto divertente, ma non per gli altri, che invece esprimono mediante il linguaggio non verbale il loro disappunto, il nostro vissuto emotivo sarà condizionato dalla valutazione che abbiamo elaborato delle loro reazioni emotive.

Un secondo aspetto di questo tipo di valutazione è costituito da come gli individui esaminano le eventuali conseguenze che la propria reazione emotiva potrebbe avere sulle altre persone. Continuando nell'esempio della cena, dovremo decidere se, e in che misura, manifestare agli altri il nostro divertimento, rischiando una situazione imbarazzante, oppure se adeguarci a loro per evitare l'imbarazzo. Alla base del processo di valutazione ci sono, quindi, la conoscenza delle possibili implicazioni delle nostre emozioni e della loro espressione verso gli altri, le proprie aspettative, i ricordi e le reminescenze di esperienze emozionali passate.

Il costrutto del *Social Appraisal* spiega l'effetto della nostra valutazione riguardo alle reazioni degli altri sia sulla nostra esperienza affettiva, sulla sua durata e intensità, sia sull'espressione delle emozioni. L'importanza e il ruolo che questo effetto assume nella nostra vita emotiva sembra giustificare la proposta di Manstead e Fischer (2001) di considerare il *Social Appraisal* come un'ulteriore dimensione del *Cognitive Appraisal*, superando quella che in passato è stata una sottovalutazione dell'importanza dei fattori sociali nei processi emotivi.

La distinzione rispetto all'*Appraisal* presenta analogie con la differenza tra il *primary* e il *secondary coping* proposta da Lazarus (Lazarus, 1966; Lazarus e Smith, 1988), e descritta precedentemente, nel senso che il *Social Appraisal* segue nel tempo la valutazione iniziale dell'evento emotigeno vero e proprio.

Il *Social Appraisal* è un processo che, come le altre dimensioni dell'*appraisal*, può avvenire rapidamente e al di fuori della consapevolezza dell'individuo attraverso la comunicazione verbale e non verbale.

Riguardo a come i processi di valutazione del contesto sociale che denotano il *Social Appraisal* vengano acquisiti e rimodellati, Fischer, Manstead e Zaalberg (2003) assegnano un ruolo decisivo ai processi di socializzazione diretti e indiretti (Fig. 3.2).

A questo proposito, l'importanza delle reazioni emotive degli altri e la sensibilità verso di esse ha radici lontane, se è vero che già un bambino molto piccolo imita le espressioni facciali dell'adulto (si veda, ad esempio, Meltzoff, 1988). Anche la psicologia clinica, studiando la relazione tra *care-giver* e neonato nei primi periodi dell'esistenza, si è occupata del ruolo della comunicazione. Ad esempio, le teorie delle relazioni oggettuali hanno enfatizzato l'importanza delle prime esperienze relazionali (Imbasciati, 2006), mettendone in luce anche il ruolo di condizionamento dello sviluppo del neonato. La base di queste

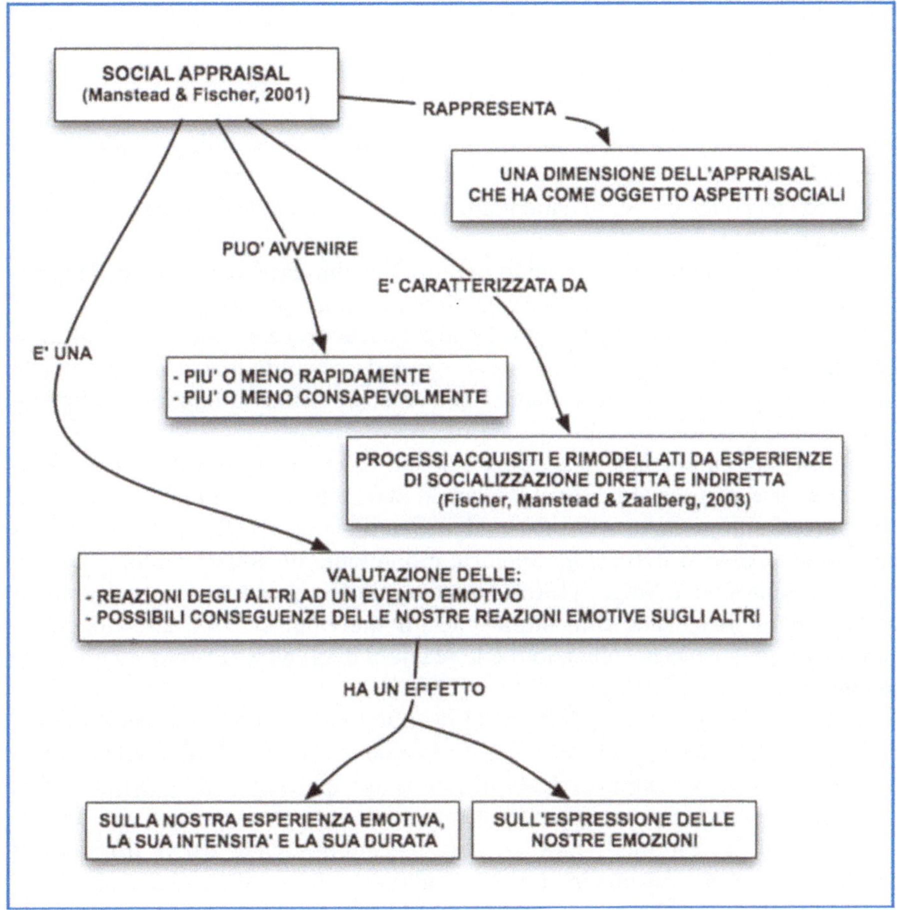

Fig. 3.2 Caratteristiche del *Social Appraisal* (Manstead e Fischer, 2001)

prime relazioni, in cui l'affettività è indiscussa protagonista, è la comunicazione non verbale (ad esempio con espressioni facciali, gesti, esperienze tattili, sonorità) che avviene principalmente in modo non consapevole. Attraverso questa esperienza comunicativa il neonato apprende, in quanto capisce e risponde. È un apprendimento che dipende dalla comunicazione non verbale del *care-giver*, ma quest'ultima è efficace e positiva solo se basata sulla comprensione del significato della comunicazione non verbale del neonato (Imbasciati, 2006).

In sintesi, in una condizione ottimale si sviluppa una comunicazione basata sulla reciproca comprensione dei messaggi non verbali, messaggi principalmente di natura emotiva.

Parafrasando un'espressione di Winnicott quando afferma che non esiste un bambino, ma un bambino con la sua mamma, allo stesso modo potremmo forse dire che non esiste un individuo che prova un'emozione, ma un individuo inserito in una rete di relazioni che prova un'emozione.

Presupposti del *Social Appraisal*

L'attenzione alla dimensione sociale dell'*appraisal* nasce dalla considerazione che, se è vero che l'emozione riguarda qualcosa che è in rapporto al sé, è altrettanto vero che questo sé è, in natura, anche un sé relazionale e sociale (Manstead e Fischer, 2001).

Esiste, poi, quella che potremmo definire una dimensione sociale delle esperienze emotive: da una parte, la compassione, la simpatia, l'amore materno, l'affezione, l'ammirazione dipendono dalla presenza fisica o psicologica di altre persone, dall'altra, la paura di essere rifiutati, la solitudine, l'imbarazzo, la colpa, la vergogna, la gelosia, l'attrazione sessuale hanno la funzione di trovare o cementare relazioni sociali.

Inoltre, ciascuno tende ad anticipare la definizione delle situazioni e le risposte delle altre persone (Manstead e Fischer, 2001). Festinger (1954), con la teoria del confronto sociale, aveva già evidenziato il bisogno degli individui di valutare, in quel caso si trattava di credenze e opinioni, attraverso il confronto con gli altri. Schachter e Singer (1962) hanno applicato questa idea alle emozioni; nella loro ricerca hanno dimostrato che gli individui cercano attivamente di conoscere quali sono le valutazioni e le reazioni degli altri di fronte ad un evento emotivo.

Sorce, Emde, Campos e Klinnert (1985), nei loro esperimenti con l'utilizzo del *Visual Cliff Paradigm*, hanno dimostrato che anche i bambini di un anno utilizzano l'espressione emotiva degli altri, nel caso specifico della propria madre, per decidere se adottare un comportamento che sembra presentare rischi. In sintesi, se la madre esprime paura o rabbia il bambino tende a non affrontare il rischio, viceversa se la madre esprime interesse o gioia il bambino interpreta questo segnale come un incoraggiamento ad affrontare il rischio. L'espressione facciale della madre svolge così una funzione sociale di regolazione del comportamento, mentre dal punto di vista del bambino (*Social Referencing*), attraverso l'espressione materna e all'interno di un processo di comunicazione emozionale, vengono percepiti e interpretati gli elementi utili che permettono di eliminare l'ambiguità delle situazioni (Sorce et al., 1985).

Quando assistiamo ad una situazione d'emergenza, se le altre persone presenti non intervengono per dare il loro aiuto, la situazione viene da noi valutata in modo meno grave rispetto alla valutazione che daremmo se fossimo soli (Latané e Darley, 1969). L'inazione di fronte a situazioni d'emergenza o ambigue, *Bystander Apathy*, può essere spiegata proprio con la reciproca influenza di chi assiste in modo passivo, che contribuisce a determinare il giudizio di non gravità e il conseguente non intervento (Latané e Darley, 1969). Le ricerche su questo fenomeno sono scaturite da un episodio di cronaca avvenuto negli Stati Uniti nel 1964, quando una donna fu uccisa senza che 38 vicini di casa, nonostante avessero udito e visto cosa stava accadendo, facessero nulla per portare aiuto, né tantomeno chiamassero la polizia, come avviene d'altronde in molti episodi di violenza che accadono in luoghi pubblici fra l'indifferenza dei presenti.

Latané e Darley (1969) ritengono che la *Bystander Apathy* si verifichi facilmente nelle situazioni d'emergenza in quanto:
1. costituiscono una minaccia per la vita di chi è aggredito e delle persone che, eventualmente, intervengono per dare aiuto;
2. sono eventi inusuali che le persone sono impreparate ad affrontare;
3. accadono senza essere preceduti da segnali di pericolo;
4. richiedono di agire con prontezza.

Per quanto riguarda la relazione tra il contesto sociale e le emozioni, diversi autori hanno condotto studi su alcuni suoi aspetti. Averill (1980), all'interno di un approccio costruttivistico alle emozioni, ha messo in relazione l'emozione con una varietà di elementi dipendenti dal contesto; Parkinson (1996) ha evidenziato la centralità dei fattori comunicativi nell'emozione; Fridlund (1994) ha sottolineato che l'espressione delle emozioni è in modo predominante di natura strumentale e sociale. Infine, per Hatfield, Cacioppo e Rapson (1992) il contagio emozionale è funzionale ad una convergenza emotiva tra individui, mentre Pennebaker, Zech e Rimé (2001) e Rimé, Corsini e Herbette (2002) hanno studiato come la condivisione sociale possa aiutare ad elaborare gli eventi.

Le ricerche sugli effetti del *Social Appraisal*

Gli effetti del *Social Appraisal* sull'esperienza emotiva e sull'espressione delle emozioni sono stati analizzati rispetto alle diverse variabili del contesto sociale: presenza fisica o immaginata ed espressività delle altre persone, ruoli interpretati, norme sociali o individuali, motivi sociali, scopi, piacevolezza della situazione, specificità stereotipata o attribuita ai diversi sessi, cultura di riferimento (per una rassegna, v. Fischer, Manstead e Zaalberg, 2003).

Quando gli altri sono fisicamente presenti, anziché immaginati, l'effetto del *Social Appraisal* è maggiore e, riguardo al grado di piacevolezza di una situazione, si possono avere effetti differenti:

1. in una situazione piacevole la felicità viene rinforzata;
2. in una situazione triste questo vissuto emotivo decresce;
3. in una situazione ambigua la reazione tende ad essere coerente con quella degli altri.

Il *Social Appraisal*, insieme a motivazioni di natura sociale, può condizionare l'espressione di emozioni per scopi di: affiliazione, riconoscimento, segnalazione, ma anche di richiesta di conforto nel caso di emozioni negative come la tristezza.

Zaalberg, Manstead e Fischer (2004) hanno studiato l'effetto dei motivi sociali sull'espressione di divertimento dopo il racconto di una barzelletta: è stata trovata una relazione significativa tra il tipo di motivazione sociale e l'espressione più o meno divertita. Nel caso in cui i soggetti avevano intenzione di condividere i loro sentimenti positivi con il narratore della barzelletta l'espressione di divertimento era più marcata. Al contrario, quando la motivazione era quella di non dispiacere il narratore, il sorriso manifestato non era di aperto divertimento.

Non tutti gli individui fisicamente presenti hanno lo stesso effetto su di noi, tanto che l'espressione delle nostre emozioni dipende dal ruolo che le altre persone ricoprono: l'effetto è diverso se siamo con un amico oppure con un estraneo. Gli altri non sono tutti uguali, anche perché è diversa la funzione da loro svolta nella strategia di *coping* da noi adottata. Quest'effetto va distinto da quello dovuto ad un contagio emotivo perché le situazioni sono diverse: nel primo caso le persone non sono poste di fronte l'una all'altra, mentre avviene il contrario nel caso del contagio emotivo (Fischer, Manstead e Zaalberg, 2003). Infine, è importante considerare se i presenti all'evento emotivo sono semplici spettatori o stanno vivendo un'esperienza emozionale, e quanto questa è condivisa (Fischer, Manstead e Zaalberg, 2003).

La cultura di riferimento è stata oggetto di indagine in una ricerca di Fischer, Manstead e Rodriguez (1999) sul ruolo dell'onore, rispetto a valori individualistici, nell'orgoglio, nella vergogna e nella rabbia in due culture diverse come la Spagna e l'Olanda. I due Paesi sono stati scelti come rappresentativi di due diverse culture: quella spagnola più sensibile al concetto di onore, al contrario di quella olandese più vicina a valori individualistici. Gli spagnoli esaminati sono apparsi più sensibili, con differenze individuali, alle minacce verso l'onore familiare mentre gli olandesi erano più sensibili alle minacce all'autostima o ai propri obiettivi.

Il sesso di appartenenza delle persone presenti ad un evento emotigeno rappresenta una variabile che incide sull'espressione delle emozioni. L'ira viene espressa dagli uomini più facilmente quando credono che in questo modo è possibile modificare il comportamento di un'altra persona (Timmers, Fischer e Manstead, 1998). Le donne, diversamente, esprimono questa emozione in misura minore quando pensano di incontrare la persona che ne è stata la causa (Evers, Fischer, Rodriguez Mosquera e Manstead, 2005); viceversa esprimono più apertamente l'ira quando questa persona non è la stessa verso cui stanno indirizzando l'ira (Timmers, Fischer e Manstead,1998).

Conclusioni

La ricerca empirica ha dimostrato l'importanza del *Social Appraisal*, vale a dire della valutazione delle reazioni espresse da altre persone, sulla nostra esperienza emotiva e sull'espressione delle nostre emozioni. In questo contesto, le emozioni sono influenzate dalle relazioni interpersonali e sociali e sono reciprocamente anche in grado di modificarle.

In futuro si dovrà necessariamente integrare l'analisi della dimensione individuale delle emozioni e privilegiare il settore di ricerca che sin qui si è occupato dell'effetto dei fattori sociali sulle emozioni, sempre all'interno di un approccio in cui cognizione ed emozione non appaiono mai divise, ma al contrario legate da nessi profondi.

Parkinson, Fischer e Manstead (2005) hanno recentemente classificato i fattori sociali in tre categorie dipendenti da:
1. dimensione interpersonale;
2. propria o altrui appartenenza a gruppi;
3. propria o altrui appartenenza a diverse culture.

Nel proporre l'analisi dei tre livelli in modo separato, basandosi sul fatto che la ricerca ha sin qui indirizzato gli sforzi sui singoli tre livelli, gli autori sono consapevoli del limite di tale scelta e pongono, prima di tutto a se stessi, l'obiettivo di studiare le decisive interconnessioni esistenti tra i tre livelli (Fig. 3.3).

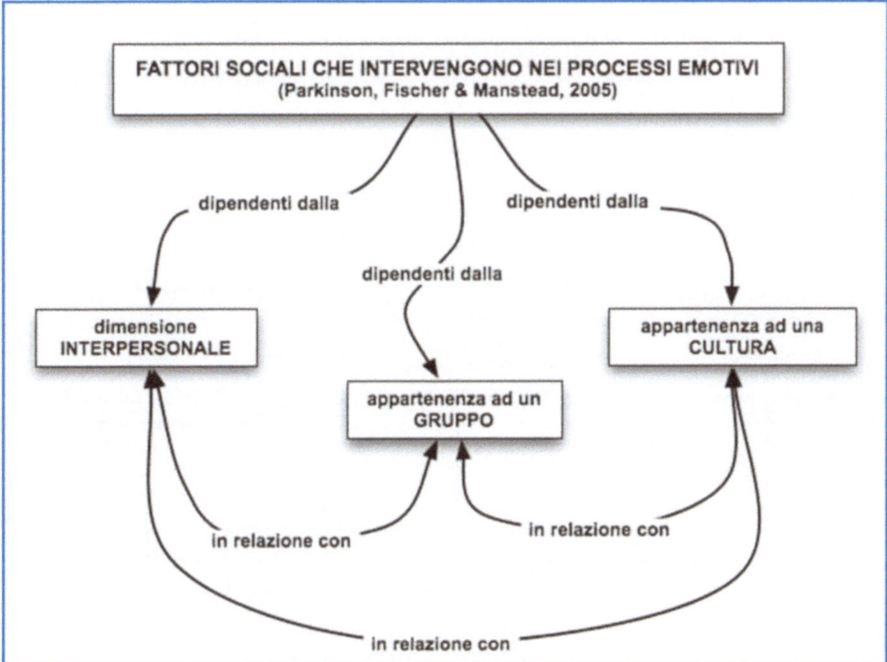

Fig. 3.3 Fattori sociali nei processi emotivi (Parkinson, Fischer e Manstead, 2005)

Nello stesso momento, lo studio di un nuovo modello dinamico sembra essere una strada percorribile, ma anche indispensabile, per capire la complessità dell'esperienza emotiva ad un livello più generale. Un modello dinamico complesso dovrebbe essere in grado di descrivere il ruolo sia degli aspetti biologicamente determinati che dipendono dal percorso evolutivo, sia degli aspetti relazionali e sociali. Quindi, un modello in cui il sociale e il biologico non si escludono reciprocamente (Parkinson, Fischer e Manstead, 2005), ma interagiscono.

Questo obiettivo potrebbe indirizzare la ricerca verso l'integrazione del *Social Appraisal* con la proposta di Scherer (2001), che è invece inserita in un contesto evoluzionistico.

Anche i neuroscienziati si occupano del rapporto tra biologico e sociale. Gallese (2005), attraverso i suoi studi sui neuroni-specchio, ha dimostrato che provare disgusto e vedere questa emozione espressa sul viso di un'altra persona attivano la stessa struttura neurale. Secondo l'autore, questo fenomeno, definito *embodied simulation*, non rappresenta il solo meccanismo funzionale alla base della comprensione delle emozioni; infatti lo stimolo che elicita l'emozione viene elaborato anche cognitivamente, configurando la presenza di due meccanismi che non si escludono a vicenda.

Scherer (2003) ha proposto un modello che tiene conto di diverse componenti (Fig. 3.4).

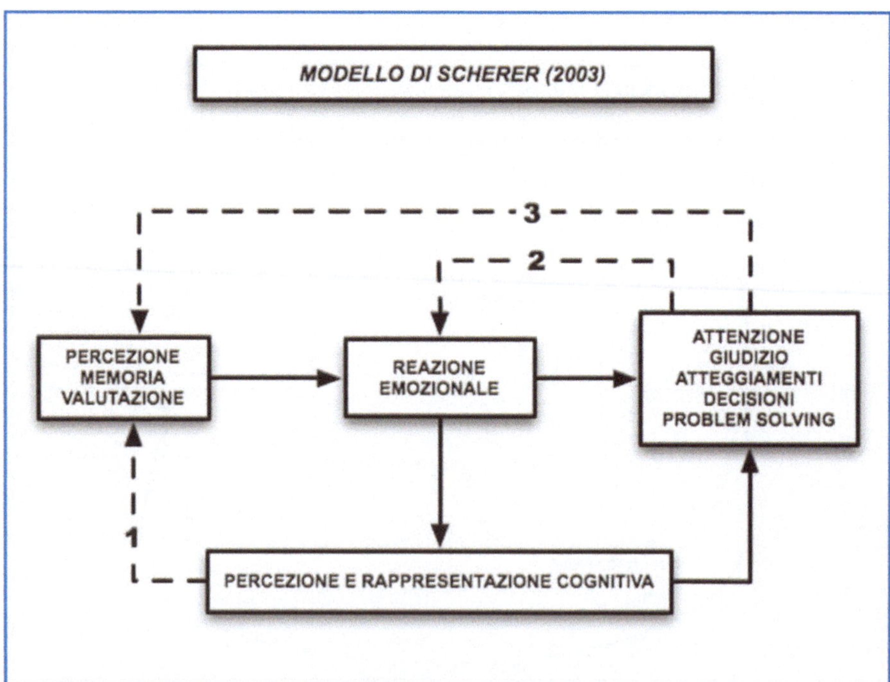

Fig. 3.4 Le componenti del modello di Scherer (2003)

La percezione, la memoria e la valutazione, dopo aver causato una prima reazione emozionale, sono influenzate da:

– *feedback* (1): dovuto alla reazione emozionale, attraverso la percezione e la rappresentazione cognitiva;
– *feedback* (3): dovuto all'attenzione, ai giudizi, agli atteggiamenti, alle decisioni e al *problem solving*.

Inoltre, attenzione, giudizi, atteggiamenti, decisioni e *problem solving* producono anche il *feedback* (2) sulla reazione emozionale.

Per quanto riguarda il *feedback* (1), una persona che si rende conto di essere spaventata potrebbe veder ridotto il proprio potenziale di *coping* di fronte ad una minaccia. Il *feedback* (1) potrebbe anche essere dovuto alla percezione della propria reazione emozionale come un nuovo evento, ad esempio nel caso in cui l'espressione delle emozioni è sottoposta al controllo sociale (Scherer, 2003).

I rimanenti *feedback* (2) e (3) dipendono da fattori sociali che possono intervenire soprattutto in giudizi, atteggiamenti e decisioni.

Questo esempio di modello dinamico, come altri, è in grado di stimolare la riflessione sul perché gli individui vivano esperienze emotive in modi diversi per intensità, tono edonico, mutamenti dello stato fisiologico e descrive l'emozione come un processo molto complesso e non lineare connesso alle esperienze, alla storia ed alle prospettive di ognuno.

Bibliografia

Arnold, MB (1960) Emotion and personality, vol I: Psychological aspects, vol II: Neurological and physiological aspects. Columbia University Press, New York

Averill JR (1980) A constructionist view of emotion. Emotion: Theory, research, and experience 1:305-339

D'Urso V, Trentin R (2000) Introduzione alla psicologia delle emozioni. Laterza, Roma

Ellsworth PC (1991) Some implications of cognitive appraisal theories of emotion. In Strongman KT (ed) International Review of studies on emotion, vol 1. Wiley, Chichester

Ellsworth PC, Scherer KR (2003) Appraisal processes in emotion. In Davidson RJ, Scherer KR, Goldsmith HH (eds) Handbook of Affective Sciences. Oxford University Press, Oxford, pp 563-571

Evers CAM, Fischer AH, Rodriguez Mosquera PM, Manstead ASR (2005) Anger and social appraisal: A "spicy" sex difference? Emotion 5:258-266

Festinger L (1954) A theory of social comparison processes. Hum Relat 7:117-140

Fischer AH, Manstead ASR, Zaalberg R (2003) Social influences on the emotion process. In Stroebe W, Hewstone M (eds) European Review of Social Psychology, vol 14. Psychology Press, Hove, pp 171-201

Fischer A, Manstead ASR, Rodriguez PM (1999) The role of honor-based versus individualistic values in conceptualizing pride, shame, and anger: Spanish and Dutch cultural prototypes. Cogn Emot 13:149-179

Fridlund A J (1994) Human facial expression. Academic Press, New York

Frijda NH (1986) The Emotions. Cambridge University Press, Cambridge

Gallese V (2005) Embodied Simulations: From neurons to phenomenal experience. Phenom Cogn Sci 4:23-48

Hatfield E, Cacioppo JT, Rapson RL (1992) Primitive emotional contagion. In Clark MS (ed) Emotion and social behavior. Review of personality and social psychology, vol 14. Sage, Thousand Oaks, pp 151-177

Imbasciati A (2006) Il sistema protomentale. Psicoanalisi cognitiva. Origini, costruzione e funzionamento della mente. E U L E D, Milano

Keltner D, Ellsworth PC, Edwards K (1993) Beyond simple pessimism: Effects of sadness and anger on social perception. J Pers Soc Psychol 64:740-752

Latané B, Darley, JM (1969) Bystander "apathy". Am Sci 57:244-268

Lazarus RS (1966) Psychological stress and the coping process. McGraw-Hill, New York

Lazarus RS, Smith CA (1988) Knowledge and appraisal in the cognition-emotion relationship. Cogn Emot 2:281-300

Leventhal H, Scherer KR (1987) The relationship of emotion to cognition: A functional approach to a semantic controversy. Cogn Emot 1:3-28

Manstead ASR, Fischer AH (2001) Social appraisal. The Social World as Object of and Influence on Appraisal Processes. In Scherer KR, Schorr A, Johnstone T (eds) Appraisal processes in emotion: Theory, methods, research. Oxford University Press, London, pp 221-232

Meltzoff AN (1988) Infant imitation and memory: Nine-month-olds in immediate and deferred tests. Child Dev 59:217-225

Parkinson B (1996) Emotions are social. Br J Psychol 87:663-683

Parkinson B, Fischer AH, Manstead ASR (2005) Emotion in social relations: Cultural, group and interpersonal processes. Psychology Press, New York

Pennebaker JW, Zech E, Rimé B (2001) Disclosing and sharing emotion: Psychological, social and health consequences. In Stroebe MS, Hansson RO, Stroebe W, Schut H (eds) Handbook of bereavement research: Consequences, coping, and care. American Psychological Association, Washington

Rimé B, Corsini S, Herbette G (2002) Emotion, verbal expression, and the social sharing of emotion. In Fussell SR (ed) The verbal communication of emotions: Interdisciplinary perspectives. Erlbaum, Mawhaw, pp 185-208

Roseman I (1991) Appraisal determinants of discrete emotions. Cogn Emot 5:161-200

Schachter S, Singer J (1962) Cognitive, social, and physiological determinants of emotional state. Psychol Rev 69:379-399

Scherer KR (1984) On the nature and function of emotion: A component process approach. In Scherer KR, Ekman P (eds) Approaches to emotion. Erlbaum, Hillsdale, pp 293-318

Scherer KR (2001) Appraisal considered as a process of multilevel sequential checking. In Scherer KR, Schorr A, Johnstone T (eds) Appraisal processes in emotion. Theory, Methods, Research. Oxford University Press, Oxford

Scherer KR (2003) Introduction: Cognitive Components of Emotion. In Davidson RJ, Scherer KR, Goldsmith HH (eds) Handbook of Affective Sciences. Oxford University Press, Oxford, pp 563-571

Schorr A (2001) Appraisal: The Evolution of an Idea. In Scherer KR, Schorr A, Johnstone T, (eds) Appraisal processes in emotion. Theory, Methods, Research. Oxford University Press, Oxford, p 155

Smith CA, Ellsworth PC (1985) Patterns of cognitive appraisal in emotion. J Pers Soc Psychol 48:813-838

Sorce JF, Emde RN, Campos JJ, Klinnert MD (1985) Maternal emotional signaling: Its effect on the visual cliff behavior of 1-year-olds. Dev Psychol 21(1):195-200

Timmers M, Fischer AH, Manstead ASR (1998) Gender differences in motives for regulating emotions. Pers Soc Psychol Bull 9:974-985

Zaalberg R, Manstead ASR, Fischer AH (2004) Relations between emotions, display rules, social motives, and facial behavior. Cogn Emot 18:182-207

Zajonc RB (1980) Feeling and thinking: Preferences need no inferences. Am Psychol 35:151-175

Capitolo 4

La dimensione emotiva dell'attrazione sessuale

Chiara Buizza, Antonio Imbasciati

Negli ultimi anni si è accresciuto l'interesse delle neuroscienze per lo studio dei processi biologici che sottendono le emozioni, nel tentativo di giungere ad una sempre più esaustiva conoscenza del complesso funzionamento della mente umana. Anche per quanto riguarda la sessualità, ed in particolare l'attrazione sessuale, sono stati compiuti numerosi studi che si sono posti come obiettivo l'individuazione dei correlati anatomo-fisiologici coinvolti. Sebbene, tuttavia, la biologia abbia compiuto molti progressi nella comprensione di quali sostanze chimiche si attivino e di quali zone del cervello siano coinvolte nei processi di attrazione sessuale, molto ancora rimane da scoprire. Ancora inevase rimangono pertanto alcune domande: *Perché siamo sessualmente attratti da alcuni individui e non da altri? Quali sono i processi psichici che attivano l'attrazione sessuale? Le attrazioni erotico-sessuali sono omologabili a quelle interpersonali?*

L'attrazione sessuale ha indubbiamente un evidente carattere di sollecitazione emotiva: come tutte le emozioni è accompagnata da eventi somatici. Talora questi non sono avvertiti, ma sono rilevabili sperimentalmente. Talaltra, invece, possono accadere ed anche essere percepiti mutamenti somatici senza che il soggetto avverta attrazione. La situazione soggettiva, quando avvertita, ci dice per contro che, come ogni altra emozione, quella sessuale può anche prescindere da qualunque percezione: possono bastare i propri pensieri per attivarla. Perché dunque qualcosa o qualcuno "piace"? Le variazioni di ciò che può piacere sono di fatto infinite: i gusti erotici possono variare non solo da individuo a individuo, ma anche da situazione a situazione, o da un incontro interpersonale rispetto ad un altro (Imbasciati, 2005). Che cos'è dunque che desta questa cosa alquanto misteriosa che chiamiamo Eros? Su questo quesito si sono da sempre interrogati letterati, poeti, filosofi, psicologi ed anche la gente comune, stimolata non solo dalla curiosità, ma anche dal fatto che spesso l'attrazione sessuale che possiamo provare per talune persone può condurci verso destini non sempre felici.

Quando si parla di attrazione sessuale (e più in generale di sessualità) si tende, quasi sempre, a privilegiare un approccio biologico al fenomeno. La stessa letteratura scientifica esistente sul tema dell'attrazione sessuale (Buizza e Imbasciati, 2007) si addensa attorno a studi di natura biologico-evoluzionista.

C. Cristini, A. Ghilardi (a cura di), *Sentire e pensare. Emozioni e apprendimento fra mente e cervello*. ISBN 978-88-470-1068-0 © Springer-Verlag Italia 2009

Sono infatti copiose le ricerche che hanno studiato il significato filogenetico di molti fattori coinvolti nei processi di attrazione sessuale, mettendone in evidenza il carattere evolutivo, finalizzato alla riproduzione della specie. Tale substrato biologico è ciò che presumibilmente rende conto della elevata concordanza interculturale che sussiste riguardo agli elementi che esteticamente vengono considerati maggiormente attraenti e che mostrano una stabilità attraverso i periodi storici, le società, le culture e le specie. Ciò che viene ritenuto attraente sembra infatti il frutto e l'espressione di alcune regole di sopravvivenza modellate dalla selezione naturale. E ciò vale sia per gli uomini che per le donne.

Per quanto riguarda la bellezza di un volto, per esempio, recenti metanalisi hanno rilevato l'esistenza di una concordanza interculturale su ciò che costituisce la bellezza di un volto maschile o femminile (Langlois et al., 2000). In particolare, da numerosi studi sulle preferenze estetiche dei maschi sembra che il cervello ed il corpo maschile siano programmati a trovare sessualmente attraenti le caratteristiche che riflettono una buona salute ed un alto potenziale riproduttivo della donna. I fattori giudicati maggiormente attraenti sono infatti soprattutto quelli riconducibili ad un viso simmetrico, che esprime i caratteri considerati più tipicamente femminili, indici del livello di ormoni estrogeni caratteristico di una fertilità ottimale (Enquist e Ghirlanda, 1998), ed un corpo giovane, bello ma soprattutto proporzionato, che presenta cioè un rapporto fra la vita e i fianchi di 0.7 (Furnham et al., 2003). La distribuzione del grasso corporeo che questo numero riflette è anch'essa associata ad una buona capacità riproduttiva. Al contrario, sembra che il cervello ed il corpo femminile siano programmati a trovare attraenti sessualmente quegli uomini il cui corpo alto, slanciato e muscoloso riflette affidabilità, garanzia di tutela e buone caratteristiche genetiche, tali da assicurare la nascita di una prole capace di sopravvivere al meglio. Dal punto di vista fisico gli uomini alti e forti sono stati infatti universalmente giudicati come sessualmente più attraenti, e poiché i caratteri maschili sono dovuti all'azione di particolari ormoni, il modello virile dominante è stato per molto tempo quello dell'uomo che presentava peli sul corpo e sul viso, muscoli più sviluppati, lineamenti squadrati, naso pronunciato, guance e zigomi alti e una voce più profonda (Maisey et al., 1999).

Tali studi, tuttavia, per quanto interessanti, non tengono in debito conto la vasta modulazione individuale che entra in gioco nell'attrazione sessuale e soprattutto il fatto che la caratterizzazione della qualità erotica di uno stimolo si intreccia con tutto lo sviluppo affettivo e cognitivo del singolo individuo e coinvolge l'intera massa delle sue memorie implicite (Imbasciati, 2005).

Le persone sono di fatto sessualmente attratte da altre persone non solo in funzione degli aspetti pragmatici e coscienti della percezione dell'altro, ma anche in funzione di motivazioni inconsce (Baldaro Verde, 1992), le quali possono essere la conseguenza di rappresentazioni o modelli operativi interni e di interazioni con le figure di accudimento, che portano il soggetto a formarsi aspettative e a compiere valutazioni sulle relazioni con altri significativi.

Alcune ricerche condotte in questo ambito hanno per esempio mostrato che lo stile di attaccamento infantile ha un impatto sulla scelta del partner (Senchak,

1992; Attili, 2004) e sulla suscettibilità all'amore, influenzando la capacità di unire amore e sessualità nell'adulto. In particolare l'attaccamento sicuro faciliterebbe la fusione stabile nel tempo tra sentimento d'amore e sessualità, mentre l'attaccamento insicuro contribuirebbe alla scissione tra amore e desiderio (Eagle, 2005). Da questi studi è inoltre emerso che le persone con uno stile di attaccamento ansioso-ambivalente appaiono più suscettibili all'amore e sperimentano livelli di attrazione sessuale maggiori rispetto alle persone che possiedono uno stile di attaccamento sicuro o evitante (Hazan e Shaker, 1995).

Tutto ciò significa che, anche per quanto riguarda l'attrazione sessuale, è verosimile ipotizzare che entrino in gioco acquisizioni molto precoci, già in epoca neonatale, di modi di funzionamento mentale: modalità cioè di elaborare elementi sensoriali (tattili, sonori, motori, vestibolari, visivi, olfattivi) in associazione a stati emotivi interpersonali di piacere, il tutto organizzato in configurazioni di tracce mnestiche sulle quali l'individuo successivamente, crescendo, strutturerà e stabilizzerà sia i propri contenuti sessuali, sia le modalità attraverso le quali si declinano i processi soggettivi di attrazione sessuale (Imbasciati, 2004).

La scelta dell'altro apparirebbe in questo modo essere scarsamente legata alle caratteristiche proprie dell'oggetto percepito come attraente, ma, piuttosto, determinata dall'immagine che l'altro evoca in noi e ci rimanda di noi e dall'immagine che a lui a sua volta noi rimandiamo (Cancrini e Harrison, 1986). In tal senso non saremmo tanto attratti dalle persone quanto dalle relazioni, che a loro volta sono qualificate dal contesto, dal momento del proprio ciclo vitale e dalle altre relazioni vissute in quel contesto.

Da ciò consegue che esiste un'ampia variabilità inter-soggettiva nella percezione e nell'interpretazione di uno stimolo erotico e quindi di ciò che "piace", così come nei modi di dare significato "erotico" a un messaggio. I modi, infatti, di leggere come erotico un messaggio implicano un complesso lavoro di elaborazione mnestica, del tutto inconsapevole, che mobilita una gran quantità di memorie, per dare significato all'informazione emessa e a quella letta. In questo approccio semiotico è stata studiata la possibilità che esistessero messaggi naturali, cioè segnali universalmente riconosciuti, indipendentemente dal singolo e dalla cultura cui appartiene. Fornari (1979) parlò di una semiosi affettiva e di erotemi, cioè unità di significazione erotica, messaggi universali, riconoscendone però la modulazione individuale. In ogni caso, anche ammettendo la possibilità di segnali uguali per tutti gli individui, è indubbio che la lettura dell'eros nell'essere umano obbedisce essenzialmente a significanti e significati del tutto individuali. Persino i messaggi olfattivi, la cui efficacia, a livello del tutto inconscio, è stata accertata anche nell'uomo, vengono letti secondo codici individuali e quindi implicano il patrimonio mnestico di quelle singole persone.

Da quanto sin qui esposto si evince che l'attrazione sessuale è un evento complesso di ordine emotivo, con modificazioni somatiche, che, così come avviene per tutte le emozioni, appartiene all'ordine dello psichico e che troppo semplicisticamente può essere ricondotto, da un punto di vista esplicativo, a cause esclusivamente di ordine fisico-biologico.

Privilegiando questo approccio teorico è chiaro che, da un punto di vista clinico-terapeutico, qualsiasi disagio e/o disturbo che afferisce a tale ambito debba essere ascoltato nella sua eziopatogenesi psichica e relazionale.

Bibliografia

Attili G (2004) Attaccamento e amore. il Mulino, Bologna

Baldaro Verde J (1992) Illusioni d'amore. Le motivazioni inconsce nella scelta del partner. Raffaello Cortina, Milano

Buizza C, Imbasciati A (2007) La dimensione psicosomatica dell'attrazione sessuale: una rassegna della letteratura. Rivista di Sessuologia 31,2:82-88

Cancrini MG, Harrison L (1986) Potere in amore. Editori Riuniti, Roma

Eagle MN (2005) Attaccamento e sessualità. Psicoter Sci Um 2:151-164

Enquist M, Ghirlanda S (1998) Evolutionary biology. The secrets of faces. Nature 2394 (6696):826-827

Fornari F (1979) Fondamenti di una teoria psicoanalitica del linguaggio. Boringhieri, Torino

Furnham A, McClelland A, Omer LA (2003) Cross-cultural of ratings of perceived fecundity and sexual attractiveness as a function of body weight and waist-to-hip ratio. Psychol Health Med 8(2):219-230

Hazan C, Shaker PR (1995) L'amore di coppia inteso come processo di attaccamento. In: Carli L (ed) Attaccamento e rapporto di coppia. Raffaello Cortina, Milano, pp 91-126

Imbasciati A (2004) A theoretical support for Transgenerationality: the Theory of Protomental. Psychoanal Psychol 21:83-98

Imbasciati A (2005) La sessualità. In: Imbasciati A, Margiotta M, Compendio di Psicologia per gli operatori socio-sanitari. Piccin, Padova, pp 385-396

Langlois JH, Kalakanis L, Rubenstein AJ et al (2000) Maxims or myths of beauty? A meta-analytic and theoretical review. Psychol Bull 126(3):390-423

Maisey DS, Vale EL, Cornelissen PL, Tovée MJ (1999) Characteristics of male attractiveness for women. Lancet 353(9163):1500

Senchak M, Leonard KE (1992) Attachment Styles and Marital Adjustment among Newly Wed Couples. J Soc Pers Relat 9:51-64

Capitolo 5

Le emozioni invecchiano?

Carlo Cristini, Giovanni Cesa-Bianchi

Introduzione

Le emozioni nascono con l'essere umano e lo accompagnano fino agli ultimi istanti. Il mondo delle sensazioni, delle percezioni avvia lo sviluppo di quello emozionale (Arnold, 1960): l'uno è imprescindibile dall'altro o forse appartengono entrambi allo stesso sistema di risposta, adattamento e conoscenza di sé e dell'ambiente. Secondo la legge psicofisica di Weber e Fechner, ad una intensità dello stimolo corrisponde la comparsa di una sensazione, presupposto della dinamica esperienziale. Nell'istante in cui si avverte un dolore, si fa anche una immediata esperienza soggettiva, si apprende la sensorialità (Cesa-Bianchi, 1964, 1965; Cesa-Bianchi et al., 2002). Le capacità percettive ed emotive regolano la vita, l'adattamento, il comportamento nelle primissime fasi dell'esistenza e in quelle successive; i sentimenti, gli affetti orientano, caratterizzano le modalità interattive, comunicative in età infantile; si dice che "i bambini ragionano con gli affetti" (Imbasciati e Margiotta, 2004).

Nel corso della vita le emozioni, gli affetti svolgono una funzione rilevante, essenziale. Le esperienze producono e connotano lo sviluppo simbolico (Imbasciati, 2001). La valutazione e la qualità del proprio sentire predispongono alla formazione del pensiero e delle sue espressioni creative.

Viviamo emozioni, ogni giorno, più o meno consapevolmente, dalla nascita alla vecchiaia. Nelle più svariate condizioni si provano stati d'animo, sentimenti diversi. Si teme un pericolo, si attende con ansia una notizia, si è soddisfatti per un desiderio realizzato, si è contenti di un successo ottenuto, si è addolorati per la separazione da una persona cara, si rimane sorpresi da un evento inaspettato, si è dispiaciuti, rammaricati, arrabbiati per le ingiustizie subite, si ammira un dipinto, una scultura, un paesaggio, uno spettacolo della natura, si è trascinati o assorbiti dalla musica, si esulta per una vittoria, si è tristi o delusi per una sconfitta, si vivono esperienze positive e negative, si ride e si piange, si soffre e si ama. Siamo variamente sensibili in rapporto alle caratteristiche della personalità, dell'ambiente in cui si è inseriti, delle persone che si incontrano, delle situazioni che si affrontano. Sperimentiamo differenti stati d'animo, a volte in un breve lasso di tempo, oppure ne avvertiamo più d'uno contemporaneamente. Si

C. Cristini, A. Ghilardi (a cura di), *Sentire e pensare. Emozioni e apprendimento fra mente e cervello*. ISBN 978-88-470-1068-0 © Springer-Verlag Italia 2009

reagisce, in modo diverso, ai fatti della vita. Il provare emozioni rappresenta la conseguenza, il risultato dell'interazione con l'ambiente, con quanto ci accade. Uno stato emotivo è generalmente costituito da una condizione affettiva di base, di attrazione o repulsione nei confronti di una specifica situazione, da un'attivazione, fisica e psichica, dell'organismo, da un'elaborazione cognitiva dell'informazione o dello stimolo che ha indotto l'emozione, da una disposizione all'espressività, verbale e non-verbale, in rapporto anche al contesto di riferimento.

Le capacità emotive sono presenti in ogni persona, indipendentemente dall'età e dalle condizioni di salute. Ciascun individuo avverte sensazioni, stati d'animo. Molte volte, tuttavia, non si è in grado di identificare ciò che si prova, diventa difficile definire, oggettivare quanto soggettivamente si sente. Non si trovano le parole adatte ad esprimere l'esperienza emotiva. Quel mondo degli affetti, così determinante nella vita di una persona, rimane spesso – in qualche suo aspetto – oscuro, indecifrabile, incomprensibile, per lungo tempo, talora per sempre. Le emozioni si apprendono; si impara a riconoscerle, a comunicarle, a condividerle, anche quelle più profonde e per molti anni inesplorate.

Ma cambiano le emozioni con il trascorrere dell'età? Le esperienze, negative e positive, possono insegnare ad ognuno a comprendere, gestire, controllare, vivere pienamente e consapevolmente ciò che proviamo. L'educazione ai sentimenti è un processo continuo che si svolge per l'intero arco della vita. Affetti, sentimenti, emozioni non hanno età, non solo non declinano in vecchiaia, ma possono essere più selettivi e perfezionati. "Beato colui al quale anche da vecchio tocchi in sorte di poter arricchire la mente di sapienza e cose vere", sosteneva Platone.

Emozioni tra forza e fragilità

Le emozioni sono la nostra parte più forte o più fragile? Costituiscono sicuramente la nostra parte più antica, contribuiscono a formare la memoria implicita – non evocabile con i ricordi – che rappresenta le basi della nostra vita mentale (Imbasciati, 2006a; 2006b). Gli stati emozionali precedono il linguaggio, la consapevolezza, l'esperienza cosciente. Sono il mondo emozionale e quello corporeo – senso-motorio e viscerale – a dominare la scena espressiva e comunicativa della prima infanzia. Corporeità ed emozioni si associano, si intrecciano, si compenetrano. Alle reazioni emotive sono correlate varie modificazioni dell'organismo. I cambiamenti, le risposte del corpo ci fanno sapere come ci sentiamo (Siegel, 1999, pp. 141-142). Si impallidisce per uno spavento, si arrossisce quando ci si sente in imbarazzo, aumentano il battito cardiaco e la pressione arteriosa in situazioni di ansia e di apprensione, si avvertono brividi di paura o di piacere, ci viene la 'pelle d'oca', sudano le mani, rallentano, si bloccano o corrono le peristalsi, 'brontola' la pancia, si chiude lo stomaco, si affretta il respiro, si sente il fiato o il cuore in gola, si 'surriscaldano' i nervi, si 'gela' il sangue, si 'ferma' il cuore, si paralizzano i movimenti, ci si sente 'sciogliere', si prova un senso di benessere e di rilassamento fisico. Si sta bene, nel corpo e nell'anima.

"I sentimenti sono parte della natura e, come tali, hanno effetti su altre parti della natura" (Solms e Turnbull, 2002, p. 331).

Il rapporto fra vissuto emotivo e manifestazioni somatiche costituisce e riflette la memoria primaria, la storia iniziale di un individuo, accompagna l'intero percorso esistenziale, fra continuità e cambiamento, riproduzione e trasformazione, rigidità e creatività, fragilità e forza. Appare difficile, arduo riuscire a delineare il confine fra componente psichica e fisica nell'esprimersi di un'emozione, l'una sembra collegarsi all'altra in modo indissolubile (Damasio, 1994). L'identificazione, il riconoscimento di uno stato emotivo, consente anche di denominarlo, circoscriverlo, contestualizzarlo e forse di limitare e contenere l'equivalente reazione viscerale, somatica. L'esperienza permette di individuare e valorizzare le emozioni, ma pure di ricomporle e di considerarle in una dimensione temporo-spaziale, in una prospettiva di elaborazione e riorganizzazione degli stati affettivi (Siegel, 1999; LeDoux, 2002; Solms e Turnbull, 2002). Le emozioni si possono imparare, il loro apprendimento dall'esperienza costruisce modelli di adattamento e di sviluppo conoscitivo. Ma quando si può sostenere di essere completamente al riparo dagli affetti, liberi nello spirito? Il senso di libertà interiore implica la consapevolezza di esserlo – generalmente dopo un lungo e faticoso percorso di esperienze – e non la sua illusione.

Gli eventi della vita mettono a dura prova la tenuta psico-fisica delle persone, la loro componente affettiva, la capacità di riconoscere, di attribuire un significato, una ragione, l'opportunità di intravedere, trovare alternative. Sono purtroppo numerose le notizie di cronaca che riportano gesti sproporzionati, atti inconsulti dopo un insuccesso, una frustrazione, una delusione. Una valutazione scolastica negativa mette in crisi l'intera vicenda esistenziale ed evidenzia l'impossibilità di scorgere un rimedio ed un futuro. Il rifiuto, l'abbandono di una persona amata scatena reazioni aggressive, distruttive, anche dopo anni di separazione. Un atteggiamento di disapprovazione, di sconferma viene talvolta interpretato come un'offesa irreparabile, risolvibile solamente con la violenza o la ritorsione. Si parla degli scoppi e dei drammi della gelosia – in determinati contesti socio-culturali coperti da un'irragionevole, incomprensibile giustificazione –, meno delle tragedie pianificate dell'indivia, probabilmente più diffuse. Le fragilità emotive influenzano la sorte degli esseri umani. Modelli culturali, stili comportamentali e confessionali, costumi di vita, contesti sociali, mentalità di vario genere, spesso secolari, non stanno forse ad indicare, a riflettere strategie difensive – di inconscio collettivo – di fragilità affettive mascherate da esigenze, ruoli, regole, tradizioni, leggi inconfutabili della comunità o di un popolo? Sembrano essere le emozioni, soprattutto quelle primitive, a dominare molti scenari del mondo, non solo quello dell'infanzia.

Gli affetti costituiscono una parte essenziale della vita e della sua avventura. Quando si definiscono, si distinguono le esperienze positive e negative, si riconoscono implicitamente la valutazione, la qualità della loro dinamica emotiva. Gioie e dolori esprimono una connotazione affettiva. Si è contenti, soddisfatti di un successo e dispiaciuti, angustiati per un fallimento. Spesso la spinta a raggiungere nuove mete è determinata da una condizione affettiva orientata ad ottenerne una differente e migliore. A volte ciò che si considera il risultato di un ragionamento, di una elaborazione cognitiva, viene stimolato, orientato da emozioni e memorie inconsce, da processi antichi di pensiero. "Malgrado la progressiva differenziazione, i processi e gli engrammi più primitivi rimangono nella mente adulta (...) a livello profondo essi vi continuano a intervenire", scrive Antonio Imbasciati (2006a, p. 188). Siamo sempre noi: la nostra storia, dagli inizi. Il mito platonico della caverna, delle sue luci e ombre, configura le origini dell'attività psichica, emotivo-cognitiva.

La consapevolezza di sé comporta la conoscenza di ciò che si è stati e si può diventare in termini affettivi e creativi.

Il confronto, la dialettica tra fragilità e forza emotiva proseguono per tutta la vita, talvolta come separato dualismo, contrasto, oppure come interazione adattiva, di apprendimento e crescita continua.

In età senile, più che in ogni altra epoca della vita, si verificano situazioni di disadattamento, di difficoltà ad affrontare peculiari cambiamenti sociali, culturali, professionali, affettivi. Molti sono i fattori che determinano il processo e la qualità dell'invecchiamento (Maderna e Valseschini, 1963; Maderna, 1968; Cesa-Bianchi et al.,1997; Cesa-Bianchi, 2000): *genetico:* si riconosce l'influenza di un sistema ereditario complesso nell'orientare il ritmo, le fasi, la durata, le modifiche correlate all'età avanzata; *economico:* le persone che dispongono di scarse risorse finanziarie presentano generalmente un declino più precoce; alla povertà si associano spesso altre condizioni sfavorevoli, come la bassa scolarità, la comparsa e la persistenza di patologie; *educativo-culturale*: invecchia meglio chi stimola le proprie funzioni intellettive, coltiva, mantiene in esercizio le proprie capacità inventive e creative; *sanitario:* l'allungamento dell'aspettativa di vita implica aumentati rischi alla salute ed all'autonomia, fisica e psichica; la lotta alla non-autosufficienza è diventata un impegno particolarmente attivo ed efficace in molti settori specialistici, sociali e culturali; *struttura di personalità:* l'essere sensibili, fiduciosi, flessibili, disponibili, aperti all'interazione ed alle novità favorisce un invecchiamento positivo; *composizione familiare*: il rimanere soli, il poter stare in coppia o in un gruppo più numeroso – famiglia allargata o comunità – influenza il modo di pensare e di vivere; *eventi ed esperienze della vita*: il pensionamento, lo sradicamento dall'ambiente, la malattia, propria o di un familiare, i lutti, i problemi finanziari, l'allontanamento dei figli, gli atti di violenza subiti rischiano di condizionare negativamente l'invecchiamento, mentre le attività individuali e sociali, ricreative e creative, gli impegni professionali, il volontariato, il ruolo di nonno o di nonna possono connotarlo positivamente; *ambiente*: si modifica la convivenza sociale in rapporto alla struttura culturale e urbanistica, rurale o metropolitana, delle periferie o dei centri cittadini, alle trasformazioni demografiche e abitative.

Le modificazioni richiedono un adattamento emotivo e comportamentale. Gli stati emozionali possono affiorare dai ricordi, dall'immaginare, presagire degli eventi, oppure si evidenziano, si caratterizzano in rapporto al verificarsi di situazioni, episodi nuovi, mutamenti. E nel corso dell'invecchiamento avvengono vari cambiamenti.

Il fenomeno del pensionamento rappresenta per molti uomini un delicato banco di prova, un passaggio critico. Lo status di lavoratore conferisce ruolo, riconoscimento e valore, nell'ambito familiare e sociale (Maderna et al., 1973). La cessazione dell'attività professionale, la mancanza, spesso forzata, di validi impegni, può far emergere situazioni di disagio affettivo, di vuoto relazionale, che talvolta scatenano vere e proprie crisi di identità. Il lungo tempo libero a disposizione si trasforma in una monotona ripetizione di gesti, azioni con conseguente impoverimento di sentimenti, pensieri e voglia di vivere.

Il pensionamento viene a configurarsi come un evento in grado di rilevare una fragilità emotiva, soprattutto in chi non ha predisposto, programmato la continuità di impegni occupazionali, progettato, organizzato la vita quotidiana, il proprio avvenire. Scriveva Nathaniel Hawthorne nella *Lettera Scarlatta*: "(…) molti furono esonerati dall'arduo lavoro, ma morirono tutti dopo essere stati messi a riposo: come se l'unica loro ragione di vita fosse rappresentata dall'ufficio dove avevano lavorato per tanti anni".

Se non sono state preparate valide alternative al lavoro, il tempo libero davanti a sé rischia di assumere dimensioni angoscianti, di inutilità, inadeguatezza, disorientamento. Non diventa un tempo liberato, ma si trasforma in una realtà opprimente e dolorosa. Affermava Cesare Musatti: "Non si va in pensione perché si diventa vecchi, ma si diventa vecchi perché si va in pensione". L'assenza di lavoro, di azioni e comportamenti che riempiono e danno senso alle giornate, si traduce in una sofferenza emotiva che può esprimersi e svilupparsi in vari modi, sul piano fisico e psichico. Il declino della qualità della vita dopo il pensionamento si correla alle caratteristiche dell'ambiente di appartenenza ed alla tipologia della professione svolta – attività esecutive e ripetitive, di scarso contenuto creativo –, nonché alle esperienze ed alla personalità.

La crisi del pensionamento può, tuttavia, aprire a nuove prospettive, a ritrovare atteggiamenti positivi, a riscoprire una identità liberata dai vincoli – familiari, sociali, culturali – e sostenuta dalle capacità e opportunità di scelta, dal desiderio di sentirsi valorizzati, di esprimere le potenzialità e di affermarsi come vecchio e come persona (Albanese et al., 2006).

La donna soffre meno la condizione di pensionata in quanto conserva le abituali attività domestiche che, se da una parte sembrano riflettere una posizione sociale di secondo piano rispetto all'uomo, dall'altra le consentono l'opportunità di interpretare in modo propositivo e culturalmente riconosciuto un ruolo definito che le facilita il mantenimento dell'autonomia (Aveni Casucci, 1992; Cesa-Bianchi e Vecchi, 1998).

Specifiche opportunità, sempre più diffuse per superare condizioni di inattività, solitudine ed emarginazione, sono costituite dalla frequenza di centri diurni, associazioni di volontariato, circoli culturali, università della terza età. Gli anziani che vi partecipano manifestano più frequentemente atteggiamenti positivi, di apertura relazionale, sanno meglio disporre del tempo libero, sviluppano le potenzialità creative. L'assenza di impegni prestabiliti offre la possibilità di riorganizzare la vita quotidiana. Essi occupano attivamente lo spazio concesso dal pensionamento, interpretano una vecchiaia liberata dagli obblighi lavorativi, dalle tensioni e dalle energie impiegate per assolvere ai doveri richiesti dalla famiglia e dalla comunità. Sono prevalentemente le donne ad essere propositive e creative; nella nuova età delle scelte autonome esse sembrano maggiormente cogliere l'occasione di un recupero di risorse, di un ripristino dei desideri inespressi, di un rilancio delle capacità, di un ritorno creativo. Numerosi anziani, come dimostrano le ricerche (Cesa-Bianchi, 1999; Pedrazzi et al., 2000; Facchini, 2003), riferiscono di aver migliorato il modo di pensare e di vivere, frequentando i vari centri di aggregazione: escono, parlano e leggono di più, hanno maggiori interessi, attivano iniziative, organizzano manifestazioni, partecipano alla vita sociale, sono più sereni verso i familiari e meglio disposti alla dimensione affettiva e relazionale. Ed aggiungono che stanno meglio di salute.

Ogni lavoratore, prima o poi, giunge alla pensione, alcuni ne soffrono, si sentono inutili, faticano a reperire nuovi interessi e attività, rimangono vincolati a pregressi schemi cognitivi ed emotivi, non riescono a scorgere differenti prospettive, a volte si smarriscono, si ammalano, non trovano il modo di procedere oltre ciò che da molti anni occupava, caratterizzava il loro tempo e la loro vita; altri colgono l'opportunità del tempo libero per poter finalmente dare spazio a quanto hanno sempre desiderato fare, ma che gli impegni professionali non consentivano di svolgere o di approfondire, altri ancora hanno saputo coltivare e programmare nuove attività oppure sono riusciti a superare momenti di difficoltà ed a riscoprire risorse creative, hanno cercato e trovato la forza di sconfiggere, valicare disagi e resistenze emotive.

Il mondo emozionale è sempre in attività, non invecchia, a volte ritorna con gli echi della memoria, quella più antica, quella dell'infanzia. Nulla si perde di ciò che è stato sperimentato. Scriveva Sigmund Freud (1915, p. 133): "Gli stati primitivi possono sempre ristabilirsi: quel che vi è di primitivo nella psiche è imperituro, nel vero senso della parola" e sosteneva Søren A. Kierkegaard (1849, p. 71): "Nella vita dello spirito non c'è mai sosta (....) tutto è attualità". La vita emotiva è in continuo movimento, viene sollecitata dall'ambiente, interno ed esterno, dalle esperienze e dagli eventi. Non si è mai pienamente certi di come si reagirà, si affronterà una situazione nuova, particolarmente coinvolgente, felice o drammatica; l'emotività ci tiene in sospeso, "gli esami non finiscono mai", recita il titolo di una commedia di Edoardo De Filippo, soprattutto quelli emotivi. Le esperienze insegnano, permettono di conoscere, di qualificare le emozioni, di ricercarne il valore, l'essenza, la pienezza, la proprietà. Ma forse non si è mai adeguatamente educati a sperimentare il dolore, l'angoscia, la lacerazione degli affetti. Le emozioni, positive o negative, non invecchiano, la gioia e il dolore non hanno età; l'aver molto sofferto non risparmia da altra sofferenza, talvolta ne accresce il peso, il rammarico, il senso di ineluttabilità. Non si è mai cresciuti abbastanza per poter pensare di essere esentati dai dispiaceri, dall'afflizione.

Quando e quanto si è preparati a vivere, soffrire, accettare una separazione definitiva, la morte di una persona cara? Più si invecchia e maggiori diventano le probabilità di subire perdite affettive. Fragilità e forza, il senso che vi scorre, sono sempre in gioco. La perdita di un parente, di un amico, di un partner richiama diverse reazioni fra un individuo ed un altro. Si soffre, si piange, a volte ci si dispera, poi con il tempo si accetta, si elabora il lutto, si trovano speranze e ragioni per comprendere e per continuare, spesso resi più forti, più attrezzati dall'esperienza vissuta. Qualcuno non riesce a riorganizzare la vita, a programmare il futuro, rimane prigioniero del dolore, della perdita subita; la fragilità emotiva, con le sue implicazioni, spesso inconsce, soccombe all'evento negativo, la sofferenza sovrasta, annichilisce la ricerca della propria identità. Muore una parte di sé con la persona che se ne è andata, ineluttabilmente, senza possibilità apparente di ricostruzione, di ripresa emotiva e creativa. Non sono gli eventi negativi, da soli, a determinare le conseguenze emotive, esistenziali, ma ciò che essi rappresentano, significano per l'individuo che ne viene coinvolto. Ma risulta estremamente difficile reggere il confronto, sostenere l'impatto affettivo con certe perdite, non si è mai – e non lo si può essere – preparati di fronte alla scomparsa di un figlio. Diventa alquanto problematico, impercettibile decifrare il limite fra dolore e speranza, declino e volontà, forza e debolezza, ragione e non-senso.

La vita è e resta l'unico rimedio alle perdite, alle sconfitte, al dolore. Maggiore è la sofferenza e più grande sembra essere la forza per contenerla e superarla. Non appare certamente semplice arginare, lenire il dolore che attraversa radicalmente il cuore, la nuda fragilità degli affetti e dell'anima.

Molti anziani, come testimoniano le ricerche (Cesa-Bianchi e Cristini, 1997; Andreani Dentici, 2006), riportano storie personali intrise di patimenti, sacrifici, perdite affettive, deprivazioni dei diritti fondamentali dell'uomo: la libertà di esprimersi e di esistere, come di chi racconta le deportazioni, la prigionia, i campi di concentramento e di sterminio. "Se questo è un uomo", ricorda Primo Levi. Sono vecchi che hanno vissuto esperienze drammatiche, ma che continuano ad essere curiosi, creativi, fiduciosi, che mantengono uno spirito di iniziativa, desiderano imparare, conoscere, sanno emozionarsi per ciò che vedono e sentono, ponderano parole, espressioni e silenzi, appaiono sereni.

Fragilità e forza dei sentimenti si alternano nel corso dell'esistenza, dall'inizio alla fine, in una prospettiva di apprendimento, di evoluzione, di formazione continua. Da adulti si sorride per le angustie, le innocenti, ingenue sofferenze dell'infanzia e dell'adolescenza che sembravano di importanza vitale, assoluta, da vecchi si può sorridere sulle memorie e sulla vita, continuando ad amarle. Si impara, crescendo; ciò che appariva drammatico assume connotazioni differenti, a volte positive; si è più sicuri in situazioni in cui prevalevano le difficoltà, nelle quali emergeva la nostra fragilità emotiva. Da anziani si possono riconoscere più approfonditamente la fragilità e la forza degli affetti, le sfumature e le ragioni che oscillano fra l'una e l'altra. Si ha spesso maggiore consapevolezza riguardo a ciò che si prova, si è, si può diventare e rappresentare.

Sosteneva Henri Matisse: "Ho imparato quest'unica verità: bisogna darsi interamente, con tutte le proprie forze e le proprie debolezze. Sì, la nostra forza spesso risiede nelle nostre debolezze o quelle che noi consideriamo le nostre debolezze che spesso sono *(e diventano)* le nostre forze".

Emozioni e ambiente

Si modificano le esperienze ed i contenuti emotivi in rapporto al contesto in cui si vive. L'educazione ai sentimenti viene influenzata dall'ambiente nel quale si cresce e si è inseriti. Dal rapporto con i genitori e la famiglia alla comunità di appartenenza, si ricevono stimoli, si apprendono modelli relazionali, schemi di comportamento, strutture emotive e cognitive. La madre è in genere la persona che accoglie, contiene, modula le prime espressioni emotive del bambino. La figura e la funzione materna vengono a rappresentare per il piccolo l'interazione, l'ambiente privilegiato di acquisizione percettiva, formazione e sviluppo della vita psichica, esperienza interpersonale. "La primissima realtà di un bambino è l'inconscio di sua madre", scrive McDougall (1980, p. 251). Una realtà con la quale generalmente interagisce un padre ed altri familiari. La vita domestica, fra le mura di casa, costituisce il luogo nel quale si apprendono, si consolidano gli stili di attaccamento, i moduli relazionali, le emozioni ed i pensieri. Abitudini, comportamenti, strategie comunicative si riproducono fra una generazione e l'altra, fra una comunità e quelle successive, caratterizzano gruppi sociali, territori geografici e culturali. Le differenze interindividuali esistono ovunque, in ogni realtà umana, ma è altrettanto vero che determinate famiglie, gruppi e comunità si connotano per peculiari atteggiamenti, tradizioni e valori. Le emozioni tendono ad assumere significati differenti, alcune prevalgono su altre oppure vengono assimilate in codici di comportamento e di identificazione sociale. Le ricerche transculturali di Ekman e Friesen (1971; 2003) hanno stabilito che ogni essere umano, indipendentemente da sesso, età e provenienza, esprime allo stesso modo, attraverso la mimica facciale, sei emozioni di base: gioia, tristezza, paura, rabbia, disgusto e sorpresa. Ma i sistemi di convivenza, i riferimenti culturali vigenti, dominanti condizionano la qualità, la specificità e la gerarchia delle emozioni e dei sentimenti. I singoli individui selezionano e si riconoscono nei modelli proposti, e li replicano nel gruppo parentale o amicale (Inghilleri, 1997).

In alcuni contesti e comunità determinate manifestazioni di violenza, di sopruso, di sfruttamento sono considerate lecite; la ritorsione, l'ira vendicativa vengono giustificate come un atto d'onore, una 'faccenda privata', un diritto inalienabile; l'emarginazione, la sottomissione, il maltrattamento dei deboli, dei bambini, delle donne, degli anziani sono considerati atteggiamenti socialmente legittimi, condivisi. I bambini che crescono, formano la propria identità in un ambiente violento, rischiano di perpetuare in futuro comportamenti aggressivi; non è per fortuna una regola assoluta, si conoscono eccezioni, sempre molto coraggiose e sofferte, purtroppo la condotta violenta degli adulti tende generalmente a riflettersi sugli atteggiamenti delle giovani generazioni. Se un bambino viene frequentemente svalutato, deriso, rischia di diventare un adulto introverso e insicuro. Non solo potrà trovarsi in difficoltà nel prendere decisioni, assumersi impegni e responsabilità, ma avrà spesso bisogno di conferme su ciò che prova e che pensa. Chi subisce continue discriminazioni e ingiustizie tende ad interiorizzare sentimenti negativi, a costruirsi una distorta immagine di sé, di bassa autostima. L'ambiente trasmette schemi cognitivi ed emotivi; pensieri ed affetti variano in rapporto alle caratteristiche sociali e culturali della realtà in cui si vive. Le emozioni positive (come purtroppo anche quelle negative) si possono imparare, ma ci deve essere qualcuno in grado di insegnarle. Non sempre la scuola contribuisce alla crescita emotiva dei ragazzi. Impostata su modelli razio-morfi, sulla stretta valutazione del rendimento 'tecnico-intellettivo', è molte volte disattenta agli aspetti creativi (Cesa-Bianchi e Antonietti, 2003), al mondo emozionale, alla loro valorizzazione, comprensione, contenimento, se non in termini punitivi, raramente di dialogo e di sostegno. L'importanza del profitto – come accade abitualmente in molti altri settori della vita pubblica e privata – prende il posto di un progetto educativo, del gruppo-classe e del singolo; il voto positivo o negativo trascende ogni difficoltà emotiva, qualsiasi potenzialità, qualità inespressa dell'allievo. Si adottano nei confronti degli alunni atteggiamenti precostituiti, di rigidità o di permissivismo, solo sporadicamente di comunicazione, di interesse per la sorte di un altro, la sua vita e il suo futuro; a volte questo avviene per la volontà e la sensibilità di qualche insegnante, non certamente per una strategia, una programmazione complessiva della scuola. Le emozioni sono di frequente estromesse dalla relazione con l'altro, in famiglia, nella scuola, nel mondo del lavoro, nei rapporti sociali e amicali; appaiono troppo impegnative da affrontare, da sostenere, è preferibile un'accomodante, mascherante, 'asettica' razionalità, spesso anche deresponsabilizzante. Ma quando non si ascoltano le emozioni, positive o negative, non si intende esserne coinvolti, in realtà non ci si mette al riparo dai loro effetti, anzi se ne diventa o se ne conferma il vincolo, la dipendenza. L'ignorare, il negare sistematicamente un'emozione comporta inevitabilmente l'emergere di altri 'pensieri emotivi', come il pensarsi e sentirsi indifferente, cogliere ed avvertire un senso di vuoto, fuori e dentro di sé, di noia del proprio esistere. Le emozioni fanno parte della vita, non è possibile farne a meno; se si negano, si avverte il sentimento penoso, talora devastante, della loro assenza. Ed a volte si ricercano situazioni particolari, estreme, per ritrovare un'emozione, un barlume di vita interiore, si inseguono emozioni forti forse perché si sono dimenticate quelle di base. Riconoscere gli stati d'animo, impararli, saperli gestire significa percorrere la strada che permette di cogliere pienamente ciò che si vive e chi si è.

I sentimenti, le emozioni si trasmettono, scorrono nelle relazioni, con le persone e con l'ambiente, configurano, caratterizzano il rapporto fra individui. Nei luoghi di cura e di assistenza la relazione fra operatore e malato costituisce molte volte un fattore determinante per l'esito positivo di un processo terapeutico. Medici, infermieri, fisioterapisti ed altre figure professionali sono in genere preparati ad esaminare, riconoscere, valutare, intervenire sui sintomi somatici, sulle malattie organiche; al centro della medicina vi è quasi sempre stato il corpo con la sua fisiologia, la sua patologia e gli appropriati rimedi. Il paziente tende ad essere considerato come portatore di un disturbo fisico da alleviare, di un malanno da risolvere, come persona da restituire alla famiglia ed alla società in un ritrovato stato di salute. È la malattia d'organo più che il malato ad interessare la medicina.

Molte malattie appaiono decisamente articolate, complesse, multidimensionali. Vi sono malati gravi che guariscono, altri che muoiono, altri ancora che seguono lunghi itinerari di riabilitazione oppure convivono con le loro patologie croniche. La spiegazione che in genere si cerca e si propone è connessa alle regole, ai meccanismi della biologia del corpo umano. Tempi e modi di una guarigione o di un aggravamento sono essenzialmente ricondotti all'entità ed alla tipologia dei danni cellulari, alle disfunzioni del metabolismo, alle risposte dell'organismo alle cure mediche, farmacologiche. Poco diffusa appare ancora l'attenzione all'esperienza relazionale, alla biografia personale del malato, all'interazione fra operatore e paziente. Pensieri e sentimenti dei degenti nelle corsie ospedaliere, nelle case di riposo tendono a rivestire un carattere di secondo piano, di minore importanza rispetto alle tradizionali terapie. Le relazioni umane, l'ascolto del malato e del disabile, la comprensione della sofferenza individuale, del vissuto di malattia, della realtà e delle prospettive esistenziali del paziente e dei suoi familiari, sono spesso lasciate alla spontaneità, alla disponibilità dei singoli operatori o di alcuni volontari. Le emozioni, da una parte, trascendono la salute e la malattia; si può essere contenti o tristi, preoccupati o sereni sia quando si sta bene sia quando si è ammalati o non autosufficienti. Dall'altra gli affetti non sono nettamente separabili dai sintomi fisici; una malattia suscita reazioni emotive di vario ordine in rapporto alla struttura di personalità, alle esperienze, alla cultura ed alla storia di chi ne è colpito; ma molte patologie richiamano la dinamica della relazione fra mente e corpo, dolore psichico e fisico, emozioni e biologia. "Mi sembra peraltro che l'anima e il corpo interagiscano a vicenda per cui un mutamento della condizione dell'anima produce un cambiamento nella forma del corpo e viceversa un mutamento nella forma del corpo produce un cambiamento nel modo di essere dell'anima", scriveva Aristotele nel *De Anima*.

Si è abituati a pensare ai disturbi degli affetti e del pensiero in termini di depressione, ansia, attacchi di panico, deliri, alterazioni del carattere e del comportamento. Gli stati emotivi 'malati' si riconoscono, agiscono nelle patologie mentali, ma sono presenti anche in molti quadri clinici organici e non solo come mera reazione all'affezione somatica. L'intreccio fra storia emozionale, vissuto di malattia, sentimento esistenziale da un lato e anamnesi clinica, manifestazioni sintomatologiche, decorso della patologia dall'altro può riflettere una condizione, un percorso unitario della persona. Gli orientamenti terapeutici devono necessariamente considerare l'interazione fra mente e corpo, stati affettivi e funzioni biologiche in una concezione olistica dell'individuo. Si rischia spesso di effettuare interventi sanitari di elevata capacità tecnica, di grande valore sul piano clinico, tuttavia incompleti, sulla persona e su ciò che la affligge, di cui è frequentemente inconsapevole.

Le emozioni si possono trasmettere, educare, imparare e 'curare'. Diventa sempre più importante la preparazione psicologica degli operatori sociosanitari. Quando ci si sente capiti, si sta meglio. Il paziente generalmente desidera risolvere il suo problema somatico, non soffrirne più; ma un'attenzione complessiva alla biografia, allo stile di vita, alle relazioni più significative, agli affetti, a ciò che egli pensa di sé, della sua patologia o disabilità favorisce una comprensione più approfondita del disagio manifesto da parte degli operatori – e di riflesso, nella circolarità delle comunicazioni, anche da parte del malato e dei suoi familiari. La malattia, i sintomi somatici, potrebbero rappresentare, in senso lato, la complessa reificazione di una sofferenza, la cui formazione richiama la dialettica fra corpo e mente, fra biologia, fisiologia, memorie implicite, profondità dei sentimenti. Un sintomo corrisponderebbe alla punta di un iceberg: la ragione della sua visibilità risiede nella parte immersa.

La qualità della relazione, soprattutto con i malati che presentano una lunga degenza o che sono assistiti nelle strutture residenziali, acquista un valore fondamentale per ogni processo di cura, riabilitazione o accompagnamento (Cesa-Bianchi e Sala, 1988). L'opportunità di esprimere a qualcuno timori e angosce, di parlare di problemi irrisolti, di ricevere uno spazio di accoglienza, ascolto e comprensione alla propria emotività aiuta sicuramente a sentirsi più sollevati, a mobilitare energie e motivazioni, ad essere più fiduciosi e/o più consapevoli. Non sempre la medicina riesce a spiegare le cause di una patologia, di un aggravamento o di un miglioramento. Si osservano a volte riprese insperate, inimmaginabili, misteriose. È soltanto la struttura biologica che improvvisamente, incomprensibilmente ha modificato il suo corso, trasformando uno stato di malattia in uno di salute? Oppure le ragioni di un cambiamento devono anche essere ricercate altrove, nelle complesse articolazioni della vita psichica, i suoi significati, il suo senso che generalmente percorrono, sostanziano il mondo delle emozioni, degli affetti, dei pensieri, dei rapporti umani. Il clima relazionale di una struttura assistenziale e curativa influenza gli stati emotivi, la loro espressione e comunicazione, sia di chi vi lavora sia di chi vi è ricoverato. Spesso, in molte malattie croniche e terminali, sul piano strettamente clinico e riabilitativo, oltre alle terapie di mantenimento e di sollievo, non vi sono peculiari interventi strumentali da applicare, rimedi da proporre, ma molto si può fare, attraverso la relazione, per la cura, la tutela dei bisogni e dei diritti fondamentali del malato. Le emozioni sono sempre in gioco ed in particolari situazioni richiedono una maggiore attenzione e sensibilità, come nelle malattie a prognosi sfavorevole. Si può morire continuando a vivere, ad essere sereni e consapevoli di ciò che accade. Sono esperienze possibili soprattutto quando l'ambiente curativo sa confrontarsi, comprendere, condividere il dolore psichico, le espressioni della sofferenza del malato, del morente, ma anche i suoi desideri e le sue aspirazioni. Non è facile realizzare un'intesa con le persone alle quali manca poco tempo da vivere, cogliere i sentimenti, costruire una relazione empatica, terapeutica. Si richiede una preparazione professionale specifica per gli operatori al fine di consentire un percorso, un trapasso sereno (de Hennezel, 1995). I morenti sanno esprimere ciò che provano se qualcuno è disponibile ad ascoltare e capire. Ogni processo e atto del morire è unico, differente è la dinamica degli affetti e delle storie personali, diverso è l'incontro fra operatore e paziente, fra il malato e la sua famiglia.

Spesso l'emotività di chi vive una condizione di fragilità, di dipendenza, risente, si adegua a quella imposta dal contesto; a volte le caratteristiche dei

malati riflettono, in termini positivi o negativi, ciò che l'ambiente, inconsapevolmente, pensa e avverte della malattia, del dolore e della vita.

Emotività e malattia nell'anziano

In età senile appare spesso difficile distinguere fra sintomi somatici, problemi
affettivi ed esistenziali, fisiologia e patologia; ciò rende più articolata e complessa la comprensione del quadro clinico e diagnostico, ostacola l'espressione e
l'interpretazione dei significati e dei sentimenti associati alla malattia e alla
disabilità (Young e Olson, 1991).

Con il procedere degli anni avviene una lenta, progressiva, fisiologica riduzione del margine biologico di sicurezza ed aumenta la vulnerabilità agli agenti
stressanti sia fisici sia psico-sociali (Simeone, 2001). L'incremento della fragilità non si traduce necessariamente in malattia, ma suggerisce maggiori precauzioni, una più attenta prevenzione. Le diminuite capacità di difesa hanno rappresentato, sin dall'antichità, la condizione per la nascita e lo sviluppo di preconcetti sulla vecchiaia. Si ricordano Afro Publio Terenzio: "Senectus ipsa morbus
est"; Galeno: "La vecchiaia è a metà strada tra la malattia e la salute"; Isidoro di
Siviglia: "*Senectus* equivalente a *sensuum diminutio*"; Sant'Antonio da Padova:
"*Senescere* inteso come *se nescire*, non riconoscere più se stessi". Alcuni pregiu-
dizi, specie quelli più radicati, si ritrovano confermati in molti anziani che si
sentono e si comportano come la società li considera.

La sofferenza emotiva può esprimersi attraverso il corpo e la malattia organica si compenetra all'esperienza del dolore ed alle sue rappresentazioni
(Alexander, 1950; Selye, 1956; Pancheri, 1984; Groddeck, 1987; Oliverio
Ferraris, 2007). Non è sempre facile discriminare la natura e la prevalenza del-
l'uno e dell'altro, specie nell'anziano che presenta una maggior disposizione ad
ammalarsi su base psicosomatica. L'essere ammalati da vecchi è considerato una
caratteristica propria dell'età e l'anziano tende a percepire la malattia come
fenomeno prodotto dal proprio corpo che invecchia (Maderna e Aveni Casucci,
1971; Simeone, 1977; Aveni Casucci, 1992). L'età senile viene pregiudizialmen-
te intesa come la causa principale delle proprie debolezze, prescindendo dalla
vita e dalla storia della persona.

Al vecchio, spesso, non si riconoscono desideri, sentimenti, intuizioni, creatività, progettualità (Baltes et al., 1999; Bruner, 1999). Non raramente la vecchiaia viene proposta come condizione di riposo dalle incombenze e fatiche del
lavoro, priva di interessi e spunti emotivi, in attesa del trascorrere passivo dei
giorni, fino all'ultimo.

Nelle società contemporanee, specie occidentali, si rivela sempre più una
realtà dicotomica nella popolazione che invecchia. Da una parte si ritrovano
anziani ammalati, decaduti, invalidi, emarginati, indifesi, spogliati di dignità e
valore, privati di uno spazio proprio, fisico e mentale. Dall'altra sono in aumento i vecchi attivi, intraprendenti, volitivi che si cimentano in molte iniziative
nuove, si prendono cura di sé e del proprio corpo, praticano esercizi sportivi,

girano il mondo, scrivono, dipingono, compongono musica, organizzano viaggi, intrattenimenti, incontri culturali. Sono vecchi che hanno saputo liberarsi dal pregiudizio del tempo e dell'età. Si procede negli anni anche in rapporto alla voglia di vivere, all'attivazione delle capacità creative, all'adattamento emotivo (Cesa-Bianchi, 2002).

Le ricerche condotte negli ultimi decenni in psicogerontologia e nelle neuroscienze hanno messo in discussione e contestato i preconcetti che definivano il processo di invecchiamento caratterizzato unicamente da irreversibile declino, da perdite progressive di ciò che si è prima acquisito e poi consolidato, nonché dall'estensione incontrollabile e distruttiva di una condizione di malattia e disabilità (Simeone, 1988; Cesa-Bianchi e Albanese, 2004). Invecchiare serenamente e creativamente è una prospettiva possibile per molti (Cesa-Bianchi, 1994, 1998) e lo testimonia il numero sempre maggiore di persone che raggiungono la longevità in buona salute fisica e mentale.

Spesso, tuttavia, negli anziani la comparsa di una malattia o di un disturbo sembra sancire l'ineluttabilità di un processo di invecchiamento, considerato come negativo, ed evocare il timore della cronicità e disabilità. Non sorprende, quindi, che le condizioni precarie di salute costituiscano per molti vecchi una causa frequente di disadattamento, insicurezza e preoccupazione. Non tutti riescono ad adeguare emotività e comportamento ai cambiamenti radicali e spesso drammatici che possono verificarsi in età senile. Patologia organica cronica, declino cognitivo e affettivo, ridotta o perduta autosufficienza sono condizioni cliniche ed esistenziali ricorrenti in vecchiaia (Cesa-Bianchi et al., 2000).

Le reazioni emotive alla malattia e disabilità, alla perdita di autonomia e libertà di movimento si modulano diversamente in rapporto alla personalità, alla condizione sociale e culturale, alla rete ed al valore delle relazioni affettive, alle caratteristiche del disagio (Gadamer, 1994).

Le differenti modalità di tenuta psicofisica si esprimono mediante strategie di adattamento cognitive ed emotive che possono permettere una corretta valutazione del rapporto fra limitazioni funzionali e potenzialità rimaste, in rapporto al miglior livello di qualità della vita realizzabile (Amoretti e Ratti, 1994; Cesa-Bianchi e Antonietti, 2002).

Innanzitutto per il vecchio essere malato significa di frequente sentirsi inutile e di peso agli altri, e questo può accentuare il timore di non essere più in grado di ricoprire il proprio ruolo o che gli altri non lo reputino più all'altezza dei suoi compiti (Cesa-Bianchi, 2000).

La comparsa di una malattia in età avanzata può favorire o aggravare uno stato depressivo (Barucci 1995), indurre un senso penoso di affaticamento e debilitazione, provocare insoddisfazione e frustrazione, sollecitare in molti un'angoscia di morte poiché il disturbo fisico viene identificato con l'inizio di un percorso senza ritorno.

Da numerose ricerche risulta che le persone anziane temono in particolare la malattia e il dolore e si augurano per il futuro di continuare a godere di una soddisfacente salute o di poterla recuperare (Cesa-Bianchi e Cristini, 1997; Baroni, 2003). La malattia, specie se prolungata, apre l'indesiderato e preoccupante scenario dell'invalidità, della perduta autonomia, della dipendenza, della compromissione della propria libertà di movimento e di quanto ne consegue. Problemi fisici che nelle età precedenti vengono vissuti come intralcio alle attività quotidiane in età senile tendono ad assumere un significato di irreversibile decadimento, soprattutto in chi ha sempre goduto di buone condizioni di salute; gli anziani che sono stati spesso ammalati, se non attribuiscono all'età la responsabilità della malattia, pensano che la vecchiaia contribuirà al suo peggioramento e impedirà loro di ristabilirsi (Markides e Cooper, 1990). I motivi della sofferenza nell'anziano sono molte volte da ricercare nel vissuto del corpo malato più che nelle disfunzioni d'organo o d'apparato (Fenichel, 1945).

La consapevolezza, l'emotività connesse alla malattia sono componenti fondamentali della relazione curante-paziente, soprattutto quando si deve comunicare una diagnosi impegnativa (Belloni Sonzogni e Stella, 2004). Ricevere informazioni delicate riguardo alla propria salute attiva meccanismi difensivi, spesso inconsci, che tendono a controllare e contenere stati emotivi dolorosi. Le modalità di risposta, l'evoluzione del vissuto di malattia dipendono anche dalla natura, dalla qualità e dalla coerenza del messaggio, dalla preparazione e formazione dei curanti (Moja e Vegni, 2000).

Saper curare, comunicare e interagire costituiscono gli atteggiamenti più corretti del medico e dell'infermiere moderni.

Il curante può aiutare il paziente anziano a distinguere i disturbi dai pensieri e sentimenti inadeguati che egli avverte nei confronti della sua malattia (Tajfel, 1969); in tal modo il vecchio può meglio conoscere la natura della sua sofferenza e trovare anche il modo più consono per contribuire attivamente al suo superamento.

Il rapporto tra medico e malato anziano si costruisce e acquista valore relazionale sulla base della reciprocità e validità della comunicazione (Ravaccia e Zandomeneghi, 1997). William Osler sosteneva che "esistono due tipi di medici: quelli che esercitano con la lingua e quelli che esercitano con il cervello", a voler indicare come la parola non sia sempre una modalità di espressione conseguente ad una adeguata elaborazione di sentimenti e pensieri.

Non si interagisce solo con il linguaggio, si comunica – con l'atteggiamento, la mimica, lo sguardo, il tono della voce, il contatto fisico – ogni volta che si avvicina il paziente anziano, sia nel prestargli le cure sia negli incontri occasionali. Attraverso la comunicazione non-verbale si trasmette inconsciamente l'emotività nascosta, spesso quella più profonda. Il malato anziano, soprattutto nelle condizioni di sofferenza, sa cogliere con particolare sensibilità i reali atteggiamenti, la comunicazione non-verbale delle persone che lo assistono. Non è raro osservare condotte che contraddicono le parole pronunciate (Nanetti, 1996). Pensieri ed affetti, più o meno consapevoli, orientano le modalità assistenziali. L'anziano malato richiede sguardi che si sanno soffermare e osservare, parole misurate, sensibile accoglienza. L'interazione con l'anziano sofferente richiede rispetto e conoscenza personale, tramite i quali ciascun processo comunicativo si fa diverso da un altro, differente per ogni persona ed anche nello stesso paziente, in rapporto al variare della sua storia personale e della evoluzione clinica. Più ampia e profonda è la conoscenza del malato, più chiara è la comprensione del suo problema clinico ed esistenziale, maggiori sono le probabilità di una comunicazione efficace che può avvenire solamente in una relazione caratterizzata da sentimenti di fiducia e solidarietà (Cremerius, 1978).

L'interazione professionale investe anche i familiari del paziente, coinvolti sul piano emotivo ed esperienziale. Anch'essi richiedono informazioni modulate, un linguaggio ed un ascolto rispettosi degli affetti e delle espressioni della sofferenza (Ammon, 1974).

Nell'anziano uno dei motivi di maggior apprensione è rappresentato dalla perdita dell'autosufficienza. Il problema principale non è generalmente rappresentato dalla *restitutio ad integrum*, dalla remissione completa dei sintomi, ma dal mantenimento di un soddisfacente livello di autonomia (Guerrini, 1991; Tammaro et al., 2000). Anche le reazioni emotive a patologie gravi appaiono più controllate se è conservata una certa autosufficienza.

In molti casi il vecchio convive con i suoi disturbi fisici, spesso cronici. A volte il tempo viene scandito e 'occupato' dagli orari delle medicine da prendere, dai controlli da fare, dalle varie precauzioni da seguire per evitare rischi o complicazioni, dai pensieri sulla patologia. Ma uno stato di malattia, seppure grave, non inibisce e non elimina le emozioni, il loro valore. In ogni condizione l'essere umano manifesta il suo modo di sentire e di essere. I malati esprimono ciò che provano, in termini positivi o negativi, in vari modi: il comportamento, la comunicazione non-verbale, qualche volta il silenzio – ogni silenzio ascoltato è diverso, esprime contenuti differenti – oppure attraverso l'arte: composizioni musicali e poetiche, racconti parlati e scritti, aneddoti, dipinti, sculture.

Vi sono esempi nell'ambito del declino cognitivo, della malattia di Alzheimer, che testimoniano il desiderio di esprimere e comunicare la propria emotività, i pensieri e i sentimenti più profondi.

William Utermohlen, un pittore anglo-americano, colpito dalla malattia di Alzheimer nel 1995, ha continuato a comporre autoritratti seguendo l'inesorabile progressione del suo decadimento (Crutch et al., 2001); ha testimoniato il declino delle proprie funzioni cognitive, mantenendo fino al termine una sorta di essenzialità artistica. Nei primi dipinti – all'esordio della patologia – il profilo, i tratti somatici del viso del pittore sono identificabili e sembrano esprimere sentimenti di solitudine, paura, confusione; successivamente si sgretola, svanisce la figura fino all'ultimo autoritratto, dopo cinque anni dalla diagnosi, che pare riflettere la perdita di identità, l'immagine di un fantasma.

Le immagini del volto si dissolvono sia nell'autoritratto del pittore colpito da Alzheimer, sia nell'artista che, raffigurandosi, sembra anche rappresentare l'espressione, l'identità smarrita dell'uomo moderno.

Utermohlen percorre da artista la sua drammatica avventura esistenziale di demente, nel susseguirsi di autoritratti. Due anni dopo la diagnosi si ritrae come un vecchio dall'espressione stupita e addolorata. I test neuropsicologici rivelano errori della visuospazialità, non rilevabili nel dipinto. La demenza progredisce e l'artista sembra trasferire nei suoi autoritratti l'immagine di come si sente, si percepisce; le capacità di cogliere l'essenza di sé rimangono, l'insight, nonostante la gravità della malattia, si mantiene; Utermohlen appare consapevole –

almeno in termini emotivi – di quanto gli sta accadendo. La destrutturazione cognitiva non elimina la possibilità di essere cosciente e di esprimere creativamente ciò che si prova.

Cary Smith Henderson ha documentato la sua esperienza di malato trasferendola in un diario (1998). Spesso si discrimina erroneamente il demente come privo di capacità e sensibilità affettive. Non si deve mai dimenticare che è una persona che può soffrire, capire, pensare, provare emozioni, desideri, avvertire il bisogno di esprimersi, di essere ascoltato e compreso; è in grado, anche nelle fasi avanzate della malattia, di cogliere il significato delle situazioni e delle interazioni con gli altri; nonostante le difficoltà e i problemi comunicativi, continua a nutrire sentimenti, ad avere idee che vorrebbe condividere con altri. "Una delle cose peggiori dell'Alzheimer, penso, è che ti senti tanto solo. Nessuno di quelli che ti stanno accanto si rende conto veramente di cosa ti succede. La metà delle volte, anzi quasi sempre, noi stessi non sappiamo cosa ci sta succedendo. Mi piacerebbe scambiare qualche opinione, le nostre esperienze, che, almeno per conto mio, sono una parte molto importante della vita...", scrive Henderson nel suo diario; e ancora: "E un'altra cosa che fa impazzire è che nessuno più vuole veramente parlare con noi. Forse ci temono, non sono sicuro che sia proprio questo, penso di sì, ma possiamo rassicurare tutti: certamente l'Alzheimer non è contagioso". I sentimenti di solitudine, di emarginazione appaiono chiari nelle parole di Henderson; sono affetti che cercano comprensione, rassicurazione, riconoscimento.

"Ricordo l'ospedale (…) È dura se sei tu stesso a fare questa esperienza, specialmente se le persone non comunicano con te. Non si davano molto la pena di spiegare che cosa dovevano fare e di farlo con garbo. Insomma mi trattavano solo come un caso clinico": con queste parole Henderson sottolinea un atteggiamento diffuso fra le corsie d'ospedale, nei servizi sanitari: la spersonalizzazione di un malato, di un individuo, indipendentemente dalle sue condizioni cliniche; non esiste più una persona con la sua storia, la sua vita interiore, relazionale e sociale, ma solo un corpo da esaminare e riparare, deprivato dei suoi legami emotivi, del suo essere memoria degli affetti.

I dementi pensano, ricordano, comunicano, vivono le loro emozioni, comprendono, soffrono ed amano. Diceva un malato di Alzheimer, allettato, ai propri figli preoccupati della sua salute: "Non capisco quello che dite, ma sento quello che provate". Anche nei dementi le emozioni non invecchiano, rimangono sempre di attualità, di particolare, forte empatia.

Scriveva Simone de Beauvoir (1970, p. 495): "La vita conserva un valore finché si dà valore a quella degli altri, attraverso l'amore, l'amicizia, l'indignazione, la compassione".

Emozioni ed arte in vecchiaia

Molti anziani riescono ad esprimere emozioni e sentimenti attraverso l'arte; da vecchi riscoprono la creatività (Cesa-Bianchi, 1994, 1999, 2006). Le capacità immaginative traggono spunto e contenuti – per le opere che realizzano, per le attività che intraprendono – dall'esperienza, da quanto è stato vissuto. Si può essere creativi in tanti modi, sia nelle espressioni figurative, poetiche e musicali, sia nel preparare un piatto, tessere una tela, comporre un ricamo, allevare un animale, costruire un oggetto artigianale, organizzare un dibattito, un forum, un sito web, uno spettacolo, una mostra, un viaggio, svolgere un esercizio sportivo, fare il nonno o il volontario. Abraham Maslow (1959, p. 112), studioso della creatività, parla così di un'anziana casalinga: "Da lei, e da altri simili a lei, imparai a considerare che una minestra eccellente è più creativa di un quadro scadente e che essere padre o madre (*nonno/a*) poteva essere creativo, mentre non era affatto vero che la poesia lo fosse immancabilmente". Nel corso dell'invecchiamento si può continuare ad imparare, a comprendere meglio la vita, i suoi sentimenti, i suoi contenuti, a sviluppare, tramite lo spirito creativo, il significato e le modalità della loro comunicazione.

Vari artisti in età senile sono riusciti a migliorare il loro stile; nelle ultime produzioni si coglie un'evoluzione creativa del loro talento. Da anziani si sono perfezionati; molti pittori, ad esempio, hanno dipinto le loro opere più celebri proprio in età avanzata. Sono numerosi i personaggi famosi che in vecchiaia hanno conservato e affinato la capacità di esprimere, mediante l'ispirazione artistica, ciò che sentivano (Antonini e Magnolfi, 1991); ne sono testimonianza dipinti, sculture, racconti, musiche, intuizioni di inconfutabile, universale valore.

Innanzitutto un cenno a due grandi ottantanovenni: Sofocle e Michelangelo, autori, alla stessa età, dei loro ultimi impegni artistici. "Sofocle – racconta Cicerone nel *Cato Maior de Senectute* – scrisse tragedie fino alla vecchiaia avanzata: per questo, poiché sembrava che trascurasse gli interessi della famiglia a causa di tali impegni letterari, fu chiamato in giudizio dai figli: allo stesso modo che, secondo il nostro costume, i padri che amministrano male le loro sostanze vengono spesso interdetti, così lui, come se fosse un incapace, doveva essere interdetto dai giudici. Si racconta così che il vecchio poeta recitasse ai giudici la tragedia che aveva fra le mani e che aveva scritto da poco, *Edipo a Colono*, e che chiedesse loro se quell'opera sembrasse scritta da un infermo di mente. Dopo aver recitato il brano il poeta fu prosciolto dai giudici"; Michelangelo poco prima di entrare in agonia, di perdere i sensi, con le forze che progressivamente diminuivano – racconta il suo biografo, Daniele da Volterra – lavorava alla Pietà Rondanini e modificava, con gli ultimi colpi di scalpello della sua vita, il rapporto fra il figlio e la madre, riavvicinava l'uno all'altra, riscolpendo il volto di Cristo nel petto di Maria. Gli ultimi pensieri dell'artista, gli ultimi colpi di martello sono stati per la scultura che ha voluto realizzare per sé, compagna della sua vecchiaia, non c'era un committente, non voleva destinarla ad alcun luogo in particolare. L'opera rappresentava la riflessione su se stesso e sulla vita. Madre e figlio coesi, conglobati: il ritorno all'unità attraverso l'ispirazione, la sintesi creativa della storia di un artista e di un uomo. "La vecchiaia naturale è debolezza; la vecchiaia dello spirito, invece, è la sua maturità perfetta, nella quale esso ritorna all'unità come spirito", scriveva Georg W. F. Hegel.

E due ottantottenni, Alessandro Manzoni e Giuseppe Verdi, che nella vita si sono incontrati, conosciuti e stimati, fino a una vera e propria amicizia.

Nel primo anniversario (1874) della morte del letterato milanese, Verdi, sessan-tunenne, compose la *Messa di Requiem* a onore e memoria dell'amico; musicò il *Falstaff* a 80 anni e i *Pezzi Sacri* a 85 anni. Manzoni, poco prima di morire, ripre-se il *Saggio comparativo sulla rivoluzione francese del 1789 e la rivoluzione ita-liana del 1859* e ne realizzò un altro rimasto incompiuto: *Dell'indipendenza dell'Italia*.

Si ricordano inoltre altri artisti sempre attivi e innovativi in età senile; di alcuni si riportano anche le ultime opere:

- fra gli scrittori: Voltaire, *Irene,* a 84 anni; Johann Wolfgang Goethe, *Faust,* a 80 anni; Victor Hugo, *L'arte di essere nonno,* a 75 anni; Francisco Coloane, *Una vita alla fine del mondo,* a 90 anni; Gabriel García Marquez, il suo ulti-mo romanzo, a 78 anni, uscito nel 2005; senza dimenticare Omero, Eschilo, Democrito, Platone, Plutarco, Ibsen, Tanizaki, Moretti, Tomasi di Lampedusa, Hesse, Luzi;

- fra i musicisti: Igor Stravinskij, *Elegia per John Fitzgerald Kennedy,* a 82 anni; Luigi Cherubini, *Messa funebre,* a 76 anni; Arnold Schönberg, *De pro-fundis,* a 75 anni; Claudio Monteverdi, *L'incoronazione di Poppea,* a 75 anni; Franz Liszt, *Bagatella senza tonalità,* a 74 anni; Gioacchino Rossini, *Petite Messe Solennelle,* a 71 anni;

- fra i direttori d'orchestra e gli interpreti: Arthur Rubinstein, James Hubert (Eubie) Blake, Arturo Toscanini, Vladimir Horowitz, Herbert von Karajan, Andrés Segovia, Sviatoslav Teofilovich Richter, Claudio Arrau, Arturo Benedetti Michelangeli, Carlo Maria Giulini, Pierre Boulez;

- fra i pittori: Donatello (*Pulpito di S.Lorenzo,* a 80 anni), Giambellino (*Il festino degli dei,* a 85 anni), Tiziano (*La punizione di Marsia* e *La Pietà,* a 84 anni), Jacopo Bassano (*Adorazione dei pastori,* a 82 anni), Hals (*Reggenti dell'Ospizio dei vecchi a Haarlem* e *Reggitrici dell'Ospizio dei vecchi a Haarlem,* a 84 anni), Bernini (*Autoritratto,* a 82 anni), Liotard (*Rosa, papa-vero e fiordaliso,* a 84 anni), Goya (*La lattaia di Bordeaux,* a 81 anni), Hayez (*Autoritratto,* a 88 anni), Boldini (*Anima portata al cielo dagli angeli,* a 82 anni), Monet (*La casa fra le rose,* a 85 anni), Munch (*Autoritratto,* a 80 anni), Corot (*Biblis,* a 79 anni), Guidi (*Isola di S.Giorgio,* a 81 anni), Bonnard (*Il mandorlo in fiore,* a 80 anni), Matisse (*La tristezza del re,* a 83 anni), Rouault (*Cristo,* a 85 anni), Hopper (*Due attori,* a 84 anni), Picasso (*Autoritratto e Il moschettiere,* a 91 anni), Kokoschka (*Peer Gynt,* a 87 anni), de Chirico (*Sole sul cavalletto,* a 85 anni), Chagall (*Il pittore e la sua fidanzata,* a 93 anni), Mirò (*Donna e uccello,* a 89 anni), Dalì (*La coda di rondine,* a 79 anni), Balthus (*L'attesa,* a 93 anni);

- fra gli architetti (le opere citate rappresentano quelle più significative degli autori, indipendentemente dell'età in cui sono state realizzate): Frank Lloyd Wright (*The Living City*), Le Corbusier, pseudonimo di Charles-Edouard Jeanneret (progetto per il centro di calcolo elettronico Olivetti a Rho, MI; progetto per l'ospedale di Venezia), Giò Ponti (Grattacielo Pirelli), Pier Luigi Nervi (Aula Nervi), Giovanni Muzio (Università Cattolica di Milano), Giovanni Michelucci (Stazione di Santa Maria Novella di Firenze), Ignazio

Gardella (Facoltà di Architettura di Genova), Lodovico Barbiano di Belgioioso (Torre Velasca), Luigi Caccia Dominioni (ristrutturazione della Facoltà di Agraria di Bologna, opera recente);
- fra i registi cinematografici: Charlie Chaplin, Akira Kurosawa, Alfred Hitchcock, Robert Bresson, John Huston, Ingmar Bergman, Michelangelo Antonioni; Mario Monicelli, nel 2006, a 91 anni, ha realizzato *Le rose del deserto*; Manuel de Oliveira a 96 anni ha presentato alla mostra di Venezia del 2004 *Un film parlato*, a 97 anni ha girato *Il quinto impero,* a 98 anni *Bella sempre*;
- fra gli scienziati: Ardito Desio, Renato Dulbecco e Rita Levi Montalcini, Albert Einstein e Bertrand Russell.

Diceva a 93 anni Pablo Casals, violoncellista, compositore e direttore d'orchestra: "Quando si continua a lavorare e si resta sensibili alla bellezza del mondo che ci circonda, si scopre che la vecchiaia non significa necessariamente invecchiare o perlomeno, non l'invecchiare nel senso comune. Oggi sento, più intensamente di prima, molte cose, e la vita mi affascina sempre più", e scrive Gabriel García Marquez: "Quanto sbagliano gli uomini nel pensare che si smette di innamorarsi quando si invecchia, senza sapere che si invecchia quando si smette di innamorarsi". Si invecchia ad ogni età, quando scompare il sentimento, il desiderio di essere, la curiosità di conoscere. Le emozioni non cominciano e non si fermano alla soglia degli anni, talvolta rimangono sottaciute o nascoste, ma possono riaffiorare anche in vecchiaia e trasformarsi in una pennellata, un'incisione, una poesia, una musica, un'immagine, un volto, un'altra memoria di sé.

Note conclusive

Emozioni, sentimenti, affetti esercitano un'importante influenza sulle capacità di adattamento e sul processo di invecchiamento (Simeone, 1988; Hillman, 1999). L'esigenza di vivere la propria emotività, la necessità di amare e di sentirsi amati trascendono l'età. Le ricerche evidenziano il desiderio e l'aspettativa degli anziani di essere circondati da affetti e di sperimentare la continuità di relazioni positive (Cesa-Bianchi e Cristini, 1998). La qualità della vita, la prevalenza di vissuti positivi e negativi varia in funzione dell'ambiente di appartenenza (Galati e Zucchetti, 1990; Palmese e Galati, 2007). Le emozioni ci accompagnano per tutta la vita; la gioia o la tristezza di un bambino o di un vecchio non sono diverse nella sostanza e talvolta riconoscono le medesime ragioni. Cambia nel corso degli anni l'esperienza e la capacità di controllarle. L'espressione dei sentimenti spesso traduce la loro forza o fragilità. In molte relazioni le emozioni vengono messe da parte, come se fosse sconveniente parlarne, oppure si rendono disinvoltamente pubbliche, quasi ad ottenerne un ampio consenso; in entrambi i modi non si rende merito, valore ai loro significati, alla loro crescita. Gli affetti devono essere curati, coltivati come si curano e si coltivano una pianta, un fiore delicati che richiedono attenzioni, sensibilità, interesse autentico. Le emozioni possono comparire all'improvviso, ma non si improvvisa la loro educazione; la dinamica dei sentimenti si segue, si trasmette, un giorno dopo l'altro.

Gli affetti costituiscono spesso i motivi oppure il riflesso di una condizione di salute o di sofferenza. Le emozioni si ammalano, ma si può trovare una cura che richiede a volte tempi lunghi, soprattutto quando sono coinvolti gli stati affettivi più profondi. Una psicoterapia permette di aiutare a ripristinare un disordine emotivo (Granieri e Albasi, 2003). Nelle forme di declino cognitivo la stimolazione, la rievocazione di ricordi fa riemergere contenuti emozionali, da valorizzare, rieducare, sostenere (Feil, 1993; Ploton, 2001; Bruce et al., 2003). Spesso nelle patologie, nelle sofferenze più gravi sono le reazioni, le condizioni emotive a scandire tempi e modalità relazionali, parole e silenzi, interventi e cure.

Le emozioni trascendono il tempo, si 'curano' ancora prima di nascere e si continua a farlo sul finire di una vita. Scriveva Decimo Giunio Giovenale (*Satire*, V, 15): "La natura, dando le lacrime al genere umano, attesta di averlo fornito anche di un cuore facile alla commozione. Questa è la parte migliore della nostra coscienza".

Le emozioni si imparano, si comprendono e non invecchiano. "Pensavi davvero che facessi il filo a quel giovanotto? Ma no, mi capita sovente, specie quando sono contenta, rilassata, di perdermi in fantasticherie, di sognare amori che so immaginari ma non per questo meno gratificanti. Che importa se sono vecchia. Anch'io posso sognare d'innamorarmi, non di qualcuno certo, ma dell'idea dell'amore sì. Sapessi che risorsa è potere con l'immaginazione, la fantasia, in qualsiasi momento, superare le limitazioni che il tempo ci impone. Da giovane mi piacevano le nuche forti e brune. Ora mi piacciono ancora, anche se non so a chi appartengono. Calore comunque me lo danno lo stesso", scrive Ada Fonzi (2006, p. 92). Si apprendono, si modificano attraverso l'esperienza, le capacità emotive, ma non cambia il senso, l'essenza di ciò che possono offrire, significare, insegnare. In molti anziani, il silenzio è la parola di sentimenti che solo l'età senile sa pienamente cogliere ed apprezzare.

Bibliografia

Albanese A, Facchini C, Vitrotti G (2006) Dal lavoro al pensionamento: vissuti, progetti. Franco Angeli, Milano

Alexander F (1950) Psychosomatic Medicine, tr. it. Medicina Psicosomatica. Giunti-Barbera, Firenze, 1951

Ammon G (1974) Psychoanalyse und Psychosomatik, tr. it. Psicosomatica. Borla, Roma, 1977

Amoretti G, Ratti MT (1994) Psicologia e terza età. La Nuova Italia Scientifica, Roma

Andreani Dentici O (2006) Ricordi molto lontani. La memoria a lungo termine nella vita quotidiana. Unicopli, Milano

Antonini FM, Magnolfi S (1991) L'età dei capolavori. Marsilio Editori, Venezia

Arnold MB (1960) Emotion and Personality. Columbia University Press, New York

Aveni Casucci MA (1992) Psicogerontologia e ciclo di vita. Mursia, Milano

Baltes PB, Staudinger UM, Lindenberger U (1999) Lifespan psychology: theory and application to intellectual functioning, Annual Reviews Psychol 50:471-507

Baroni MR (2003) I processi psicologici dell'invecchiamento. Carocci, Roma

Barucci M (1995) Umore e invecchiamento. Idelson, Napoli

Belloni Sonzogni A, Stella M (2004) Il vissuto di malattia nel paziente oncologico anziano In: Cesa-Bianchi M, Albanese O (eds) Crescere e invecchiare. La prospettiva del ciclo di vita, Unicopli, Milano, pp 103-123

Bruce E, Hodgson S, Schweitzer P (2003) Reminiscing with people with dementia, tr. it. I ricordi che curano. Pratiche di reminiscenza nella malattia di Alzheimer. Raffaello Cortina, Milano

Bruner J (1999) Narratives of aging. J Aging Stud 13(1):7-9

Cesa-Bianchi G, Cristini C (1997) Adattamento, timori, speranze: la qualità della vita in un campione di 100 ultrasessantenni. N.P.S. Rivista della Fondazione "Centro Praxis" XXVII 4:557-621

Cesa-Bianchi G, Cristini C (1998) Qualità della vita. In: Cesa-Bianchi M, Vecchi T (eds) Elementi di Psicogerontologia, Franco Angeli, Milano, pp 180-196

Cesa-Bianchi M (1964) Percezione. In: Enciclopedia della Scienza e della Tecnica. Arnoldo Mondadori, Milano, pp 763-765

Cesa-Bianchi M (1965) Psicofisiologia. In: Enciclopedia della scienza e della tecnica. Arnoldo Mondadori, Milano

Cesa-Bianchi M (1977) Psicologia della senescenza. Franco Angeli, Milano

Cesa-Bianchi M, Sala G (1988) Umanità e scienza in medicina. Franco Angeli, Milano

Cesa-Bianchi M (1994) Caratteristiche psicologiche dell'invecchiamento: aspetti positivi. In: Valente Torre L, Casalegno S (eds) Invecchiare creativamente ... per non invecchiare. Atti del Convegno, 18 novembre, 1994, Regione Piemonte, Torino

Cesa-Bianchi M, Pravettoni G, Cesa-Bianchi G (1997) L'invecchiamento psichico: il contributo di un quarantennio di ricerca. G Gerontol 45(5):311-321

Cesa-Bianchi M (1998) Giovani per sempre? L'arte di invecchiare. Laterza, Roma

Cesa-Bianchi M, Vecchi T (1998) Elementi di Psicogerontologia. Franco Angeli, Milano

Cesa-Bianchi M (1999) Cultura e condizione anziana. Vita e Pensiero, Rivista Culturale dell'Università Cattolica del Sacro Cuore 3 LXXXII:273-286

Cesa-Bianchi M (2000) Psicologia dell'invecchiamento. Carocci, Roma

Cesa-Bianchi M, Cristini C, Cesa-Bianchi G (2000) Anziani e comunicazione. Tra salute e malattia. Mediserve, Napoli

Cesa-Bianchi M (2002) Comunicazione, creatività, invecchiamento. Ricerche di Psicologia 25 3:75-188

Cesa-Bianchi M, Antonietti A (2002) Dentro la psicologia. Teorie, ricerche, personaggi, contesti. Mondadori Università, Milano

Cesa-Bianchi M, Cristini C, Cesa-Bianchi G (2002) Dalla corporeità alla creatività: l'età senile. In: Bellotto M, Zatti A (eds) Psicologia a più dimensioni. Scritti in onore di Giancarlo Trentini. Franco Angeli, Milano, pp 131-159

Cesa-Bianchi M, Antonietti A (2003) Creatività nella vita e nella scuola. Mondadori Università, Milano.

Cesa-Bianchi M, Albanese O (2004) Crescere e invecchiare. La prospettiva del ciclo di vita. Unicopli, Milano

Cesa-Bianchi M (2006) Lectio. Laurea honoris causa in Scienze della Comunicazione. Università degli Studi Suor Orsola Benincasa, Napoli

Cremerius J (1978) Zur Theorie und Praxis der Psychosomatischen Medizin, tr. it. Psicosomatica clinica. Borla, Roma, 1981

Crutch SJ, Isaacs R, Rossor MN (2001) Some workmen can blame their tools: artistic change in an individual with Alzheimer's disease. Lancet 357:2129-2133

Damasio AR (1994) Descartes' Error. Emotion, reason and the human brain, tr. it. L'errore di Cartesio. Emozione, ragione e cervello umano. Adelphi, Milano, 1995

de Beauvoir S (1970) La vieillesse, tr. it. La terza età. Einaudi, Torino, 1971, p 495

de Hennezel M (1995) La mort intime, tr. it. La morte amica. RCS Libri & Grandi, Milano, 1996

Ekman P, Friesen WV (1971) Constants across cultures in the face and emotion. J Pers Soc Psychol 17(2):124-129

Ekman P, Friesen WV (2003) Unmasking the face. A guide to recognizing emotions from facial expressions, Malor Books, Cambridge, MA, tr. it. Giù la maschera. Come riconoscere le emozioni dall'espressione del viso. Giunti, Firenze, 2007

Facchini C (2003) Invecchiare: un'occasione per crescere. Franco Angeli, Milano

Feil N (1993) The Validation Breakthrough, tr. it. Il metodo Validation. Una nuova terapia per aiutare gli anziani disorientati. Sperling & Kupfer, Milano, 1996

Fenichel O (1945) Nevrosi organiche In: The Psychoanalytic Theory of Neurosis, tr. it. Trattato di Psicoanalisi delle nevrosi e delle psicosi. Astrolabio, Roma, 1951, pp 266-301

Fonzi A (2006) Gli uomini muoiono, le donne invecchiano. Giunti, Firenze, p 92

Freud S (1915) Considerazioni inattuali sulla guerra e sulla morte. In Freud S (1915-1917) Opere, Vol 8. Boringhieri, Torino, 1976, pp 122-148

Gadamer HG (1994) Dove si nasconde la salute. Raffaello Cortina, Milano

Galati D, Zucchetti E (1990) Vita quotidiana ed emozioni negli anziani. G Gerontol 38(8):439-447

Granieri A, Albasi C (2003) Il linguaggio delle emozioni. Lavoro clinico e ricerca psicoanalitica. UTET Libreria, Torino

Groddeck G (1987) Il linguaggio dell'Es. Bompiani, Milano

Guerrini GB (1991) Anni d'argento. Edispi, Roma

Henderson CS, Andrews N (1998) Partial View: An Alzheimer's Journal, tr. it. Visione parziale. Un diario dell'Alzheimer. Associazione Goffredo de Banfield – Federazione Alzheimer Italia, Editoriale Lloyd, Trieste, 2002

Hillman J (1999) The force of character and the lasting life, tr. it. La forza del carattere. Adelphi, Milano, 2000

Imbasciati A (2001) The unconscious as symbolopoiesis. Psychoan Rev 88(6):837-873

Imbasciati A, Margiotta M (2004) Compendio di psicologia per gli operatori socio-sanitari. Piccin, Padova

Imbasciati A (2006a) Il sistema protomentale. Psicoanalisi cognitiva. Origini, costruzione e funzionamento della mente. LED, Milano, p 188

Imbasciati A (2006b) Constructing a Mind. A new basis for psychoanalytic theory. Brunner-Routledge, London

Inghilleri P (1997) Psicologia, salute e immigrazione. In: Bosio AC, Cesa-Bianchi M (eds) Contributi per la medicina. Numero Speciale Ricerche di Psicologia 4/1996-1/1997:559-571

Kierkegaard S (1848) Sygdommen Til Döden, tr. it. La malattia mortale. Newton Compton, Roma, 1995

LeDoux J (2002) Synaptic Self: how our brains become who we are, tr. it. Il Sé sinaptico. Come il nostro cervello ci fa diventare quelli che siamo. Raffaello Cortina, Milano, 2002

Maderna AM, Valseschini S (1963) Contributo allo studio del disadattamento senile. Arti Grafiche Commerciali, Milano

Maderna AM (1968) Problemi psicologici della vecchiaia. Enciclopedia della salute I 39:841-864

Maderna AM, Aveni Casucci MA (1971) Aspetti psicologici dell'ospedalizzazione dell'anziano. Rivista degli Ospedali III 1:48-67

Maderna AM, Aveni Casucci MA, Cesa-Bianchi M (1973) Aspetti psicologici dell'invecchiamento e della vecchiaia. In: Antonini FM, Fumagalli C (eds) Gerontologia e Geriatria, vol. I, Wassermann, Milano

Markides KS, Cooper CL (1990) Aging, Health and Stress. Wiley, New York

Maslow AH (1959) La creatività nell'individuo che realizza il proprio io. In Anderson HH (ed) Creativity and its cultivation, tr. it. La creatività e le sue prospettive. La Scuola, Brescia, 1972, pp 111-124

McDougall J (1980) Plea for a Measure of Abnormality. International Universities Press, New York, p 251

Moja EA, Vegni E (2000) La visita medica centrata sul paziente. Raffaello Cortina, Milano

Nanetti F (1996) La comunicazione trascurata. L'osservazione del comportamento non verbale. Armando, Roma

Oliverio Ferraris A (2007) La ricerca dell'identità. Come nasce, come cresce, come cambia l'idea di sé. Giunti, Firenze

Palmese F, Galati D (2007) Emozioni e qualità della vita quotidiana in anziani istituzionalizzati e non istituzionalizzati. Ricerche di Psicologia XXX, 2:129-156

Pancheri P (1984) Trattato di Medicina Psicosomatica. USES, Firenze

Pedrazzi M, Vercauteren R, Loriaux M (2000) Verso una società per tutte le età. Il tempo del possibile, vol. II: La cultura dell'incontro generazionale per il superamento delle discriminazioni sociali ed etniche. Edizioni Il Melo Centro di Cooperazione Sociale, Gallarate

Ploton L (2001) La personne âgée, son accompagnement médicale et psychologique et la question de la démence, tr. it. La persona anziana. L'intervento medico e psicologico. I problemi delle demenze. Raffaello Cortina, Milano, 2003

Ravaccia F, Zandomeneghi A (1997) Ambulatorio, camice, appuntamento: proposta per un setting medico psicoterapeutico. In: Bosio AC, Cesa-Bianchi M (eds) Contributi per la medicina. Numero Speciale Ricerche di Psicologia 4/1996-1/1997:469-484

Selye HHB (1956) The stress of life. McGraw-Hill, New York

Siegel DJ (1999) The developing mind, tr. it. La mente relazionale. Neurobiologia dell'esperienza interpersonale. Raffaello Cortina, Milano, 2001, pp 141-142

Simeone I (1977) Le vieillard et son corps. Rev Med Psychosom 4:464-466

Simeone I (1988) Les aspects psychodynamiques du vieillissement. Gerontol Soc 46:8-20

Simeone I (2001) L'anziano e la depressione. CESI, Roma

Solms M, Turnbull O (2002) The Brain and the Inner World, tr. it. Il cervello e il mondo interno. Raffaello Cortina, Milano, 2004, p 331

Tajfel H (1969) Cognitive aspects of prejudice. J Soc Issues 25:79-97

Tammaro AE, Casale G, Frustaglia A (2000) Manuale di Geriatria e Gerontologia, 2a ed. McGraw-Hill, Milano

Young RF, Olson EA (1991) Health, illness and disability in later life. Practice issues and interventions. Sage Publications, Newbury Park, CA

Parte II

Emozioni in medicina: storia, fisiologia, psicologia

Capitolo 6

Le emozioni per lo storico medico

Alessandro Porro

Il tema, a tutta prima, si delinea complesso, se gli vogliono proporre alcune riflessioni utili in senso generale storico-medico.

Si dovrebbe poi trattare di un senso generale che non intersechi, se non per l'indispensabile, ambiti e settori scientifici e disciplinari diversi (per tacer di altri ambiti, maggiormente distanti dalla medicina).

Tenendo preliminarmente ben presente il problema della periodizzazione storico-medica, ci si potrebbe chiedere quale possa essere un'esemplificazione dell'evoluzione delle concezioni proposte dalla classicità in argomento.

Teniamo come punto di snodo quel periodo che va dall'evoluzione dell'anatomia e morfologia Vesaliana, e post-Vesaliana, all'emergere della nuova scienza proposta da Galileo Galilei (1564-1642).

Analizziamo allora un esempio di trattato medico del secondo Cinquecento, scegliendolo perché utile a darci un quadro di tipo generale sull'evoluzione delle conoscenze, così come stratificatesi all'epoca: dalle riflessioni del mondo greco (condensate nell'esperienza ippocratica), alle integrazioni dell'età romana (galeniche, celsiane), all'esperienza greco-bizantina, alla sistematizzazione araba, alle esperienze autoctone successive.

Il testo che propongo è il *De medendis humanis corporis* di Donato Antonio da Altomare (1520-1566), stampato a Venezia nel 1570 (Fig. 6.1).

Donato Antonio da Altomare era un celebre medico napoletano, che svolse poi la sua attività anche a Roma, sotto la protezione di Papa Paolo IV (al secolo Gian Pietro Carafa, 1476-1559), il cui pontificato durò dal 23 maggio 1555 al 18 agosto 1559.

Come e dove possiamo inserire le *emozioni*, in tale contesto?

Il riferimento classico va alla μελαινη χολη, la *bile nera*, ed al suo eccesso: la *melancolia* (ed al relativo *temperamento*) (Fig. 6.2).

Restando nell'ambito patologico, viene sunteggiata la definizione di *melancolia* fatta da Paolo d'Egina (625-690):

C. Cristini, A. Ghilardi (a cura di), *Sentire e pensare. Emozioni e apprendimento fra mente e cervello*. ISBN 978-88-470-1068-0 © Springer-Verlag Italia 2009

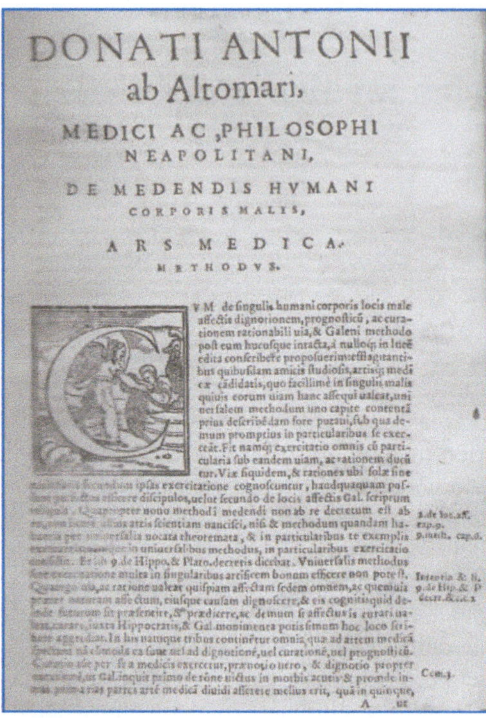

DONATI ANTONII
ab Altomari,
MEDICI AC PHILOSOPHI
NEAPOLITANI,
DE MEDENDIS HVMANI
CORPORIS MALIS,
ARS MEDICA.
METHODVS.

[C]VM de singulis humani corporis locis male affectis dignotionem, prognosticũ, ac curationem rationabili uia, & Galeni methodo post eum hucusque intacta, à nulloq; in lucẽ edita conscribere proposuerim: efflagitantibus quibusdam amicis studiosis, artisq; medicæ cãdidatis, quo facillimè in singulis malis quiuis eorum uiam hanc assequi ualeat, uniuersalem methodum uno capite contentã prius describẽdam fore putaui, sub qua demum promptius in particularibus se exerceãt. Fit namq; exercitatio omnis cũ particularia sub eandem uiam, ac rationem ducũtur. Viæ siquidem, & rationes ubi solæ sine [illegible] ipsas exercitatione cognoscuntur, haudquaquam pos[illegible] efficere discipulos, uelut secundo de locis affectis Gal. scriptum [illegible]. Quapropter nono methodi medendi non ab re decretum est ab [illegible] artis scientiam nancisci, nisi & methodum quandam ha[illegible] per [illegible] uocata theoremata, & in particularibus te exemplis [illegible] in uniuersalibus methodus, in particularibus exercitatio [illegible]. [illegible] 9. de Hippo. & Plato. decretis dicebat. Vniuersalis methodus [illegible] multa in singularibus artificem bonum efficere non potest. [illegible] ratione ualeat quispiam affectam sedem omnem, ac quemuis [illegible] affectum, eiusque causam dignoscere, & eis cognitis quid de[illegible] praesentire, & prædicere, ac demum si affectus is curari ua[illegible] iuxta Hippocratis, & Gal. monimenta potissimum hoc loco [illegible]. In his namque tribus continẽtur omnia, quæ ad artem medicã [illegible] ad dignotionẽ, uel curationẽ, uel prognosticũ. [illegible] a medicis exercetur, prænotio uero, & dignotio propter [illegible], ut Gal. inquit primo de rõne uictus in morbis acutis & proinde in[illegible] partes artẽ medicã diuidi asserere melius erit, quã in quinque,
A ut

2. de loc. aff. cap. 9.
9. meth. cap. 6.
Interpre [illegible] 9. de Hip. & P decret. [illegible]
Com. 3.

Fig. 6.1 Da D.A. Altomare, *De medendis humani corporis*. Frontespizio

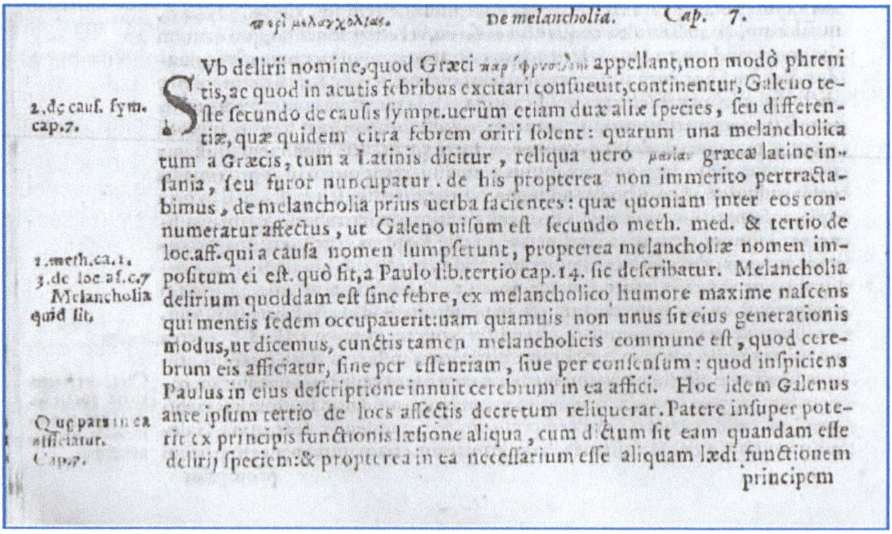

περὶ μελαγχολίας. De melancholia. Cap. 7.

SVb delirii nomine, quod Græci παραφροσύνην appellant, non modò phrenitis, ac quod in acutis febribus excitari consueuit, continentur, Galeno teste secundo de causis sympt. uerùm etiam duæ aliæ species, seu differentiæ, quæ quidem citra febrem oriri solent: quarum una melancholica tum à Græcis, tum à Latinis dicitur, reliqua uero μανία græcæ latine insania, seu furor nuncupatur. de his propterea non immerito pertractabimus, de melancholia prius uerba facientes: quæ quoniam inter eos connumeratur affectus, ut Galeno uisum est secundo meth. med. & tertio de loc. aff. qui à causa nomen sumpserunt, propterea melancholiæ nomen impositum ei est. quò sit, à Paulo lib. tertio cap. 14. sic describatur. Melancholia delirium quoddam est sine febre, ex melancholico humore maxime nascens qui mentis sedem occupauerit: nam quamuis non unus sit eius generationis modus, ut dicemus, cunctis tamen melancholicis commune est, quod cerebrum eis afficiatur, sine per essentiam, siue per consensum: quod inspiciens Paulus in eius descriptione innuit cerebrum in ea affici. Hoc idem Galenus ante ipsum tertio de locis affectis decretum reliquerat. Patere insuper poterit ex principis functionis læsione aliqua, cum dictum sit eam quandam esse delirij speciem: & propterea in ea necessarium esse aliquam lædi functionem principem

2. de caus. sym. cap. 7.
2. meth. ca. 1.
3. de loc. af. c. 7
Melancholia quid sit.
Quæ pars in ea afficiatur.
Cap. 7.

Fig. 6.2 Incipit del capitolo "De Melancholia" nel *De medendis humani corporis*

> *Melancholia delirium quoddam est sine febre, ex melancholico humore maxime nascens qui mentis sedem occupaverit: nam quamvis non unus sit eius generationis modus, ut dicemus, cunctis tamen melancholicis commune est, quod cerebrum eis afficiatur, sive per essentiam, sive per consensum.*

Oggi si usano i termini di *malinconia*, di *depressione*, di *disturbo dipolare*, ma noi dobbiamo accentrare la nostra attenzione non solo sull'esistenza (o meno) di una patologia delle emozioni, ma anche sul fatto che alla *bile nera* ed al temperamento *melancolico* potevano essere associati concetti positivi, legati, per esempio, a migliori possibilità mnemoniche (e tutti sappiamo quanto la memoria fosse importante nell'età classica).

Spicca, leggendo il testo altomariano, fra l'armamentario terapeutico classico, il grande ruolo affidato ad elementi che noi, con termine moderno, potremmo definire psicoterapici.

Questo sia detto per smentire, ancora una volta, quel concetto duro a morire che riferisce i tempi altomedievali e medievali come bui ed oscuri.

Superiamo il punto *di non ritorno* galileiano: il secondo riferimento emblematico non può che essere quello di René Du Perron Descartes (Cartesio, 1596-1650) e del suo *Les passiones de l'âme*.

Per i brani citati si è seguita l'edizione pubblicata da Bompiani nel 2003 (Cartesio, 2003): è inoltre riportato un brano citato da Angelo Mosso, nella sua opera *La paura* (1901) (si tratta della settima edizione; la prima edizione comparve nel 1884).

> *Dopo aver considerato in che cosa le passioni dell'anima si differenziano da tutti gli altri suoi pensieri, mi pare che si possa generalmente definirle: Percezioni, o sentimenti, o emozioni dell'anima, che riferiamo in particolare ad essa, e che sono causate, mantenute e rafforzate da qualche movimento degli spiriti.*
>
> *(...) Ma ancor meglio si possono chiamare emozioni dell'anima, non solo perché questo nome può essere attribuito a tutti i mutamenti che accadono in essa, cioè a tutti i diversi pensieri che le giungono, ma specificamente perché, tra tutti i generi di pensieri che essa può avere, non ve ne sono altri che la agitino e la turbino così forte come fanno queste passioni* (Cartesio, 2003).

Il tema è complesso e delicato ad un tempo: inerente la distinzione fra oggetti esterni ed oggetti interni al nostro corpo; inerente il potere, il controllo dell'anima sul corpo; il controllo dell'anima sulle proprie passioni.

> *Se la figura di un animale è molto strana o spaventosa, cioè se essa ha molta rassomiglianza con le cose che furono prima nocive al corpo, questa ecciterà nell'anima la passione della paura e, dopo, quella dell'ardimento, oppure della paura e dello spavento, secondo i diversi temperamenti del corpo e la forza dell'anima, e secondo che uno si è saputo prima garantire per mezzo della difesa e della fuga contro le cose nocive con cui l'impressione presente*

ha dei rapporti; perché questo in alcuni uomini dispone talmente il cervello che gli spiriti riflessi dell'immagine così formati sopra la ghiandola (o parte centrale del cervello) vanno di là, in parte dei nervi che servono per voltare il dorso e muovere le gambe per fuggire, e parte in quei nervi che allargano o stringono talmente gli orifici del cuore, o agitano talmente le altre parti, donde è loro mandato il sangue, che questo sangue elaborato in altra manie-ra manda al cervello degli spiriti che sono capaci di fomentare e fortificare la passione della paura, che possono cioè tenere aperti od aprire nuovamente i pori del cervello che li conducono nei nervi (Articolo XXXVI, così citato in Mosso, 1901).

Si potrebbe proseguire a lungo, con le citazioni, ma possiamo ricordare che ritroviamo, nelle parole di Descartes, non solo la ben nota visione meccanicisti-ca propria del tempo – che raggiungerà, con Julian Offray de La Mettrie (1709-1751) ed i suoi concetti di *homme-machine* e di *homme-plante*, i massimi livel-li – ma ancora le classiche idee sulla morfologia dei nervi, intesi secondo Galeno (Fig. 6.3) come organi di conduzione, cavi, e perfino echi delle più recenti ricer-che sulla pineale.

Questa ghiandola aveva per Cartesio un ruolo centrale, di luogo ove anima e corpo interagiscono, anche in ragione della sua disparità anatomica in un conte-sto di strutture anatomiche pari.

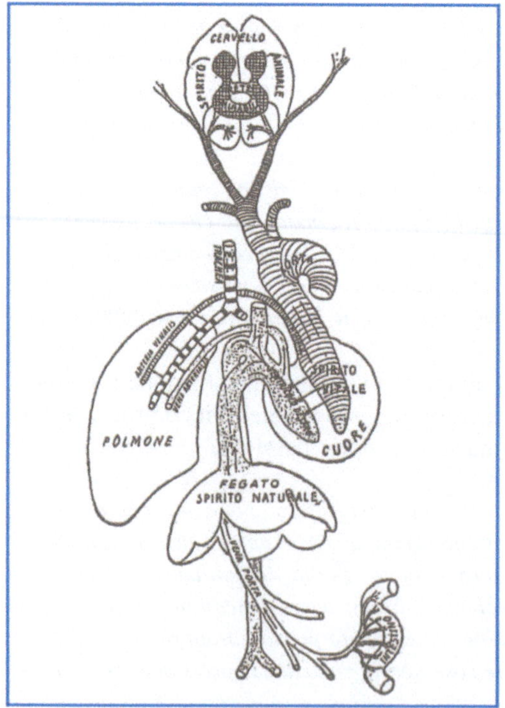

Fig. 6.3 Il sistema anatomo-fisiologi-co di Galeno (da Enriquez F, De Santillana G, 1936, per gentile con-cessione della Zanichelli)

Siamo ancora in piena indagine fisiologica intesa come *anatomia animata*, da un lato a voler sottolineare la derivazione, come già espresso, dall'anatomia e morfologia Vesaliana e post-Vesaliana, mentre dall'altro le determinazioni jatromeccaniche e jatrochimiche si dotavano dei primi strumenti di rilevazione dei fenomeni, rendendo la connotazione *fisiologica*, che noi storici medici solitamente proponiamo per questo periodo, accettabile.

Sono i primi passi per uno studio fisiologico dell'*anima*, relativamente, per esempio, *ai movimenti involontarii che accompagnano le emozioni* (Mosso, 1901).

Se quest'altro aspetto interessa particolarmente Mosso, si pensi anche agli studi della scuola neurofisiologica romana degli esordi del Settecento, ed al concetto di motilità delle meningi.

Si può ricordare, al proposito, Antonio Pacchioni (1665-1726) (Pazzini, 1963).

Volendo citare un altro autore coevo, dobbiamo riferirci a Thomas Willis (1621-1675) (Fig. 6.4).

Noi tutti, studenti di maggiore o minor anzianità dei corsi della facoltà medica, quando sentiamo citare il nome di Willis riandiamo con la mente al diabete mellito, alla fermentazione, agli studi sulla circolazione, al cosiddetto *poligono* dei vasi della base cranica (Fig. 6.5).

Dobbiamo però ricordare che il solo chiedersi quale fosse il funzionamento del cervello, anche mediante l'indagine anatomica, esponeva a gravi rischi personali, soprattutto nei paesi cattolici.

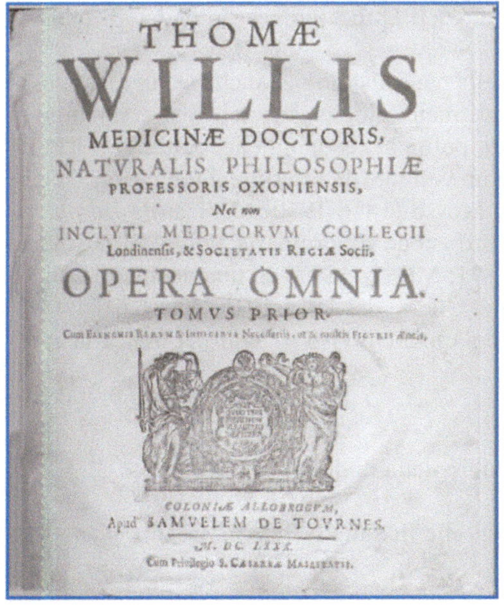

Fig. 6.4 T. Willis, *Opera omnia*. Frontespizio

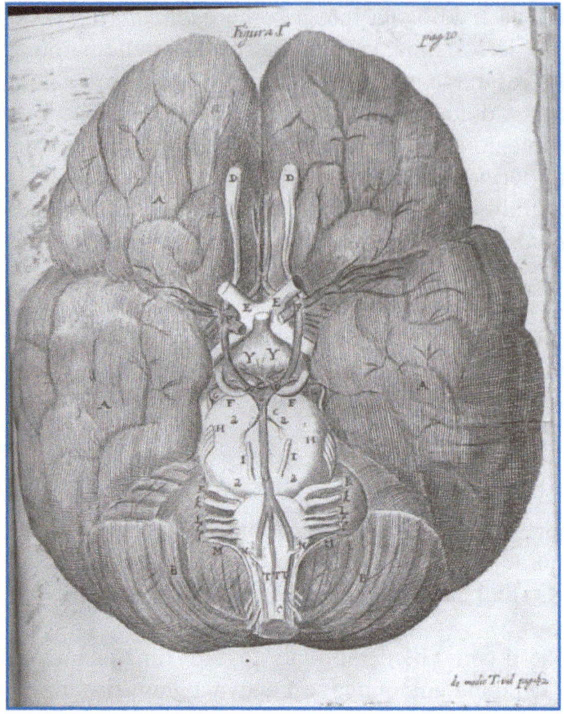

Fig. 6.5 Il poligono di Willis

L'anelito a localizzare (mi si perdoni l'uso, volutamente non del tutto corretto del verbo) le emozioni parte anche da questi *milieu* scientifici: certamente
dobbiamo giungere nella seconda metà dell'Ottocento per riprendere il tema di
cui si tratta.

Ci muoviamo sempre nel solco della neurofisiologia, anche se, in realtà, essa
si nutre e permea di diversi contenuti metodologici, tecnici, e si connette con
nuove realtà extrascientifiche, sociali, politiche, economiche, culturali.

L'esempio da cui voglio partire è un volume, di altissima divulgazione scientifica, del fisiologo torinese Angelo Mosso (1846-1910), dedicato a *La paura*,
che comparve nel 1884 ed ebbe una diffusione straordinaria, come del resto tutti
i volumi di questo autore (Mosso, 1891; Mosso, 1897) ed una decina di edizioni e ristampe ancor prima della grande guerra del 1914-1918 (Fig. 6.6).

Già l'enumerazione dei capitoli nei quali è diviso il lavoro ci indica la com-
plessità e l'importanza dello stesso:
• Introduzione
• Come lavora il cervello
• I movimenti irresistibili e le funzioni della midolla spinale
• Il cervello
• La circolazione del sangue nel cervello durante le emozioni

Fig. 6.6 A. Mosso, *La paura*. Frontespizio

- La pallidezza e il rossore
- Il palpito del cuore
- La respirazione e l'affanno
- Il tremito
- L'espressione della faccia
- L'espressione della fronte e dell'occhio
- La fisionomia del dolore
- Alcuni fenomeni caratteristici della paura
- La paura nei bambini. I sogni
- Lo spavento e il terrore
- Le malattie prodotte dalla paura
- La trasmissione ereditaria e l'educazione.

Vorrei dare qualche ragguaglio, con brevi citazioni del testo di Mosso, concernenti il quarto capitolo, dedicato alla circolazione del sangue nel cervello durante le emozioni.

> *Quando ci siamo messi un paio di guanti molto stretti, se facciamo attenzione, sentiamo una leggera pulsazione delle dita, la quale risponde al ritmo dei battiti cardiaci. Questa pulsazione nasce da ciò che ad ogni contrazione del cuore sono lanciati fuori dalla cavità del torace cento ottanta centimetri cubici di sangue, che è presso a poco quanto può contenere di liquido un bicchiere ordinario* (Mosso, 1901).

E poi, più oltre:

In nessun organo è così abbondante l'afflusso del sangue quanto nel cervello: basti dire che un quinto di tutto il sangue del nostro corpo passa nel capo (Mosso, 1901).

Ed ancora:

Tutto un mondo di cose importantissime nella fisiologia delle emozioni e nella circolazione del sangue sarebbe ancora ignorato, se i fisiologi fossero sempre a tastare il polso colla mano, come si è fatto dai tempi più remoti della medicina fino ai nostri giorni (Mosso, 1901).

Vedremo in seguito come questa affermazione critica si inserisca in un discorso di maggior interesse generale storico-medico.

Infatti, nell'ergobiografia di Mosso gli studi sulla circolazione cerebrale assumono un ruolo importante, essendo il primo suo interesse di ricerca (Mosso, 1879): egli rammenta ancora con dolorosa partecipazione il caso clinico di una donna, ricoverata nel sifilocomio torinese, con gravi esiti di sifilide terziaria che le avevano parzialmente distrutto la teca cranica.

Mosso riconnetteva ai movimenti del cervello (ed alle variazioni dell'afflusso di sangue) un ruolo importante nella comprensione della genesi delle emozioni, poiché, in senso generale, "la maggiore elevatezza dei fenomeni psichici sta nella maggiore complicazione dei fatti materiali che vi danno origine" (Mosso, 1901).

Entravano così prepotentemente in gioco i nuovi strumenti di rilevazione propri dei laboratori fisiologici: concetti come *polso del cervello* erano registrati e rappresentabili graficamente.

Per comprendere il valore delle ricerche di Mosso, di valenza generale per lo storico medico e di valenza specifica per la storia della neurofisiologia, invertiamo per un attimo la sequenza logica spazio-temporale, ed occupiamoci dei risultati; tratteggeremo poi alcuni dati d'ordine generale, a miglior comprensione di quanto si esporrà.

Il dibattito sulla natura delle emozioni vide lavorare fianco a fianco nell'ultimo quarto dell'Ottocento scienziati di diversa estrazione: fossero essi eminentemente fisiologi od interessati al versante psicologico o ad altri aspetti del problema, erano però accomunati dal dato sperimentale (discutere della genesi della psicologia sperimentale sarebbe assai utile ed interessante, ma meriterebbe un intero corso monografico).

Quello che è utile qui ricordare è che le ricerche aventi a tema le *emozioni* non furono episodiche, isolate, locali, ma coinvolsero le principali scuole e realtà scientifiche europee.

Citiamo le figure di Charles Darwin (1809-1882) con il suo importante lavoro *The Expression of the Emotions in Man and Animals* (la cui traduzione in lingua italiana è relativamente recente, e cioè del 1999; l'edizione alla quale ci atteniamo è comparsa nel 2006) od Herbert Spencer (1820-1903) (Fig. 6.7); ancora

Fig. 6.7 H. Spencer, *Principes de Psychologie*. Frontespizio

Carl Friedrich Wilhelm Ludwig (1816-1895) od anche Etienne Jules Marey (1830-1904) per quanto concerne la strumentazione del laboratorio di fisiologia.

A proposito di strumentazione moderna per la registrazione dei parametri e dei fenomeni, fanno la loro comparsa gli apparecchi fotografici (ed alla fine del secolo sarà la volta di quelli cinematografici).

Già Darwin vi aveva fatto ampio ricorso, grazie anche alla collaborazione di Guillaume Benjamin Amand Duchenne de Boulogne (1806-1875); in alcune rappresentazioni darwiniane non comparivano però, come nelle foto originali di Duchenne de Boulogne, gli elettrodi della elettrostimolazione (Fig. 6.8).

Possiamo leggere il volume darwiniano in diversi modi: sicuramente per certi versi appare più vicino a taluni concetti che la fisiognomica aveva apportato alla prassi medica fin dai tempi di Giovanni Battista della Porta (1535-1615), piuttosto che alle necessità e concezioni della moderna fisiologia o dell'etologia, che ne ha in parte rideterminato l'importanza nel Novecento. Certo è comunque che quest'opera fu per Mosso un sicuro punto di partenza da cui proseguire, in ambito strettamente fisiologico: anche Mosso si avvalse del mezzo fotografico, come strumento di registrazione e come utile complemento alla descrizione letteraria (Figg. 6.9, 6.10).

Fig. 6.8 Da C. Darwin (1872)

Mi permetto di segnalare, proprio perché recentissima, la comunicazione tenuta da Liborio Dibattista al Congresso nazionale della Società Italiana di Storia della Medicina, svoltosi a Pavia nei giorni dal 19 al 22 settembre 2006, avente a titolo *La teoria delle emozioni in Charles Emile François-Franck (1849-1921)*. I corsi della cattedra di Storia Naturale dei Corpi Organizzati del

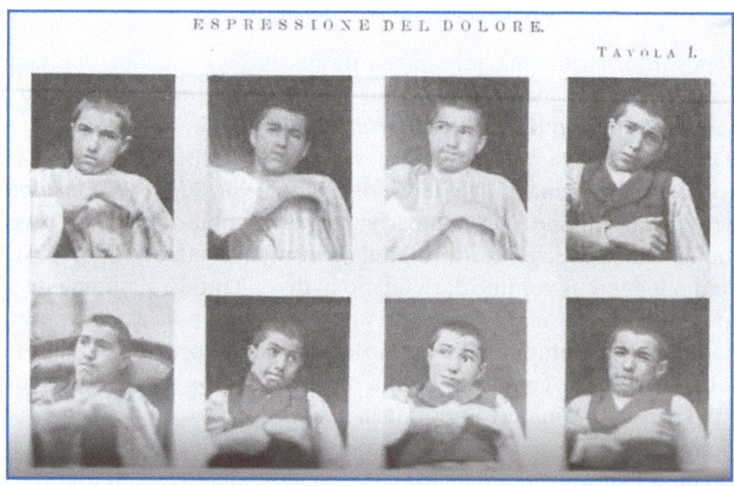

Fig. 6.9 Da A. Mosso (1901)

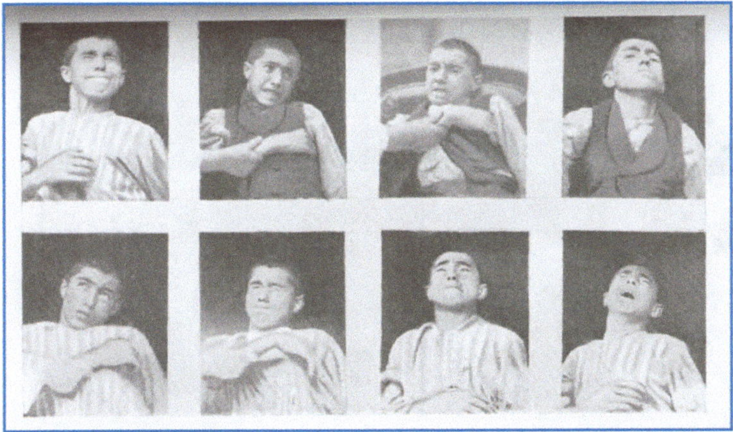

Fig. 6.10 Da A. Mosso (1901)

Collège de France del 1900-1902 furono dedicati allo studio dell'espressione delle emozioni. I problemi analizzati erano quelli delle funzioni del sistema neurovegetativo e dell'innervazione vasomotoria, con una critica delle posizioni di William James (1849-1910) e Carl Lange (1834-1900). Un fisiologo (Franck è allievo di Marey) entra direttamente in ambiti psicologici.

Qual è il legame fra il dibattito parigino e le ricerche del fisiologo torinese?

Le ricerche di Angelo Mosso sono alla base delle posizioni di Franck ed è proprio il concetto di variazione del flusso sanguigno cerebrale ad essere centrale nella teorizzazione dell'autore italiano. Del resto, le ricerche di Angelo Mosso in tema di fisiologia delle emozioni sarebbero incomprensibili, se non inserite nel suo vasto interesse per la fisiologia della circolazione. Un'analisi dettagliata delle concezioni di Mosso in argomento potrebbe esulare dall'odierna discussione, ma si può ricordare che egli fu l'ideatore di uno strumento, il *pletismografo*, che si proponeva di valutare i cambiamenti di volume della mano e dell'avambraccio in rapporto alle condizioni della circolazione (in pratica, nella sua prima e rudimentale forma, si trattava di un cilindro pieno d'acqua, entro cui introdurre l'avambraccio, collegato ad chimografo).

Questo strumento, perfezionato, esitò in un modello di sfigmomanometro digitale (nel senso che registrava la pressione a livello delle dita della mano) (Fig. 6.11), del tutto diverso da quello che contestualmente Scipione Riva Rocci (1863-1937) ideava nel 1896 (Fig. 6.12), tuttora d'uso comune in ogni ambulatorio o corsia.

Lo sfigmomanometro di Mosso sembrò abbandonato per oltre un secolo, ma è oggi d'uso comune rilevare alcuni parametri vitali in maniera simile a quella proposta dal fisiologo torinese (ad esempio con gli ossimetri).

Fig. 6.11 Lo sfigmomanometro di Mosso

Fig. 6.12 Lo sfigmomanometro di Riva-Rocci

Quale il messaggio conclusivo?

Come sempre, e quasi sempre insensibilmente, la riflessione storica amplia il nostro orizzonte: siamo partiti da una concezione eminentemente metafisica delle emozioni, ma molti altri e diversi spunti di riflessione ci si sono presentati, e siamo giunti ad accennare alle più moderne tecniche di rilevazione dei parametri.

Noi tutti abbiamo necessità di avere vasti orizzonti su cui posare il nostro sguardo, ed anche la storia ci rende più agevole il guardare lontano.

Bibliografia

Cartesio (2003) Le passioni dell'anima. Bompiani, Milano. Ed. or. Les passions de l'âme. Elsevier et Le Gras, Amsterdam e Paris, 1649
Darwin C (2006) L'espressione delle emozioni nell'uomo e negli animali. Newton Compton, Roma. Ed. or. The Expression of Emotions in Man and Animals, Murray, London, 1872
De Altomare DA (1570) De medendis humani corporis. Venezia
Enriquez F, De Santillana G (1936) Compendio di storia del pensiero scientifico dall'antichità fino ai tempi moderni. Zanichelli, Bologna
Mosso A (1879) Sulla circolazione del sangue nel cervello dell'uomo. Tip. dell'Accademia dei Lincei, Roma
Mosso A (1891) La fatica. Treves, Milano
Mosso A (1897) Fisiologia dell'uomo sulle Alpi. Seconda edizione, riveduta ed aumentata. Treves, Milano
Mosso A (1901) La paura, Settima edizione. Treves, Milano
Pazzini A (1963) La neurologia in Roma nei secoli XVII e XVIII. In: Belloni L (ed) Per la Storia della Neurologia Italiana. Atti del Simposio Internazionale di Storia della Neurologia. Varenna, 30 agosto-1 settembre 1961. Elli & Pagani, Milano, pp. 43-49
Spencer H (1875) Principes de Psychologie. Baillière, Paris
Willis T (1680) Opera Omnia. De Tournes, Génève

Capitolo 7

Mente e medici: analisi di alcuni repertori ottocenteschi

Alessandro Porro

Molte sono le fonti che permettono di ricostruire teorie e prassi della medicina nel tempo, e non perde d'attualità il volume di Walter Artelt (1906-1976), pubblicato nel 1949 (Artelt, 1949).

Anche tralasciando il suo concetto caratteristico e relativo agli oggetti biologici, le *gegenständliche Quellen, oder Sachquellen*, molte sono le fonti variamente utilizzabili, talune delle quali meno indagate di altre.

Si possono proporre, come esempio, le dissertazioni di laurea o anche tutta quella *letteratura grigia*, che fatica solitamente ad emergere nella storiografia rispetto alla letteratura cosiddetta *primaria*.

Essa è solitamente considerata di second'ordine, ma dobbiamo considerare, dovendoci occupare del primo Ottocento, come la diffusione della pubblicistica, benché notevole, non fosse tuttavia paragonabile a quella della seconda metà del secolo (anche per ragioni tecnico-economiche, sia intrinseche all'attività editoriale: si pensi alla fabbricazione della carta, sia ad essa estranee: si pensi allo sviluppo dei mezzi di trasporto).

La mia attenzione si concentrerà su alcuni dizionari medici ottocenteschi, che rappresentavano durevoli strumenti di informazione e formazione medica, nonché imprese editoriali di più o meno vasta mole ed impegno.

Nei territori italiani spicca la figura del medico guastallese Moisé Giuseppe Levi (1796-1859) (Porro, 2005) quale promotore di grandi opere enciclopediche e traduttore (soprattutto dal francese) di opere medico-chirurgiche: a lui si deve, per esempio, una traduzione italiana del *De Morbis Artificum Diatriba* di Bernardino Ramazzini (1633-1714), mediata appunto da un'edizione francese, che per molto tempo sarà l'unica redatta nella nostra lingua.

Al nome di Levi sono legate le edizioni di tre fra i principali dizionari medici in lingua italiana redatti fra il 1830 ed il 1860. Essi godettero di grandissima diffusione e rappresentarono un preciso riferimento per generazioni di studenti, medici e chirurghi italiani. Analizzeremo dunque la presenza delle voci enciclopediche riferite alla *mente*, quali fonti di riferimento per il medico.

Dobbiamo però rendere conto dello stato dell'arte all'esordio della presente esposizione, che prende le mosse dal temine dell'era napoleonica.

C. Cristini, A. Ghilardi (a cura di), *Sentire e pensare. Emozioni e apprendimento fra mente e cervello.* ISBN 978-88-470-1068-0 © Springer-Verlag Italia 2009

Non è questa la sede per discettare intorno alla storia delle neuroscienze, ma un breve cenno, relativo ad alcuni aspetti d'ordine generale, merita di essere svolto.

Due sono gli ambiti entro i quali si collocano le proposte enciclopediche relative ai concetti di *mente*, o meglio di *intelletto*: da un lato l'anatomia sublime e la fisiologia (non a caso spesso riunite anche nelle denominazioni curricolari medico-chirurgiche) e dall'altro la patologia.

Non è certo la mia modesta voce adatta a rendere maggiormente noti di quanto non lo siano alcuni fondamenti da cui partire, quali i lavori di Thomas Willis (1621-1675) sulla struttura e funzione del cervello e dei nervi (Porro, 1999), così come l'attività di Philippe Pinel (1745-1826) ovvero, in Toscana, quella di Vincenzo Chiarugi (1759-1820) nel proporre un nuovo rispetto del malato mentale, cercando di sciogliere l'avvincente paradigma epistemologico e pratico, definibile dal concetto di *tempo e catene*, caratteristico della terapia psichiatrica.

Quello che importa ricordare è che ad un sistema clinico europeo multicentrico (Padova, Londra, Edimburgo, Vienna, Pavia), per ragioni legate agli avvenimenti storici dell'era napoleonica si andò sostituendo la centralità dell'esperienza parigina.

Questo fenomeno, pur reale, è certamente sopravvalutato storiograficamente: le posizioni, sempre proposte, di Michel Foucault (1926-1984) (Foucault, 1972), dalle quali sembra così difficile svincolarsi, non sembrano reggere del tutto ad un'attenta revisione storiografica (Keel, 2001; Keel, 2007).

Tuttavia, a partire dall'età post-napoleonica, e per le nostre regioni, molti dei testi di riferimento sono d'origine francese.

Ma veniamo ai *dizionari* curati da Levi.

La prime imprese cui egli si accinse furono l'edizione del *Dizionario compendiato delle scienze mediche* (Levi, 1827-1832), in 20 volumi, seguita da quella del *Dizionario classico di medicina interna ed esterna* (Levi, 1833-1846), in 56 volumi.

In realtà non si trattò di una mera traduzione, ma di una integrazione, nel corpo dei volumi di origine francese, di una infinita serie di aggiunte (senza parlar delle voci redatte *ex novo*), rappresentative soprattutto della medicina italiana.

Nelle traduzioni di questi due dizionari si riflette pure l'attenzione di Levi nei confronti del problema più generale dell'elaborazione di una corretta terminologia medica italiana: egli infatti redasse un *monitorio* indirizzato ai medici, perché scrivessero in buona lingua italiana (Levi, 1840).

L'apice dell'attività di compilatore venne raggiunto da Levi con la pubblicazione del *Dizionario economico delle scienze mediche* (Levi, 1851-1860), compilazione della quale egli si attribuisce la responsabilità (in senso biblioteconomico e bibliografico) e che occupa nove grandi volumi. Risulta redatto analizzando le opere di 207 autori.

A comprova dell'evoluzione dell'autore anche in questa sua particolare attività, si deve segnalare che al concetto di dizionario egli affianca anche quello di vocabolario.

Dalle due opere leviane di maggior mole trarremo le voci da analizzare.

Nel tomo 18° (Antonelli, Venezia, 1834) del *Dizionario classico di Medicina interna ed esterna* (traduzione ed integrazione del *Dizionario classico di medicina di chirurgia e d'igiene pubblica e privata composto da Adelon, Andral, Beclard, Biett, Breschet, Chomel, I. Cloquet, G. Cloquet, Coutanceau, Desormeaux, Ferrus, Georget, Guersent, Jadelot, Lagneu, Landré-Beauvais, Marc, Marjolin, Murat, Ollivier, Orfila, Pelletier, Raide-Delorme, Rayer, Richard, Rochoux, Rostan, Roux e Rullier*) la voce *intelligenza* rimanda in maniera sinonimica alla breve voce *intelletto*, nella quale si enuncia la pluralità delle facoltà intellettuali, si nega l'esclusivo attributo umano, anche se l'intelletto nell'uomo "non solo abbraccia il passato, il presente ed il futuro, ma penetra eziandio più avanti nel fondo delle cose, comprende le corrispondenze de' fenomeni, s'innalza alla conoscenza delle loro cause, ed origina così le arti e le scienze".

È invece la voce *intelletuale* [sic!], che si dimostra più interessante, perché riporta, secondo il metodo integrativo leviano, una trattazione specifica ed originale. È redatta dal fisiologo dell'Università di Padova Stefano Gallini (1756-1836) (Porro, 1998), che molto si occupò di argomenti che oggi definiremmo pertinenti la psicofisiologia (già a partire dal suo *Saggio di osservazioni concernenti i nuovi progressi della fisica del corpo umano* – stampata a Padova nel 1792 – o dalla *Introduzione alla fisica del corpo umano*, di dieci anni posteriore).

Una delle dimensioni che, come vedremo, saranno caratteristiche delle riflessioni neurofisiologiche del primo Ottocento è quella dell'applicazione pedagogica delle stesse.

Anche il saggio di Gallini ne è espressione, sin dal titolo: *Della educazione delle facoltà intellettuali suggerita dalla costituzione fisica del cervello* (Gallini, 1834). Si tratta di introdurre nella prassi di conservazione della salute anche un'attenzione ad altro che non sia il fisico: "a vivere bene per sé e per gli altri non basta avere un corpo sano e ben fatto, ma conviene ancora usar bene de' suoi sensi e della sua ragione, e dirigere bene tutte quelle affezioni che ci uniscono a molti de' nostri simili, o che ci disgustano della condotta di altri" (Gallini, 1834).

Non si tratta certo di concetti totalmente nuovi, ma la complessità dei dati proposti e proponibili dall'indagine fisiologica meritano un'attenta e fors'anche originale disposizione ed interpretazione.

Secondo Gallini il legame fra funzioni, nervi e cervello è strettissimo ed anche l'abitudine di ben ragionare ed operare riveste la sua importanza, come dimostrano le indagini sociologiche.

Nella *riproduzione delle impressioni* (il concetto classico di massa plastica, che riceve, come la cera, un'impressione, riemerge dalle parole di Gallini) "a cui corrisponde la riproduzione delle serie di idee e di moti si deve stabilire un ordine tale che si riproducano constantemente le più conseguenti serie di ragionamenti, e le più corrispondenti serie di operazioni" (Gallini, 1834).

Da ciò consegue la correttezza del giudicare ed operare, nonché il suo valore e l'utilità pedagogica nell'istruzione della gioventù. (Sul piano eminentemente filosofico, Gallini non è un assertore delle teorie kantiane, all'epoca proposte con vigore dal filosofo di Königsberg.)

Il problema è stabilire in cosa consistano esattamente le *impressioni*: per Gallini si tratta di un cambiamento degli *elementi delle molecole viventi* che viene progressivamente trasmesso a quelli viciniori, e così via.

Un altro concetto è quello del maggiore o minore numero d'*impressioni* che giungono al cervello e della loro discriminazione ed ordinamento in un lavorìo che può essere anche di composizione, decomposizione e nuova combinazione, posto sotto il controllo del *noi* od anima, la quale vi presta più o meno attenzione.

Il riferimento va non solo ad autori della classicità, quali Aristotele, Zenone ed Epicuro, ma anche a Locke, Cartesio od Erasmus Darwin (1731-1802) con la sua *Zoonomia, or the Laws of organic life* (1794-96), che tanto successo ebbe nel primo Ottocento (Darwin, 1794-1796).

Gallini proponeva l'unificazione di sensibilità, contrattilità ed irritabilità, fino ad allora ritenute attività fisiologiche distinte; tuttavia si limitava a preconizzare un cambiamento radicale delle basi esclusivamente filosofiche e speculative della fisiologia e della patologia.

In questa prima voce del dizionario appare preponderante, come già ricordato, l'ambito applicativo, pedagogico.

Il secondo dizionario di Levi è il già citato *Dizionario economico delle scienze mediche*; nella prima parte del volume III (Antonelli, Venezia, 1855), la breve voce *intelligenza* rimanda alla voce *intelletto*.

Tuttavia, rispetto alla voce del volume precedentemente analizzato, si denota una maggior classificazione: "nome dato alla riunione delle quattro facoltà, che sono l'attenzione, la formazione delle idee, la memoria ed il giudizio; facoltà organiche di primo ordine e le più eminenti di tutte" (Levi, 1851-1860).

Anche in questo secondo caso, è la voce *intellettuale* (Levi, 1851-1860) a proporci un'articolata trattazione ed interessanti spunti di riflessione.

Sono passati vent'anni dalla precedente trattazione, e l'esordio è un chiaro richiamo alla necessità di ricomprendere i *fenomeni intellettuali* nella sfera della fisiologia.

La voce del dizionario riprende molti autori di scuola francese e vengono espressamente richiamati gli apporti dell'anatomia: dalla craniometria, con la discussione analitica dei vari indici proposti nel tempo da Pieter Camper (1722-1789) e Louis Jean Marie Daubenton (1716-1800) alle determinazioni della misurazione della massa cerebrale, come proposte da Samuel Thomas Soemmering (1755-1830), infine alla valutazione delle circonvoluzioni cerebrali di Desmoulins.

L'anatomia ci propone determinazioni morfologiche analitiche, ma come trattare delle *conseguenze psicologiche*?

> *Come infatti riconoscere l'esattezza dell'asserzione degli Arabi che fecero risiedere il senso comune nel ventricolo anteriore; nel secondo ventricolo l'immaginazione; il giudizio nel terzo e nel quarto la memoria.*

> *L'indicazione di Willis sarebbe più suscettibile di essere verificata. Collocando la sede della percezione nei corpi striati, della memoria e della immaginazione nella massa midollare del cervello, annunciò riguardo a queste due ultime facoltà un fatto che si può stabilire dietro l'esame del rapporto fra la capacità intellettuale e lo sviluppo delle parti anteriore e superiore del capo* (Levi, 1851-1860).

La concezione del rapporto fra percezione, conservazione e modificazione e rinnovazione eventuale non sono granché modificate, ed anche le posizioni di Franz Joseph Gall (1758-1828) e Johann Caspar Spurzheim (1776-1832), espressamente richiamate, sono sottoposte ad un'attenta analisi. L'origine e lo sviluppo delle idee, la sede delle passioni e dei sentimenti morali restano argomenti controversi. Il passo successivo è quello di correlare percezione, memoria, immaginazione e giudizio.

Si tratta delle principali facoltà intellettuali, a loro volta assai complesse: il giudizio suppone la comparazione, ed il ragionamento una serie di giudizi legati insieme; tutte le operazioni della mente esigono attenzione e riflessione.

Se la metafisica ha ancora gran parte nelle disquisizioni concernenti la complessità delle facoltà intellettuali, non sono peraltro trascurati gli effetti somatici, seppur inquadrati, talora, in una visione legata ancora alla classicità, come quando si sostiene che la collera eserciti un'influenza più diretta e quasi speciale sul fegato (si pensi al concetto di *collerico*).

Il dato di novità è rappresentato dall'organologia galliana, secondo la quale le funzioni psichiche hanno sede in ben determinate zone cerebrali, gli *organi*, con corrispondenza fra l'aspetto del cranio e le facoltà del soggetto. Poiché la scatola cranica era quasi modellata sull'encefalo e ne era una sorta di rappresentazione, Gall elaborò complesse mappe localizzanti le varie funzioni.

Moisé Giuseppe Levi si dimostra molto prudente nell'accettare le teorie galliane. Chi invece leggesse, sempre nello stesso tomo, la voce *mente* (Levi, 1851-1860) vi troverebbe altri temi trattati: l'*applicazione della mente, e metodo di vivere dei letterati*; una lunga trattazione relativa alla *medicina legale delle infermità di mente*.

Nell'*Enciclopedia medica italiana* di fine secolo, grande opera dell'editore milanese Francesco Vallardi, non esiste la voce *mente*, ed analogamente agli esempi precedenti, il riferimento va alla voce *intelligenza* (curata da Luigi Roncoroni).

È cambiato il quadro di riferimento: le competenze psicologiche iniziano a differenziarsi da quelle proprie della medicina ed il soggetto della voce *intelligenza* viene definito per quanto concerne il rapporto con la medicina.

Riguardo alle basi anatomiche e fisiologiche, seguendo anche le idee di Enrico Morselli (1852-1929), si propone una visione globale, che unifichi tutto l'encefalo, tutto il sistema nervoso, tutto l'organismo.

Il problema delle funzioni (e delle zone) corticali divide i ricercatori, ma è ritenuto centrale: la voce dell'*Enciclopedia* è riferibile attorno alla metà degli anni Novanta dell'Ottocento (Vallardi non sempre datava le sue edizioni) e gli studi di Camillo Golgi (1843-1926) non aiutano a spiegare i fenomeni psichici.

In questa prima sezione si cerca di dare notizia di molte posizioni scientifiche, non escludendo, ad esempio, le più recenti ricerche di Angelo Mosso (1846-1910) riguardo alla temperatura del cervello. Un grande spazio viene attribuito alla patologia, ed esiste anche la voce *Malattie Mentali*, redatta da Augusto Tamburini (1848-1919). La base psicologica viene definita in termini di sensazione, percezione e rappresentazione: l'esempio dell'estesiologia viene proposto in termini problematici, a proposito delle cosiddette *immagini consecutive*.

Così, l'eredità nei fenomeni psichici era, per l'epoca, un tema assolutamente rilevante ed il riferimento va alle sperimentazioni ed alle teorie di Herbert Spencer (1820-1903).

Intelligenza, riflessione, giudizio, fantasia ed immaginazione, attenzione, linguaggio, potere critico, leggi del pensiero sono in qualche modo unificate dalla psicometria, che sempre viene proposta come oggettivazione.

Non deve infine essere taciuto il riferimento alle *razze*: sia che ci si riferisca a quelle *più civili*, dotate della facoltà di assurgere ai concetti più generali e comprensivi, sia in generale e in modo più generico alla loro varietà, a proposito dei risultati della psicometria (applicata alle diverse funzioni da misurare).

I test (definiti come *testi mentali*) sono stati da poco proposti, e se ne dà notizia nelle ultime righe della voce.

Alla metafisica d'inizio secolo si è sostituita una positivistica fiducia: fiducia nella raccolta di un'enorme messe di dati, che potrà disvelare ciò che appare non disvelabile.

È una speranza posta nelle mani dei medici delle generazioni a venire ed il Novecento ci proporrà nuove idee e nuovi paradigmi, che relegheranno in un angolo molte di queste faticose acquisizioni.

Tuttavia, le domande che assillavano quei nostri lontani predecessori restano sempre d'attualità, e senza di esse (e senza la riflessione sulle risposte allora date) noi non saremmo qui a ricordare ed analizzare il problema sempre attuale della mente, che apprende e si difende.

Bibliografia

Artelt W (1949) Einführung in die Medizinhistorik. Ihr Wesen, ihre Arbeitsweise und ihre Hilfsmittel. Enke, Stuttgart

Darwin E (1794-1796) Zoonomia, or the laws of organic life. Byrn and Jones, Dublin

Foucault M (1972) Naissance de la clinique. Une archéologie du regard médical. PUF, Paris

Gallini S (1834) Della educazione delle facoltà intellettuali suggerita dalla costituzione fisica del cervello. In: Levi MG (1833-1846) Dizionario classico di Medicina interna ed esterna, tomo 18°. Antonelli, Venezia, pp. 503- 546 (sub voce intelletuale)

Keel O (2001) L'avènement de la médecine clinique moderne en Europe 1750-1815. Politiques, institutions et savoirs. Les Presses de l'Université de Montréal, Montréal

Keel O (2007), La nascita della clinica moderna in Europa 1750-1815. Politiche, istituzioni e dottrine. Edizioni Polistampa, Firenze

Levi MG (1827-1832) Dizionario compendiato delle scienze mediche. Antonelli, Venezia, 20 voll.

Levi MG (1833-1846) Dizionario classico di medicina interna ed esterna. Antonelli, Venezia, 56 voll.

Levi MG (1840) Monitorio a ben scrivere italiano di cose mediche. Antonelli, Venezia

Levi MG (1851-1860) Dizionario economico delle scienze mediche. Antonelli, Venezia

Porro A (1998) Gallini, Stefano. Dizionario Biografico degli Italiani, vol. 51. Istituto della Enciclopedia Italiana, Roma, pp 680-681

Porro A (1999) Intorno ad una rara variante dell'Opera omnia (Coloniae Allobrogum, De Tournes, MDCLXXX) di Thomas Willis (1621-1675). Medicina e ambiente. Atti del 38° Congresso Nazionale della Società Italiana di Storia della Medicina. Varese-Ispra-Cuveglio, 16-19 Ottobre 1997, Ispra, pp 153-160

Porro A (2005) Levi Moisé Giuseppe, Dizionario Biografico degli Italiani, vol. 64. Istituto della Enciclopedia Italiana, Roma, pp 773-775

Capitolo 8

Neurofisiologia delle emozioni

Luca Falciati, Claudio Maioli

Per quanto l'interesse a trovare una spiegazione neurofisiologica delle emozioni risalga a oltre un secolo fa, le moderne neuroscienze hanno portato ad un grande avanzamento delle conoscenze solo negli ultimi vent'anni quando, oltre agli esperimenti effettuati tramite lesioni nell'animale ed alle osservazioni cliniche di pazienti con lesioni cerebrali, si è potuto contare sull'impiego di tecniche di *neuroimaging* sempre più sofisticate. Infatti, mediante studi svolti con l'impiego di Tomografia a Emissione di Positroni (PET), Risonanza Magnetica funzionale (fMRI) ed Elettroencefalografia (EEG) è stato possibile appurare che, al pari dei sistemi sensoriali, del sistema motorio e delle funzioni cognitive, anche le funzioni emozionali sono mediate da specifici circuiti cerebrali.

Classificazione delle emozioni

Le emozioni possono essere positive (come la gioia) o negative (come la paura), in base alla loro valenza affettiva. Inoltre, le emozioni vengono distinte anche in primarie (o fondamentali) e secondarie (o complesse). Le emozioni primarie rappresentano una risposta automatica ed istintiva agli stimoli esterni. Studi di tradizione darwiniana sul riconoscimento delle espressioni facciali hanno dimostrato che le emozioni primarie sono innate; infatti esse sono riconoscibili universalmente, cioè indipendentemente dal contesto individuale e culturale. Questi stati emozionali si concretizzano in una serie di risposte somatiche che coinvolgono le viscere, i muscoli scheletrici, le ghiandole endocrine, la sudorazione, i sistemi cardio-vascolare e respiratorio. In letteratura sono presenti svariate classificazioni delle emozioni primarie, dalle quali emerge una certa concordanza tra gli studiosi su una serie di almeno sei di esse: felicità, tristezza, rabbia, paura, disgusto e sorpresa. Si ritiene che queste risposte emotive siano mediate primariamente da strutture sottocorticali quali l'amigdala, l'ipotalamo e varie aree del tronco dell'encefalo.

Le emozioni secondarie sono invece il risultato dell'evoluzione delle capacità mentali, che ha portato all'elaborazione dell'esperienza emotiva cosciente. Infatti, sia sul piano filogenetico che su quello ontogenetico le emozioni secon-

C. Cristini, A. Ghilardi (a cura di), *Sentire e pensare. Emozioni e apprendimento fra mente e cervello*. ISBN 978-88-470-1068-0 © Springer-Verlag Italia 2009

darie compaiono quando viene acquisita la capacità di formare connessioni
sistematiche tra categorie di oggetti e situazioni ed emozioni primarie. A differenza di queste ultime, le emozioni secondarie dipenderebbero pertanto da processi valutativi legati ad aspetti situazionali, all'interazione sociale ed alla cultura di appartenenza. Queste risposte emotive sono considerate alla base di quei
processi cognitivi consci che vengono comunemente definiti 'sentimenti'. Esse
richiedono il coinvolgimento di aree neocorticali come il giro cingolato anteriore, la corteccia orbito-frontale e le aree prefrontali ventro-laterali.

Aspetti metodologici

Dal punto di vista metodologico lo studio delle emozioni è limitato dalla difficoltà di indurre stati emozionali puri. Sono stati sviluppati svariati paradigmi per
evocare ed indagare le risposte emozionali, per quanto è lecito pensare che il vissuto mentale delle emozioni da essi evocate non sia ricco quanto quello suscita-
to dagli eventi emotigeni quotidiani. Le emozioni 'di laboratorio' vengono indotte presentando ai soggetti sperimentali espressioni facciali, suoni, parole, immagini o filmati a contenuto emozionale o richiedendo compiti di autoinduzione di
stati emotivi (come per esempio ricordare eventi del passato). Manipolando questi tipi di stimoli si tenta di provocare stati emozionali di diversa intensità. È così
possibile misurare la variazione delle risposte fisiologiche ad essi correlate o,
tramite le tecniche di *neuroimaging*, le modificazioni dell'attività neuronale da
essi indotte. Uno dei paradigmi più frequentemente applicati ricorre all'utilizzo
delle espressioni facciali, in grado di evocare facilmente risposte affettive grazie
alla prerogativa del volto di veicolare stati emotivi.

Alcune emozioni possono essere suscitate con maggiore facilità di altre ed i
correlati fisiologici loro associati risultano tanto stabili da favorirne lo studio
sperimentale. Per questo motivo la comunità scientifica ha rivolto su esse più
che su altre i propri interessi di ricerca. È questo il caso della paura, lo studio
della quale ha assunto un ruolo paradigmatico per una più generale comprensione dei processi emozionali.

Nell'ambito della neurofisiologia animale, lo studio della paura fa spesso
ricorso a un paradigma sperimentale ispirato ai costrutti del condizionamento
classico. Tale paradigma, noto come condizionamento alla paura, consiste nel-
l'associare uno stimolo doloroso (per esempio una scossa elettrica) ad uno stimolo neutro (per esempio un suono): l'animale, dopo ripetute presentazioni dei
due stimoli insieme, viene condizionato a manifestare alla semplice comparsa
dello stimolo neutro la risposta di paura normalmente associata allo stimolo elet-
trico. Anche l'indagine nell'ambito della neurofisiologia umana ricorre spesso a
questo paradigma, impiegando ovviamente stimoli meno invasivi.

Cenni storici sulle teorie delle emozioni

Secondo il senso comune, le risposte fisiologiche associate agli stati emoziona-li sono conseguenza dell'attività cognitiva che identifica l'emozione (tremo per-ché ho paura; piango perché sono triste ecc.). Alla fine del XIX secolo William James (1884), filosofo e psicologo, rovesciò questa concezione descrivendo le emozioni come il risultato, e non la causa, delle reazioni periferiche dell'organi-smo generate dalla comparsa dello stimolo emotigeno. Insieme a Carl Lange sostenne che l'esperienza emozionale cosciente consiste nelle sensazioni provoca-te sia dai movimenti corporei (come la fuga) sia dalle reazioni fisiologiche (come la variazione della frequenza cardiaca, del ritmo respiratorio, della sudorazione ecc.). Per James proviamo paura non perché vediamo uno stimolo pericoloso, ma come conseguenza del fatto che il cuore comincia a battere più forte e istintiva-mente cerchiamo di scappare. Alcuni degli aspetti della teoria di James-Lange sulle emozioni sono stati in seguito rielaborati ed estesi da Stanley Schachter (1964) e, più recentemente, da Antonio Damasio (1994; 1999). Se-condo que-sta linea di pensiero, l'esperienza emotiva cosciente sarebbe il risultato del modo in cui il nostro cervello interpreta le risposte organiche evocate dagli sti-moli emotigeni.

Nella prima metà del XX secolo, Walter Cannon e Philip Bard (Cannon, 1927) criticarono la teoria di James-Lange osservando che spesso l'attivazione fisiologica dell'organismo è simile in stati emozionali anche molto diversi. Per esempio, le variazioni fisiologiche della corsa del predato che fugge assomiglia-no a quelle della corsa del predatore che insegue e dunque non sono sufficienti a distinguere il vissuto emozionale dei due. Cannon affermò pertanto che la natura dell'esperienza emozionale non è periferica ma centrale in quanto risiede nella mente, dove viene realizzato il processo di valutazione della salienza dello stimolo emotigeno che precede una risposta emozionale.

Un contributo fondamentale alla comprensione dei circuiti nervosi preposti alle emozioni è stato fornito da James Papez (1937), il quale avanzò l'ipotesi di una loro localizzazione in una serie di strutture corticali filogeneticamente primi-tive, denominate lobo limbico. Questo fu originariamente individuato in un circui-to che comprendeva il giro del cingolo, il giro paraippocampico e la formazione dell'ippocampo. Il circuito viene chiuso tramite riproiezioni di quest'ultima al giro del cingolo, mediante i corpi mammillari ed i nuclei talamici anteriori. Grande merito di Papez fu quello di attribuire al lobo limbico (in particolare al giro del cingolo) un ruolo importante nelle funzioni emozionali. Tuttavia, si è dimostrata errata la sua ipotesi del ruolo centrale dell'ippocampo (che Papez ha indagato basandosi sugli effetti di una lesione elettiva da parte del virus della rabbia) nel coordinamento delle risposte somatiche periferiche delle emozioni, generate dal-l'ipotalamo, con gli aspetti consci dell'esperienza emozionale mediati da strutture neocorticali (giro del cingolo e corteccia prefrontale). Oggi sappiamo che tale cru-ciale ruolo di coordinazione viene invece svolto dall'amigdala.

Visione moderna della neurofisiologia delle emozioni

Un contributo fondamentale alla nostra comprensione del circuiti neuronali che sottendono alle risposte e memorie emozionali è stato fornito da Joseph LeDoux (1996, 2000), attualmente una delle figure di riferimento nell'ambito dello studio della neurofisiologia delle emozioni. Egli ha contribuito ad approfondire e superare il dibattito che contrapponeva chi sosteneva che la componente cognitiva sia determinante per l'esperienza emozionale, come Lazarus (1982), a chi affermava che gli aspetti affettivi e gli aspetti cognitivi delle emozioni siano il risultato di circuiti neurali indipendenti, come Zajonc (1984).

Il modello di LeDoux rende anche merito alla teoria di Papez, che è stato fra i primi a sostenere l'esistenza di un centro nervoso di coordinazione fra esperienza cosciente e risposte fisiologiche indotte dagli stati emozionali. Tale struttura di raccordo è stata individuata nell'amigdala, una formazione complessa del lobo temporale, composta da una decina di nuclei. L'amigdala svolge un ruolo centrale nella teoria di LeDoux, in quanto costituisce il centro primario che attribuisce il significato emozionale agli stimoli sensoriali, in grado di mediare sia le manifestazioni periferiche (somatiche e vegetative) che accompagnano le emozioni, sia la loro percezione cosciente. Questa conclusione, raggiunta con una serie ormai classica di esperimenti sul condizionamento alla paura, è di particolare rilevanza in quanto nega che per attribuire un significato emozionale agli stimoli sia necessario il coinvolgimento della corteccia cerebrale.

Importante è anche la chiara distinzione che viene formulata tra memoria emotiva implicita ed esplicita. Secondo LeDoux: "la lesione dell'amigdala interferisce con le memorie emozionali implicite, ma non con i ricordi espliciti sulle emozioni. Invece, la lesione del sistema di memoria che coinvolge il lobo temporale mediale, incluso l'ippocampo, interferisce con le memorie esplicite sulle emozioni ma non con le memorie emozionali implicite (Bechara et al., 1995; LaBar et al., 1995). I ricordi espliciti, a contenuto emozionale o meno, dipendono dall'integrità del sistema che coinvolge il lobo temporale mediale. [...] Allo stesso tempo, esso proietta all'amigdala (Amaral et al., 1992). Il recupero dei ricordi di eventi traumatici può indurre risposte di paura proprio per mezzo di queste proiezioni" (LeDoux, 2000).

Queste affermazioni sono state ampiamente confermate anche da studi di condizionamento contestuale alla paura eseguiti su ratti. Le risposte condizionate vengono indotte non solo dallo stimolo acustico che accompagna l'evento traumatico (la scarica elettrica), ma anche dall'ambiente in cui esso viene esperito, infatti i ratti evitano di tornarvi (Frankland et al., 1998). È stato osservato che la lesione dell'amigdala blocca la reazione di paura sia come risposta condizionata allo stimolo acustico, sia come risultato del processo di discriminazione del contesto. Invece, l'asportazione del solo ippocampo blocca selettivamente la risposta contestuale, ma non abolisce la risposta condizionale acquisita. Questo dato fornisce una chiara dimostrazione di una dissociazione tra il processo di acquisizione della paura (strettamente dipendente dall'amigdala) e la memoria del contesto nel quale l'esperienza paurosa ha avuto luogo (dipendente dall'ippocampo).

Il circuito nervoso individuato mediante gli studi sul condizionamento alla paura prevede che l'informazione sensoriale, una volta arrivata al talamo, raggiunga l'amigdala attraverso due possibili percorsi. Esistono infatti proiezioni talamiche dirette, oppure proiezioni indirette attraverso le aree sensoriali primarie e associative della corteccia cerebrale.

In generale, le vie dirette trasmettono le proprietà essenziali dello stimolo, come per esempio la sua intensità, e pertanto sono estremamente rapide nel determinare una risposta comportamentale. In particolare, la via diretta dal talamo all'amigdala provvede all'elaborazione emozionale preconscia e precognitiva. L'integrità di questa via è sufficiente affinché vengano prodotte risposte emotive, anche sulla base di esperienze pregresse (come nel condizionamento classico), senza recuperare dalla memoria il ricordo conscio delle circostanze in cui l'emozione è già stata provata. Si tratta dunque di memorie emozionali o implicite, in grado di scatenare reazioni immediate a eventi minacciosi, contribuendo a salvaguardare l'individuo da possibili danni imminenti.

L'elaborazione cosciente dell'evento emotigeno avviene invece lungo la via indiretta, nella quale le informazioni sensoriali raggiungono l'amigdala mediante proiezioni dalla corteccia cerebrale. Recuperando dalla memoria esperienze simili a quella che stiamo provando in quel momento (memorie dichiarative o esplicite), le risposte automatiche indotte dalla via indiretta vengono modulate sulla base di più complessi processi di valutazione della valenza affettiva dello stimolo e le risposte comportamentali emotive vengono modificate in funzione del contesto.

È interessante osservare che tanto la via diretta che quella indiretta sono sufficienti a indurre condizionamento alla paura. Per contro, questo risulta impossibile ad instaurarsi a seguito di una lesione dell'amigdala.

Nonostante sia ispirata dallo studio elettivo della paura, la teoria di LeDoux ha assunto una connotazione ben più generale e può essere applicata a tutti i tipi di esperienza emozionale, dalla paura alla rabbia, dalla gioia al terrore, dall'odio all'amore. Infatti, essa ipotizza che la memoria di lavoro colleghi l'informazione sensoriale sia ai ricordi su un dato stimolo ambientale, sia alle conseguenze emozionali che tale stimolo ha determinato. Dunque, siamo capaci di provare emozioni differenti in virtù del processo di integrazione fra queste tre fonti di informazione.

Un'implicazione rilevante di questa impostazione concettuale è la stretta dipendenza che lega gli stati emozionali e l'esperienza cosciente del mondo che ci circonda. Le emozioni costituiscono il mezzo attraverso il quale il cervello elabora il valore da attribuire alle informazioni che riceve dai sistemi sensoriali. Solo quando l'informazione in entrata è rilevante si attiva uno specifico circuito emozionale, che può portare all'esecuzione di risposte automatiche (come per esempio scappare via da un pericolo) o all'attivazione di un processo di pianificazione della risposta (guidato dall'esperienza pregressa o da decisioni elaborate al momento, in base alle circostanze contingenti).

L'amigdala

L'amigdala è una struttura bilaterale posta nella porzione anteriore e mediale del lobo temporale, interposta fra le strutture sottocorticali implicate nell'espressione somatica delle emozioni (ipotalamo e nuclei del tronco dell'encefalo) e le aree neocorticali implicate nell'esperienza emozionale cosciente (giro del cingolo e corteccia prefrontale).

La principale porta di ingresso dell'amigdala è costituita dal complesso basolaterale che riceve sia informazioni sensoriali dirette dal talamo, sia proiezioni da numerose aree corticali, inclusi il giro paraippocampale, la corteccia orbitofrontale e il giro cingolato. I nuclei corticomediali sono invece la principale terminazione di afferenze olfattive. Le informazioni provenienti da praticamente tutti i sistemi sensoriali convergono sull'amigdala e le interconnessioni tra i diversi nuclei che la compongono rendono possibile una complessa integrazione multisensoriale. Tutte queste informazioni alla fine convergono sul nucleo centrale, che costituisce la principale porta di uscita dell'amigdala.

Il nucleo centrale dell'amigdala è reciprocamente connesso alle sue strutture bersaglio per mezzo di due proiezioni efferenti: la stria terminale e la via amigdalofuga ventrale. La stria terminale proietta all'ipotalamo laterale, al nucleo proprio della stria terminale (in grado di influenzare la funzione endocrina attraverso proiezioni al nucleo paraventricolare dell'ipotalamo) ed al nucleo accumbens (che fa parte dello striato e rappresenta un elemento chiave del processo attraverso il quale gli stimoli emotigeni orientano il comportamento verso un dato scopo). Invece, la via amigdalofuga ventrale proietta al nucleo dorsomediale del talamo ed a varie stazioni del tronco dell'encefalo, quali la sostanza grigia periacqueduttale, il nucleo parabrachiale ed la parte orale del nucleo reticolare del ponte. Attraverso queste proiezioni l'amigdala è in grado di controllare tutti i sistemi di controllo comportamentali, viscerali ed endocrino delle risposte emozionali periferiche.

La via amigdalofuga ventrale proietta anche alla porzione anteriore del giro del cingolo ed alla corteccia orbitofrontale, nonché al nucleo basale del Meynert che fornisce una diffusa innervazione colinergica a gran parte della neocorteccia, ritenuta importante nel regolare i meccanismi corticali che mediano i livelli di vigilanza. Attraverso queste proiezioni ascendenti l'amigdala è in grado di esercitare una profonda influenza sui processi consci dell'elaborazione delle risposte emozionali (Morris et al., 1998).

Già i primi studi di asportazione dell'amigdala condotti sulle scimmie (Kluver e Bucy, 1939; Weiskrantz, 1956) avevano indicato il suo coinvolgimento nella regolazione del carattere dell'animale, che dopo l'intervento diventava docile ed incapace di manifestare le risposte attese in seguito alla comparsa di stimoli pericolosi o minacciosi.

Studi successivi hanno arricchito le nostre conoscenze su questa struttura, in particolare descrivendo come essa modula la componente viscerale delle emozioni grazie alle proiezioni efferenti dal nucleo centrale verso ipotalamo e tronco dell'encefalo. Studi condotti su animali hanno infatti dimostrato che la stimolazione elettrica del nucleo centrale dell'amigdala induce un aumento della frequenza cardiaca, della pressione arteriosa e del ritmo respiratorio (Applegate et al., 1983). In accordo con queste osservazioni, tali risposte scompaiono in seguito alla lesione del nucleo centrale.

Nell'uomo l'amigdala ha un ruolo determinante anche nella valutazione della salienza emozionale delle espressioni facciali (Rolls, 1995; LeDoux et al., 1990; LeDoux, 1993). L'interpretazione delle espressioni facciali ha un'inequivocabile funzione adattiva. Per esempio, il riconoscimento dell'espressione di un volto che indica paura può essere importante per preservare l'individuo da un pericolo, se è in grado di interpretarla e contestualizzarla.

Studi condotti su diversi gruppi etnici hanno dimostrato che, indipendentemente dalla razza e dalla cultura di appartenenza, fra le molteplici espressioni facciali di cui siamo capaci, quella che esprime paura è universalmente riconosciuta come segnale di potenziale pericolo. Poiché queste espressioni inducono specifiche risposte periferiche nell'osservatore, si è ritenuto che si siano sviluppati sistemi neurali specializzati che danno precedenza a questo tipo di informazioni senza ricorrere necessariamente ad una loro elaborazione cosciente (Williams, 2006). L'amigdala è appunto la struttura nervosa preposta a questa funzione. Infatti, studi di *neuroimaging* mediante PET e fMRI nell'uomo hanno descritto una risposta neurale differenziata dell'amigdala durante l'osservazione di volti che esprimevano diversi livelli di intensità di paura o di felicità (Morris et al., 1996; Breiter et al., 1996). Questi studi hanno indicato un'attivazione significativamente maggiore dell'amigdala sinistra quando il soggetto osservava immagini che ritraevano volti impauriti, rispetto a quando gli venivano mostrate espressioni facciali di felicità. Inoltre, il livello di attivazione dell'amigdala variava in funzione dell'intensità dello stato emozionale rappresentato, aumentando all'aumentare del livello di paura mostrato. È stato anche osservato che pazienti con lesione dell'amigdala, oltre ad essere insensibili al condizionamento classico alla paura (Bechara et al., 1996), sono incapaci di riconoscere volti che esprimono paura (Calder et al., 1996).

L'amigdala non si attiva solo in presenza di stimoli che evocano paura. Per esempio, durante l'osservazione di immagini di volti tristi è stato registrato un aumento di attività dell'amigdala proporzionale al livello di tristezza osservato (Blair et al., 1999). In uno studio di fMRI, Killgore e Yurgelun-Todd (2004) hanno chiesto ai soggetti di osservare due immagini in rapida successione, in ciascuna delle quali compariva un volto. Il primo volto veniva presentato per 20 ms ed esprimeva o felicità o tristezza, il secondo veniva presentato per 100 ms ed esprimeva un'espressione neutra, fungendo da mascheramento del precedente. Data la breve durata della prima immagine e l'immediata comparsa del volto neutro, i soggetti non erano consapevoli dell'espressione del primo volto presentato loro. I risultati hanno indicato che l'amigdala si attivava bilateralmente in modo significativo quando venivano presentati volti felici. Invece, quando venivano mostrati volti tristi un'attivazione più limitata era osservata a carico del giro del cingolo anteriore di sinistra. Questa è un'ulteriore dimostrazione del fatto che il riconoscimento dell'informazione affettiva possa manifestarsi anche al di sotto della soglia della percezione visiva cosciente. L'elaborazione inconscia del contenuto emozionale di stimoli sensoriali complessi è un campo affascinante, ma lontano da una completa chiarificazione. In particolare, studi di *neuroimaging* hanno dimostrato che, oltre all'amigdala (Morris et al., 1998) ed al giro cingolato anteriore (Killgore e Yurgelun-Todd, 2004), anche la corteccia orbitofrontale (Dolan, 2000) possa essere attivata in taluni compiti di valutazione affettiva dell'informazione visiva sotto-soglia.

La dissociazione tra elaborazione conscia ed inconscia delle informazioni emozionali associate ad una immagine risulta evidente nei pazienti affetti da prosopagnosia. Infatti questi non sono in grado di riconoscere consapevolmente l'identità dei volti. Tuttavia, quando vengono presentati loro volti familiari, manifestano le risposte autonomiche normalmente associate a reazioni di tipo emotivo (Bauer e Verfaellie, 1988). Ciò dimostra la presenza di una dicotomia tra un sistema di memoria esplicita per il riconoscimento dell'identità dei volti (localizzato nella corteccia inferotemporale) e un sistema di memoria implicita per le emozioni espresse dai volti, nel quale risulta fondamentale il ruolo dell'amigdala.

L'ipotalamo

L'ipotalamo svolge una funzione regolatoria su numerosi parametri fisiologici al fine di mantenere l'omeostasi dell'ambiente interno del corpo. Le risposte di regolazione omeostatica dell'ipotalamo sono costituite normalmente da un insieme coordinato di componenti: 1) *risposte umorali* che regolano la funzionalità del sistema endocrino mediante il controllo dell'ipofisi; 2) *risposte motorie viscerali*, mediante il controllo dell'attività del sistema nervoso autonomo; 3) *risposte motorie somatiche*, costituite da comportamenti motivati innescati dall'ipotalamo laterale, che attivano il sistema motorio scheletrico per il raggiungimento di un fine.

L'ipotalamo riceve afferenze olfattive, visive (importanti per il controllo dei ritmi circadiani) e viscerali, queste ultime primariamente attraverso proiezioni dal nucleo del tratto solitario (un altro importante centro bulbare di controllo del sistema autonomo). Altre importanti afferenze provengono da varie strutture del sistema limbico e dall'amigdala, nonché dai vari sistemi ascendenti monoaminergici originanti dal tronco dell'encefalo. Le vie efferenti attraverso cui l'ipotalamo esercita il controllo periferico sono costituite, oltre che dal rilascio degli ormoni pituitari, da proiezioni dirette verso i neuroni pregangliari simpatici delle colonne intermediolaterali spinali e verso vari nuclei del tronco dell'encefalo, da cui originano le fibre efferenti del sistema parasimpatico (ad esempio il nucleo motore dorsale del vago). Altre proiezioni raggiungono il nucleo centrale dell'amigdala, a sua volta in grado di controllare i neuroni pregangliari del sistema nervoso autonomo.

Nella prima metà del secolo scorso, Walter Hess (1954) scoprì che l'ipotalamo laterale non solo è in grado di indurre risposte comportamentali somatiche finalizzate al mantenimento di parametri omeostatici, ma è anche responsabile della coordinazione delle espressioni periferiche delle emozioni. Era già noto infatti che la stimolazione di alcune aree ipotalamiche induce l'animale a bere, a ricercare attivamente il cibo o a muoversi e tremare, come in risposta agli stimoli della sete, della fame o del freddo. Similmente, Hess osservò che la stimolazione di altre aree dell'ipotalamo laterale nel gatto evoca tutte le reazioni vegetative e somatiche dell'ira. Così l'animale mostra un aumento di pressione arteriosa, costrizione pupillare, piloerezione ed un inarcamento del dorso, tutte risposte osservate comunemente negli stati emotivi di rabbia e di aggressività. Se viene aumentata l'intensità della stimolazione, il gatto può mettere in atto un attacco avventandosi contro o colpendo con la zampa un avversario immaginario. Al terminare della stimolazione, la reazione di rabbia scompare rapidamente, tanto che l'animale può persino raggomitolarsi ed addormentarsi.

Successivamente è stato dimostrato che l'aggressività indotta dalla stimolazione dell'ipotalamo può avere connotazioni diverse. La stimolazione dell'ipotalamo laterale induce un'aggressività definita *predatoria*, nella quale vengono indotti comportamenti offensivi. Questa risposta viene mediata dalle proiezioni del fascio proencefalico mediale verso l'area segmentale ventrale del mesencefalo. Al contrario, la stimolazione di aree ipotalamiche mediali induce un'aggressività *affettiva*, simile ad un attacco di panico, nella quale le risposte vegetative e somatiche sono simili all'atteggiamento predatorio, ma non comportano atti offensivi e sono proprie dell'animale che si sente minacciato. Diverse sono le vie nervose coinvolte in questo tipo di risposta comportamentale, in quanto mediata dalle proiezioni verso la sostanza grigia periacqueduttale, lungo la via del fascicolo longitudinale dorsale.

L'importante conclusione di queste osservazioni è che l'ipotalamo non può essere considerato soltanto un centro di controllo del sistema nervoso autonomo ed endocrino. Al contrario, esso costituisce anche un'importante struttura in grado di coordinare complesse reazioni comportamentali, modulandone in modo coerente e appropriato le componenti sia vegetative che somatiche. In particolare si ritiene che, sotto il controllo dell'amigdala, l'ipotalamo svolga un ruolo determinante nel coordinamento dell'espressione comportamentale delle emozioni.

La corteccia frontale

Gli stimoli sensoriali trasmessi alla corteccia cerebrale vengono interpretati per creare una rappresentazione del mondo che chiamiamo percezione. Dopo che l'informazione è stata integrata dalle aree associative, viene trasmessa all'amigdala per un'analisi del suo significato emotivo. Quest'ultima, oltre ad attivare risposte viscerali e somatiche mediante le proiezioni discendenti verso l'ipotalamo e il tronco dell'encefalo, è in grado anche di modulare l'attività della corteccia frontale mediante proiezioni ascendenti, determinando la formazione della consapevolezza dell'esperienza emozionale.

Studi di lesione dell'amigdala o del lobo frontale hanno messo in luce una netta dissociazione fra le risposte autonomiche a stimoli emotigeni e la capacità di valutare tali stimoli (Rolls et al., 1994). Infatti, pazienti con lesioni frontali, pur mostrando risposte somatiche e viscerali normali a seguito di stimoli ostili (forti rumori o lampi di luce inattesi), non sono in grado di produrre risposte emozionali appropriate quando esposti a immagini a forte contenuto emotivo. Questi pazienti commentano che, pur rendendosi conto che certe immagini dovrebbero turbarli, non si sentono tuttavia emotivamente coinvolti.

Il legame fra i processi cognitivi ed i processi emozionali è stato ampiamente descritto in studi di tipo comportamentale. L'attività cognitiva può attenuare gli stati emozionali e, per contro, fattori sia emozionali che motivazionali possono influire in modo significativo sulla prestazione cognitiva. Questa interazione si manifesta continuamente nel comportamento umano, tuttavia non sono molti i dati sperimentali che ne descrivono le basi nervose.

Già oltre un secolo fa l'osservazione clinica aveva riportato che la lesione della cortaccia frontale provoca disinibizione del comportamento. Un caso emblematico delle alterazioni comportamentali conseguenti alla distruzione della corteccia frontale è quello di Phineas Gage, un operaio delle ferrovie del Vermont che nel 1848 sopravvisse a un grave incidente nel corso del quale una sbarra metallica gli aveva trapassato il cranio lesionandogli la parte anteriore del cervello, più precisamente la regione ventromediale del lobo frontale. In seguito a questa lesione, l'uomo divenne una persona completamente diversa: incapace di pianificare il proprio futuro, di rispettare le convenzioni sociali e di attuare i comportamenti più vantaggiosi per la sua sopravvivenza.

Studi condotti sia su primati che sull'uomo hanno confermato che la lesione della corteccia prefrontale modifica il comportamento (Butter e Snyder, 1972; Damasio, 1994). In particolare Damasio (1994) ha confermato che il paziente con questo tipo di lesione risponde con minore aggressività a stimoli che normalmente inducono paura.

Moderni studi di *neuroimaging* funzionale hanno contribuito a definire il ruolo della corteccia prefrontale nelle emozioni (Fuster, 2001), individuando due aree principalmente attivate durante le risposte emotive: la corteccia orbitofrontale e la corteccia ventrolaterale.

La corteccia orbitofrontale è coinvolta nella rappresentazione dell'informazione emozionale e nella regolazione dei processi emozionali. Essa riceve afferenze dalle cortecce olfattiva, gustativa, uditiva, somatosensoriale e visiva (Rolls, 1999), che la aggiornano su ciò che sta accadendo nell'ambiente circostante. Inoltre, la corteccia orbitofrontale è connessa al sistema limbico, in particolare all'amigdala, allo striato ventrale, all'ipotalamo ed al tronco dell'encefalo. Tramite tali connessioni, essa modula un'ampia gamma di comportamenti e di risposte fisiologiche, incluse le risposte emozionali organizzate dall'amigdala (Damasio, 1994). Per esempio, è stato osservato un aumento regionale del flusso sanguigno nella corteccia orbitofrontale in compiti di induzione di eventi emotigeni, nel corso dei quali si chiedeva al soggetto di immaginare situazioni di collera (Kimbrell et al., 1999) o situazioni in cui doveva resistere ad aggressioni fisiche (Pietrini et al., 2000).

Sono state proposte svariate teorie per spiegare la funzione della corteccia orbitofrontale nell'elaborazione emozionale. Shimamura (2000) sostiene che essa aiuti a regolare il comportamento emozionale agendo come una sorta di filtro, che esclude l'informazione sensoriale non rilevante dall'elaborazione emozionale. In effetti, i pazienti con lesioni in quest'area corticale hanno difficoltà nell'identificare e nel prestare attenzione all'informazione emotigena e, inoltre, mostrano reazioni affettive inappropriate. Rolls (2000) sostiene che la corteccia orbitofrontale partecipi all'elaborazione emozionale favorendo la formazione e l'apprendimento delle associazioni stimolo-risposta che guidano il comportamento. Sia gli studi condotti sugli animali che quelli condotti sull'uomo hanno indicato che la corteccia orbitofrontale attribuisce significato a stimoli ambientali di rinforzo del comportamento (Bechara et al., 2000; Rolls, 2000). Infatti, quando le condizioni di rinforzo cambiano rapidamente, come avviene negli ambienti sociali, i pazienti con lesioni orbitofrontali non sono capaci di adattare in modo appropriato il loro comportamento alla nuova situazione.

Anche la porzione ventrolaterale della corteccia prefrontale è importante per l'elaborazione emozionale. Per esempio, è stata riscontrata la sua attivazione in seguito a stati di tristezza (Pardo et al., 1993) e di senso di colpa (Shin et al., 2000), durante il ricordo di memorie personali (Fink et al., 1996) e di materiale emotigeno (Reiman et al., 1997), e in risposta a espressioni facciali (Lange et al., 2003). Essa si attiva anche durante compiti di gioco d'azzardo (O'Doherty et al., 2001), di fronte a dilemmi morali (Greene et al., 2001) e in compiti di *decision-making*. Infatti, quando la scelta da compiere prevede ricompense diverse, è stato descritto un aumento della conduttanza cutanea nei soggetti che debbano affrontare situazioni rischiose o prendere decisioni potenzialmente svantaggiose (Elliott et al., 2000). Invece, i pazienti con una lesione della porzione ventromediale della corteccia prefrontale non manifestano queste risposte autonomiche e tendono maggiormente ad attuare comportamenti rischiosi o a prendere decisioni semplicistiche (Damasio, 1994).

In generale, la corteccia prefrontale partecipa all'integrazione dei processi emozionali con quelli cognitivi, associa l'informazione emotigena ai processi decisionali (Damasio, 1994) e influenza il tono affettivo del comportamento (Keay et al., 2000).

Il giro del cingolo

L'elaborazione emozionale coinvolge anche la corteccia cingolata. Il giro del cingolo viene distinto in anteriore e posteriore. Il primo svolge prevalentemente funzioni esecutive, mentre il secondo svolge funzioni prevalentemente di tipo valutativo (Bush et al., 2000).

I dati in letteratura sul giro del cingolo posteriore sono pochi, ma si presuppone che esso esegua una qualche funzione emozionale non ben definita, benché attinente all'elaborazione attentiva e mnestica dello stimolo emozionale (Mesulam et al., 2001).

Maggiori sono invece i dati sperimentali sulla corteccia cingolata anteriore. Essa si suddivide in due porzioni, una dorsale ed una ventrale. La porzione dorsale è soprattutto coinvolta nel controllo motorio e in funzioni cognitive, come la modulazione delle risorse attentive, delle funzioni esecutive e degli stati motivazionali. La porzione ventrale del giro del cingolo anteriore ha connessioni estese con l'amigdala, con i nuclei talamici, con il nucleo accumbens e con lo striato ventrale. In virtù di tali connessioni, essa viene associata a funzioni autonomiche e a comportamenti emozionali (Paus, 2001), infatti risulta attiva nella valutazione del significato dell'informazione emotigena e nella regolazione delle risposte affettive.

La lesione di questa area corticale danneggia in modo significativo la capacità del sistema autonomico di rispondere a stimoli condizionati (Frysztak e Neafsey, 1991). Invece, la sua stimolazione è associata a cambiamenti nelle funzioni autonomiche ed endocrine e induce nell'uomo differenti tipi di stati emozionali (Buchanan e Powell, 1993).

È stato proposto che la corteccia cingolata anteriore sia parte di un circuito neurale coinvolto in una forma di attenzione atta a regolare sia l'elaborazione cognitiva che quella emozionale (Bush et al., 2000). Recenti studi sembrano confermarlo, infatti è stato dimostrato che, insieme all'amigdala, il giro cingolato anteriore si attiva in compiti di valutazione affettiva dell'informazione visiva (Killgore e Yurgelun-Todd, 2004).

Considerazioni finali

L'indagine sperimentale e l'osservazione clinica hanno dimostrato che le emozioni non sono il prodotto di una funzione unitaria, bensì, sono il risultato di un processo ben più complesso che comprende sia funzioni cognitive superiori sia schemi comportamentali automatici, operanti a livello inconscio. I dati in letteratura suggeriscono che queste due componenti (esplicita ed implicita) dell'espressione emozionale siano mediate da substrati neurali distinti, sebbene fortemente interagenti. Ciascuna di esse è indipendentemente capace di modificazioni adattative (memorie emotive), finalizzate a adeguare il comportamento affettivo ai mutamenti dell'ambiente.

La straordinaria complessità del substrato neurale alla base del comportamento emotivo non è affatto sorprendente. Risulta evidente come i circuiti nervosi responsabili delle reazioni emozionali si siano sviluppati a partire dalle aree filogeneticamente più antiche del cervello. Aree del lobo limbico, responsabili di comportamenti emotivi primitivi, rapidi e piuttosto stereotipati, in quanto legati ad un'analisi sottocorticale immediata degli stimoli sensoriali, soprattutto olfattivi e visivi. Con lo sviluppo delle strutture neocorticali del proencefalo, il comportamento emozionale si è via via arricchito di componenti cognitive sempre più complesse. Nell'uomo la consapevolezza dell'esperienza affettiva, da cui originano i sentimenti, e soprattutto le capacità di adattamento delle risposte emozionali all'ambiente, hanno trasformato le emozioni da reazione istintiva, legata alle capacità di sopravvivenza, ad elemento fondamentale delle interazioni sociali e componente pregnante dell'esperienza cosciente.

Bibliografia

Amaral D, Price JL, Pitkanen A et al (1992) Anatomical organization of the primate amygdaloid complex. The amygdala: neurobiological aspects of emotion. In: Aggleton JP (ed) Memory and mental dysfunction. Wiley Liss, New York, pp 1-66

Applegate CD, Kapp BS, Underword MD et al (1983) Autonomic and somatomotor effects of amygdala central nucleus stimulation in awake rabbits. Physiol Behav 31:353-360

Bauer RM, Verfaellie M (1988) Electrodermal discrimination of familiar but not unfamiliar faces in prosopagnosia. Brain Cogn 8:240-252

Bechara A, Damasio H, Damasio AR (2000) Emotion, decision making, and the orbitofrontal cortex. Cereb Cortex 10:295-307

Bechara A, Tranel D, Damasio H et al (1995) Double dissociation of conditioning and declarative knowledge relative to the amygdala and hippocampus in humans. Science 269:115-118

Bechara A, Tranel D, Damasio H et al (1996) Failure to respond autonomically to anticipated future outcomes following damage to prefrontal cortex. Cereb Cortex 6:215-225

Blair RJ, Morris JS, Frith CD et al (1999) Dissociable neural responses to facial expressions of sadness and anger. Brain 122:883-893

Breiter HC, Ectoff NL, Whalen PJ et al (1996) Response and habituation of the human amygdala during visual processing of facial expression. Neuron 2:875-887

Buchanan SL, Powell DA (1993) Cingulothalamic and prefrontal control of autonomic function. In: Vogt BA, Gabriel M (eds) Neurobiology of cingulate cortex and limbic thalamus: A comprehensive handbook. Birkhauser, Boston, pp 381-414

Bush G, Lulu P, Posner MI (2000) Cognitive and emotional influences in anterior cingulate cortex. Trends Cogn Sci 4:215-222

Butter CM, Snyder DR (1972) Alterations in aversive and aggressive behaviours following orbitofrontal lesions in rhesus monkeys. Acta Neurobiol Exp 32:525-565

Calder AL, Young AW, Rowland D et al (1996) Facial emotion recognition after bilateral amygdala damage differentially severe impairment of fear. Cog Neuropsychol 13:699-745

Cannon WB (1927) The James-Lange theory of emotion: A critical examination and an alternative theory. Am J Psychol 39:106-124

Damasio A (1994) Descartes' Error: emotion, reason and the human brain. Grosset/Putnam, New York

Damasio A (1999) The feeling of what happens: body and emotion in the making of consciousness. Harcourt Brace, New York

Dolan RJ (2000) Emotional processing in the human brain revealed through functional neuroimaging. In: Gazzaniga MS (ed) The new cognitive neurosciences. MIT Press, Cambridge MA, pp 1067-1159

Elliott R, Friston KJ, Dolan RJ (2000) Dissociable neural responses in human reward systems. J Neurosci 20:6159-6165

Fink GR, Markowitsch HJ, Reinkemeier M et al (1996) Cerebral representation of one's own past: Neural networks involved in autobiographical memory. J Neurosci 16:4275-4282

Frankland PW, Cestari V, Filipkowski RX (1998) The dorsal hippocampus is essential for context discrimination but not for contextual conditioning. Behav Neurosci 112:863-874

Frysztak RJ, Neafsey EJ (1991) The effect of medial frontal cortex lesions on respiration, "freezing", and ultrasonic vocalizations during conditioned emotional responses in rats. Cereb Cortex 1:418-425

Fuster JM (2001) The prefrontal cortex - An update: time is the essence. Neuron 30:319-333

Greene JD, Sommerville RB, Nystrom LE et al (2001) An fMRI investigation of emotional engagement in moral judgment. Science 293:2105-2108

Hess WR (1954) Diencephalon: autonomic and extrapyramidal functions. Grune & Stratton, New York

James W (1884) What is an emotion? Mind 9:188-205

Keay KA, Clement CI, Blamder R (2000) The neuroanatomy of cardiac nociceptive pathways: differential representations of superficial and deep pain. In: Ter Hotrst GJ (ed) The Nervous system and the heart. Humana Press, Totowa NJ, pp 303-342

Killgore WDS, Yurgelun-Todd DA (2004) Activation of the amygdala and anterior cingulate during nonconscious processing of sad versus happy faces. Neuroimage 21:1215-1223

Kimbrell TA, George MS, Parekh PI et al (1999) Regional brain activity during transient self-induced anxiety and anger in healthy adults. Biol Psychiatry 46:454-465

Kluver H, Bucy PC (1939) Preliminary analysis of functions of the temporal lobes in monkeys. Arch Neurol Psychol 42:979-1000

LaBar KS, LeDoux JE, Spencer DD et al (1995) Impaired fear conditioning following unilateral temporal lobectomy. J Neurosci 15:6846-6855

Lange K, Williams LM, Young AW et al (2003) Task instructions modulate neural responses to fearful facial expressions. Biol Psychiatry 53:226-232

Lazarus RS (1982) Thoughts on the relationship between emotion and cognition. Am Psychol 37:1019-1024

LeDoux JE (1993) Emotional memory: in search of systems and synapses. Ann NY Acad Sci 702:149-157

LeDoux JE (1996) The Emotional Brain. The Mysterious Underpinnings of Emotional Life. Simon & Schuster, New York

LeDoux JE (2000) Emotion circuits in the brain. Ann Rev Neurosci 23:155-184

LeDoux JE, Cicchetti P, Xagoraris A et al (1990) The lateral amygdaloid nucleus: sensory interface of the amygdala in fear conditioning. J Neurosci 10:1062-1069

Mesulam MM, Nobre AC, Kim YH et al (2001) Heterogeneity of cingulate contributions to spatial attention. Neuroimage 13:1065-1072

Morris JS, Frith CD, Perrett DI et al (1996) A differential neural response in the human amygdala to fearful and happy facial expressions. Nature 383:812-815

Morris JS, Ohman A, Dolan RJ (1998) Conscious and unconscious emotional learning in the human amygdala. Nature 393:467-470

O'Doherty J, Rolls ET, Francis S et al (2001) Representation of pleasant and aversive taste in the human brain. J Neurophysiol 85:1315-1321

Papez, JW (1937) A proposed mechanism of emotion. Arch Neurol Psychiatr 79:217-224

Pardo JV, Pardo PJ, Raichle ME (1993) Neural correlates of self-induced dysphoria. Am J Psychiatry 150:713-719

Paus T (2001) Primate anterior cingulate cortex: Where motor control, drive and cognition interface. Nat Rev Neurosci 2:417-424

Pietrini P, Guazzelli M, Basso G et al (2000) Neural correlates of imagined aggressive behaviour assessed by positron emission tomography in healthy subjects. Am J Psychiatry 157:1772-1781

Reiman EM, Lane RD, Ahern GL et al (1997) Neuroanatomical correlates of externally and internally generated human emotion. Am J Psychiatry 154:918-925

Rolls ET (1995) A theory of emotion and consciousness and its application to understanding the neural basis of emotion. In: Gazzaniga MS (ed) The Cognitive Neurosciences. MIT Press, Cambridge MA, pp 1091-1106

Rolls ET (1999) The functions of the orbitofrontal cortex. Neurocase 5:301-312

Rolls ET (2000) The orbitofrontal cortex and reward. Cereb Cortex 10:284-294

Rolls ET, Hornak J, Wade D et al (1994) Emotion-related learning in patients with social and emotional changes associated with frontal lobe damage. J Neurol Neurosurg Psychiatry 57:1518-1524

Schachter S (1964) The interaction of cognitive and physiological determinants of emotional state. In: Berkowitz L (ed) Advances in experimental social psychology, vol 1. Academic Press, New York, pp 49-80

Shimamura A (2000) The role of the prefrontal cortex in dynamic filtering. Psychobiology 28:207-218
Shin LM, Dougherty DD, Orr SP et al (2000) Activation of anterior paralimbic structures during guilt-related script-driven imagery. Biol Psychiatry 48:43-50.
Weiskrantz L (1956) Behavioural changes associated with ablation of the amygdaloid complex in monkeys. J Comp Physiol Psychol 49:381-391
Williams LM (2006) An integrative neuroscience model of 'significance' processing. J Int Neurosc 5:1-47
Zajonc RB (1984) On the primacy of affect. Am Psychol 39:117-124

Capitolo 9

Emozioni e psicosomatica

Alessandro Mahony

Introduzione

Parlare di psicosomatica non è semplice come potrebbe sembrare. Il problema nasce quando cerchiamo di definire l'argomento; a motivo di un retaggio cartesiano tendiamo ancora troppo spesso a pensare la mente e il soma come due entità separate, dividendo così ciò che chiamiamo biologico da ciò che consideriamo psicologico.

La separazione di questi due aspetti è tipica della cultura occidentale, ma non di quella orientale. In occidente molti ritengono Platone il capostipite della psicosomatica (428-347 a.C.), poiché distingueva il mondo delle idee (*eidos*) dal mondo della materia (*caos*), ma auspicava una concezione unitaria del corpo e della mente. Egli scriveva: "Questo è il grande errore dei medici del nostro tempo: tenere separata l'anima dal corpo". La dicotomia tra soma e psiche si ritrova in René Descartes che contrappone la materia (*res extensa*) al pensiero (*res cogitans*). Tale distinzione non è mai stata sostenuta nella cultura orientale, notevolmente più antica di quella occidentale (basti pensare che nel XXV secolo a.C. la Cina era già un impero).

Lo yoga rappresenta probabilmente il trattamento più antico delle affezioni psicosomatiche; in base a ritrovamenti archeologici in India (ad esempio statuette di divinità) si stima la presenza di tecniche yogiche già dal 3.000-2.000 a.C., se non prima. Il termine yoga deriva dalla radice indoeuropea *yug* che significa letteralmente "giogo", nel senso di "unione" tra "corpo" e "mente". Molte malattie originerebbero dalla separazione fra l'uno e l'altra; è una spiegazione in un certo senso forzata, poiché sono numerosi i fattori che possono determinare l'insorgenza di una disarmonia e di una sofferenza che poi si trasformeranno in malattia.

Diatribe storiche a parte, che non si debba dividere la psiche dal soma è un concetto universalmente riconosciuto.

Attraverso le scoperte scientifiche e le metodologie d'indagine introdotte negli ultimi decenni, la psicologia e le neuroscienze studiano e approfondiscono sempre più il funzionamento della mente correlato ad un substrato biologico.

C. Cristini, A. Ghilardi (a cura di), *Sentire e pensare. Emozioni e apprendimento fra mente e cervello.* ISBN 978-88-470-1068-0 © Springer-Verlag Italia 2009

Un modello proposto (Restak, 1988) è quello informatico, basato sull'analogia con i computer: il corpo (più esattamente il cervello) viene considerato l'hardware, e la mente il software. La mente non è più un "oggetto" che si possiede, ma un insieme di stati funzionali: i processi mentali (desideri, emozioni, percezioni, pensieri) consentono di ricevere, selezionare ed elaborare determinati input esterni e di trasformarli in output in rapporto alle caratteristiche, all'esperienza, alle condizioni psicofisiche di una persona (Mahony e Imbasciati, 2004).

È il cervello ad essere considerato il supporto fisico su cui si basano le funzioni derivate dall'esperienza, e la psicologia e le scienze affini non possono più prescindere dall'avvalersi di conoscenze fisiologiche, consapevoli che "mente" e "corpo" non sono due entità distinte, bensì "yin" e "yang" di una stessa manifestazione. Altre medicine (ad esempio quella cinese o in genere le antiche medicine orientali) tendono a considerare altri organi quali sede delle emozioni; sono indirizzi che si stanno rivalutando, anche in base alla richiesta da parte delle persone di una medicina più vicina al paziente, che contempli la complessità e l'integrazione dell'individuo nelle sue dimensioni biologica, psicologica, relazionale, culturale.

E comunque alcuni risultati ottenuti potrebbero dare ragione a chi affermava che la mente umana non sia "localizzata" in un singolo organo. Un orientamento corretto allo studio dei pensieri e delle emozioni si può sviluppare esaminando tali funzioni a diversi livelli e da differenti prospettive, tenendo sempre conto che si interagisce con una persona, un soggetto unitario, che in altri termini può essere definito come "unità psicosomatica".

Emozioni e stress

Si deve ricordare che ad ogni emozione corrisponde un substrato organico, e che le emozioni hanno un significato evolutivo e adattativo. Le emozioni consistono in un insieme fisiologico di risposte chimiche e neurali che formano uno schema (pattern). Le emozioni giocano un ruolo nella regolazione e portano alla creazione di circostanze vantaggiose per l'organismo che le sperimenta; esse lo assistono nel mantenimento della vita, sono quindi adattative. Un solo stimolo, di qualsiasi tipo, per esempio uno stimolo che potrebbe spaventarci o renderci felici, una volta attivato (non necessariamente in modo consapevole), elicita un insieme di risposte che modificano lo stato dell'organismo. L'insieme di tali cambiamenti costituisce il substrato per la sensazione/percezione delle emozioni. Le emozioni non sono qualcosa di indipendente dalla regolazione biologica, ma ne fanno parte in un processo di 'continuum'.

Si sostiene attualmente che molte malattie sono connesse allo stress. Come si inserisce questo argomento nel contesto delle emozioni e della psicosomatica? Non sembra corrispondere a verità il fatto che a stimoli stressogeni seguano per tutti le stesse risposte; ogni persona è unica, e medesimi stimoli possono provocare diverse reazioni emotive in vari individui; nella stessa persona si possono avere emozioni diversificate in momenti differenti, a fronte di situazioni-stimolo molto simili. Non esiste una relazione di univocità tra situazione (stressante) e risposta.

Il termine stress va quindi riservato alla situazione organica e psichica (psicosomatica) che in alcune persone si manifesta a seguito, o in concomitanza di diversi fattori, che solo in questo caso possono essere chiamati *stressors*. Le componenti cognitive e affettive fungono da intermediarie nell'elaborazione degli stimoli. Giungiamo così al problema se le nostre emozioni possano farci ammalare. La risposta è sì; o meglio, le emozioni represse possono generare malattie. Scriveva William Shakespeare: "Date voce al dolore: la pena che non parla sussurra al cuore affranto e gli dice di spezzarsi" (*Macbeth*, IV, 3): ecco il concetto di alessitimia e di brositimia (Antonelli, 1981). Innanzitutto il nostro cervello agisce sui vari organi attraverso il sistema nervoso vegetativo. Le regolazioni più complesse sono però esercitate dal cervello tramite l'ipofisi, più precisamente attraverso la neuroipofisi. Per descrivere tale processo si è coniato il termine "asse ipotalamo-ipofisario". Le zone cerebrali quali la corteccia limbica, il paleoencefalo e l'ipotalamo sono le zone cerebrali più coinvolte nelle funzioni mentali che chiamiamo affettivo-emotive; il che ci può spiegare la relazione tra emozioni, stress e conseguenze somatiche. Alle due vie citate aggiungiamo il fatto che anche il sistema immunitario è modulato per vie neurologiche (in parte ancora sconosciute). Le vie "preferenziali" attraverso le quali la "mente" (il cervello) agisce sul "soma" sono quindi i sistemi: nervoso vegetativo, endocrino e immunitario; tali vie sono mediate dall'affettività, in altri termini, dalle emozioni.

Emozioni e cancro

Viene spontaneo chiedersi se le emozioni possano intervenire nella espressione ed evoluzione di una forma neoplastica. Nel 360 a.C., il medico cinese Zhiang Zi scriveva che "chi costringe la propria natura soffrirà di ulcere, di tumori o di febbri". Oggi la questione è dibattuta: per ogni studio che trova una relazione tra fattori psicologici (emozioni) e cancro ce n'è subito un altro che lo smentisce. I problemi sono il più delle volte di tipo metodologico: è molto difficile trovare una relazione di causa-effetto nella genesi tumorale. Una malattia come il cancro viene considerata in relazione a una molteplicità di fattori (ad esempio agenti patogeni, comportamenti e stili di vita, abitudini alimentari, uso di sostanze tossiche), e non possiamo escludere che le emozioni represse possano favorire l'insorgere di una tale malattia (Pancheri e Biondi, 1987). Da un punto di vista neuroendocrino e neuroimmunitario, si ritiene possibile che alcune situazioni (o meglio, le risposte ad esse dell'organismo, quindi pensieri ed emozioni, cioè l'elaborazione personale del soggetto) possano comportare una diminuzione dell'attività antitumorale, in particolare delle cellule *natural killer* (Biondi, 1997; Bizzarri, 1999). Una grave situazione depressiva potrebbe facilitare lo sviluppo di una patologia neoplastica.

Aggiungiamo che già lo psicoanalista Alexander (1951, 1968) ha studiato e descritto la specificità del sintomo: le stesse emozioni in diversi soggetti possano scatenare reazioni diverse: in alcuni ipertensione, in altri ulcera, in altri cefalea... Questi studi hanno evidenziato che alle reazioni emotive sono correlati fattori genetici o precocemente acquisiti in maniera stabile anche a livello fetale (Malmo e Shagass, 1949; Lacey e Lacey, 1970; Manfredi e Imbasciati, 2004).

Terapie

La "malattia psicosomatica" esiste, è reale, non è inventata. E le emozioni giocano un ruolo attivo nella sua formazione. Vi sono terapie psicologiche, di differente orientamento, che possono essere utili per la cura dell'affezione psicosomatica. Riconoscere e valutare le proprie emozioni non è facile; molte persone a volte faticano o rifiutano di farlo. È più facile pensare di avere solo mal di testa (spesso senza cause organiche conosciute, dimostrabili da esami diagnostici anche approfonditi) che considerare, assumersi la responsabilità, anche attraverso un aiuto specialistico, di gestire la propria vita interiore.

Spesso, nel trattamento terapeutico risulta utile, come primo passo, cercare di far comprendere al paziente che la sua malattia ha un significato, e che la malattia stessa rappresenta frequentemente un messaggio da decifrare, da interpretare. Riconoscerlo (ed accettare e riconoscere che ci possono essere emozioni con significati profondi) è sicuramente una buona partenza. Quali terapie adottare? Ce ne sono diverse. Si riportano in sintesi le più conosciute:

1. La psicoterapia psicoanalitica. L'analisi classica non sembra aver dato, almeno fino a poco tempo fa, buoni risultati con i pazienti psicosomatici, anzi appare in molti casi iatrogena (specialmente con i pazienti alessitimici). Grazie però al confronto ed all'apporto di altri indirizzi psicoterapeutici (e delle neuroscienze) la psicoanalisi tradizionale ha compiuto importanti progressi nel trattamento dei disturbi psicosomatici. L'elaborazione e la ristrutturazione emotiva con un determinato setting, sia duale che gruppale, sono componenti rilevanti in questo tipo di terapia (Sifneos, 1972).

2. Accanto alla psicoanalisi troviamo la psicoterapia breve, spesso preferita dai pazienti in quanto consiste in un numero prefissato di sedute (20-30 al massimo, per un periodo che va da due-tre mesi ad un anno circa), c'è un ruolo più attivo (quindi anche emozionale?) da parte del terapeuta e si circoscrive il lavoro in genere ad un singolo problema (Weakland et al., 1974; O'Hanlon, 2004).

3. Tecniche a mediazione corporea. Training autogeno, rilassamento progressivo di Jacobson, biofeedback, meditazione. Innanzitutto tali tecniche agiscono sul corpo permettendo al paziente di ascoltarsi: questo è molto vantaggioso in quanto si riscopre il proprio corpo (e quindi il messaggio della malattia) e si ottiene materiale spontaneo che poi potrà essere usato ad esempio in una buona analisi. Rendono possibile, attraverso il corpo, di risalire

alle emozioni sottostanti, cosa che permette di ottenere risultati anche con pazienti psicoanalitici (Stephanos et al., 1976). Ultimo, ma non irrilevante, i risultati sono verificabili scientificamente con esami diagnostici.

4. L'ipnosi. È una condizione psicofisiologica evocata dall'ipnotizzatore. Si sottolinea il ruolo importantissimo dell'ipnosi in quanto stato/relazione passante per il corpo. Come le succitate tecniche a mediazione corporea, si basa sul ruolo fondamentale dell'ideoplasia. Le immagini, i ricordi, i pensieri suscitano emozioni che agiscono realmente inducendo modificazioni sui sistemi di regolazione dell'organismo, permettendo quindi di agire nel trattamento di varie patologie.

Note conclusive

La malattia non ha una singola causa, bensì è l'espressione di molti fattori. Che la malattia abbia anche la connotazione *ex emotione* è un sapere antichissimo, forse dimenticato ad un certo punto a causa di un organicismo esasperato, che sembra avere posto la dimensione biologica alla base della spiegazione e della comprensione di ogni patologia. Il farmaco viene talvolta a costituire una sorta di ostacolo all'ascolto del paziente. Si sta ogni giorno di più riscoprendo l'importanza dei fattori psicologici nella genesi e nella terapia; molti medici stanno progressivamente imparando il ruolo di modulatori di malattia (*medicus ipse farmacum*, dicevano i latini). Chiunque si rivolga al proprio medico è portatore di emozioni, di affetti, di speranze. Se il paziente si sente trascurato o non compreso, le sue emozioni rischiano di essere inibite, frustrate, inascoltate, a volte per sempre. Chi basa troppo la sua comprensione e classificazione del malato sulla chimica o sulla biologia dimostra di non tenere in considerazione il fatto di avere davanti e di interagire con una persona. È compito anche degli psicologi aiutare in questo percorso di formazione coloro che si prenderanno cura della salute e quelli che già lo fanno.

La psicosomatica non è al momento oggetto di corsi universitari e post-universitari; forse dovrebbe esserlo; o meglio, essere inserita nel programma dello studente di medicina, affinché egli impari a non dimenticare che l'uomo è composto anche di affetti, di emozioni, non solo di cellule, e che il "nemico" da combattere, se di "nemico" si tratta, non è solo un batterio o una lesione organica. Si auspica dunque un rapporto medico-paziente sempre più umano, in cui la persona con le sue emozioni e la sua storia sia il vero destinatario della cura, dell'assistenza, della riabilitazione, fra le mura di casa, nelle corsie ospedaliere e nelle strutture residenziali.

Bibliografia

Alexander F (1951) Medicina Psicosomatica. Marzocco, Firenze
Alexander F, French TM, Pollock GH (1968) Psychosomatic specificity. Experimental study and results. Univ. Chicago Press, Chicago, IL

Antonelli F (1981) La Brositimia. Med Psicosom 26:323-328

Biondi M (1997) Mente, cervello e sistema immunitario. McGraw-Hill, Milano

Bizzarri M (1999) La mente e il cancro. Frontiera Editore, Milano

Lacey JJ, Lacey BC (1970) Some autonomic-central nervous system interrelationship. In: Black P (ed), Physiological correlates of human emotion. Academic Press, New York

Mahony A, Imbasciati A (2004) Nozioni di psicosomatica. In: Imbasciati A, Margiotta M (eds) Compendio di psicologia per gli operatori socio-sanitari. Piccin, Padova, pp 257-279

Malmo RB, Shagass C (1949) Physiologic study of symptom mechanisms in psychiatric patients under stress. Psychosom Med 11:25-29

Manfredi P, Imbasciati A (2004) Il feto ci ascolta... e impara. Borla, Roma

O'Hanlon B. (2004) Psicoterapia Breve: 51 metodi semplici ed efficaci. Franco Angeli, Milano

Pancheri P, Biondi M (1987) Stress, emozioni e cancro. Il Pensiero Scientifico Editore, Roma

Restak R (1988) Il cervello modulare, Longanesi, Milano

Sifneos PE (1972) Is dynamic psychotherapy contraindicated for a large number of patients with psychosomatic disease? Psychother Psychosom 21:133-136

Stephanos S, Biebl W, Plaum FG (1976) Ambulatory analytical psychotherapy of psychosomatic patients: a report on the method of "relaxation analytique". Br J Med Psychol 49:305-313

Weakland JH, Fisch R, Watzlawick P, Bodin A (1974) Brief therapy: Focused problem resolution. Fam Process 13:141-168

Capitolo 10

Curarsi delle emozioni. Una nuova prospettiva per la medicina

Alberto Ghilardi

Introduzione

I contributi più recenti in campo neuroscientifico stanno contribuendo a ridefinire e valorizzare il ruolo delle emozioni nel funzionamento del cervello e del pensiero. A partire dal fondamentale contributo della psicoanalisi si è constatato quanto la vita mentale sia basata sulle, e condizionata dalle, emozioni, contrariamente a quanto una certa tradizione filosofica e morale aveva sempre sostenuto. Queste tradizioni ritenevano che la dimensione razionale, consapevole e volitiva dell'uomo fosse la componente più "nobile" e più adeguata per il suo corretto sviluppo a scapito di quella emotiva, i cui tumulti irrazionali andavano il più possibile controllati. Anche nel settore della ricerca sul cervello si è restati legati ad una concezione analoga, almeno fino a quando l'affinamento degli strumenti di indagine ha permesso di vedere quanto il cervello sia da considerare una struttura plastica, le cui parti comunicano continuamente sviluppando connessioni e collegamenti, senza quindi un "predominio" o una gerarchia di una parte (ad esempio la neocorteccia) sull'altra.

In campo biomedico le ricerche di E. Kandel sono state decisive in questo senso, unitamente ai noti studi di A. Damasio, J. LeDoux ed altri ancora, ai quali in parte rimando in bibliografia. Queste ricerche e questi studi hanno incontrato fin da subito l'interesse della psicologia e in particolare della psicoanalisi, che ritrovava, in questi risultati, una forte consonanza con quanto da tempo andava asserendo, sia teoricamente che clinicamente, sul funzionamento della mente e del pensiero. Come poi solitamente avviene nella scienza, i risultati delle neuroscienze hanno a loro volta cominciato ad influenzare una certa evoluzione del pensiero psicoanalitico (e certamente non solo di quello) per quanto riguarda la teoria della mente e la prassi clinica, favorendo un incontro foriero di feconde commistioni tra i due campi. Oltre alla ormai numerosa letteratura si veda, a solo esempio, la costituzione del gruppo di studio di Neuroscienze del New York Psychoanalytic Institute. Presso l'Arnold Pfeffer Center for Neuro-Psychoanalysis è stato creato un centro multisettoriale di ricerca basato sullo scambio tra psicoanalisi e neuroscienze, che vede al suo interno analisti come Brenner, Chiozza, Fonagy, Green, Kernberg, Modell, Reiser, Steiner, Widlocher e neuroscienziati come Damasio, LeDoux, Sacks, Semenza.

C. Cristini, A. Ghilardi (a cura di), *Sentire e pensare. Emozioni e apprendimento fra mente e cervello*. ISBN 978-88-470-1068-0 © Springer-Verlag Italia 2009

Emozioni: biologia e pensiero

Per segnalare l'importanza che stanno assumendo e assumeranno nel pensiero scientifico le emozioni, potremmo definirle, riprendendo e sintetizzando gli studi citati in precedenza, come processi biologici che sono alla radice del pensiero. Esse funzionano come meccanismi motivazionali e adattivi e fanno da interfaccia tra organismo ed ambiente. Hanno inoltre un loro ben definito correlato fisiologico nel sistema nervoso autonomo (SNA), il quale si dirama in tutto il corpo non solo neurofisiologicamente, ma anche attraverso i neurotrasmettitori, regolando in tal modo essenziali funzioni viscerali (gastrointestinali, cardiocircolatorie, respiratorie, oltre al ritmo sonno-veglia e al senso di fame-sazietà). È avvertita come emozione la risposta viscerale del nostro corpo ad eventi percepiti con gli altri sensi. Tali eventi non sono l'emozione, nel senso che non vi è una precisa corrispondenza tra un evento e un'emozione; gli stessi eventi possono scatenare diverse risposte viscerali, quindi diverse emozioni, con modalità eminentemente soggettive.

Solms e Turnbull (2004) definiscono le emozioni come "una modalità sensoriale diretta verso l'interno che fornisce le informazioni sullo stato corrente del proprio Sé corporeo, che viene confrontato allo stato del mondo oggettuale". Ciò significa che le emozioni sono in grado di dare "qualità" agli aspetti coscienti della nostra esistenza: sono un "sesto senso" organizzato in maniera diversa dalle modalità sensoriali dirette verso l'esterno.

Solo il soggetto è, quindi, in grado di percepire le sue emozioni; inoltre, ciò che è soggettivo non è solo la percezione dell'emozione, ma anche ciò che le emozioni percepiscono. Ciò che il soggetto percepisce quando sente un'emozione è la sua risposta soggettiva ad un evento, non l'evento come tale. L'emozione indica, quindi, la percezione di uno stato del soggetto, non del mondo oggettuale.

Un'altra fondamentale caratteristica delle emozioni è che esse richiedono un metabolismo regolatorio (Taylor et al., 2000; Recordati, 2005). A cavallo tra biologia e psicologia non esiste un consenso unanime sulla definizione di emozione, ma in tutti gli studi si ritrova un certo accordo sul fatto che la risposta emotiva coinvolge nell'uomo tre sistemi o insiemi di processi interrelati:
- *processi neurofisiologici* (attivazione neuroendocrina e del sistema nervoso autonomo);
- *processi motori o comportamentali/espressivi* (espressioni facciali, grida, cambiamenti nella postura e nel tono di voce);
- *un sistema cognitivo-esperienziale* (consapevolezza soggettiva e resoconto verbale di stati emotivi).

Tenendo conto di questi processi, si è cercato di distinguere (Schwartz, 1987) tra sentimento, emozione ed affetto, riferendo il primo al dominio soggettivo, cognitivo-esperienziale dei sistemi di risposta emotiva; l'emozione ai domini neurofisiologico e motorio/espressivo; mentre gli affetti coinvolgono tutti e tre i domini divenendo rappresentazioni mentali di stati emotivi strettamente legati a ricordi di esperienze, che conferiscono agli stati emotivi attuali un significato personale.

È interessante notare come, anche in questo caso, si evidenzi che i tre domini dei sistemi di risposta emotiva si integrino tra loro e con l'ambiente attraverso un processo interattivo: è quest'ultimo che sta alla base del concetto di regolazione delle emozioni. Esiste, quindi, una regolazione non solo interdominio ed intradominio, ma anche interpersonale.

L'aspetto del metabolismo regolatorio è ben evidente all'osservazione clinica, oltre che sperimentale, allorché si constata che un inceppato metabolismo delle emozioni disregola le bilance simpatiche e parasimpatiche del SNA. I fenomeni della sudorazione e della tachicardia sono i più citati ad evidenza, ma va considerata l'incidenza temporale della continua disregolazione di un sistema che regola funzioni come quelle cardiocircolatorie, gastrointestinali e respiratorie, oltre a quelle citate precedentemente. Fermo restando che, in questa nuova ottica, le emozioni sono sempre dei processi biologici, il rischio maggiore della cronicizzazione della loro disregolazione è che esse vengano esperite eccessivamente nel registro sensomotorio, senza poter divenire elaborabili, senza cioè divenire psichiche. La patologia alessitimica (Taylor et al., 2000) ne è un esempio.

L'alessitimia è un deficit dell'elaborazione esperienziale-cognitiva delle emozioni, che comporta, come risposta agli stimoli, un aumento anche marcato dei livelli tonici di attivazione del sistema nervoso autonomo, con le conseguenti possibili disfunzioni e lesioni, poiché avviene uno scollamento tra risposte cognitive e risposte del sistema nervoso autonomo. Essa è stata evidenziata in seguito a decenni di studi su diverse popolazioni cliniche ed è oggi concettualizzata come costrutto dimensionale distribuito in modo normale nella popolazione generale: non è quindi qualcosa che c'è o non c'è, ma esiste in chiunque come un continuum all'interno del quale possono cambiare i gradi o i livelli della sua manifestazione.

Un'ulteriore caratteristica delle emozioni, la cui scoperta è frutto dei più recenti progressi nelle tecniche di imaging cerebrale, è che esse possono modificare la morfologia cerebrale, come si è constatato, ad esempio, mediante i cambiamenti intercorsi in quest'ultima prima e dopo una psicoterapia. Da quando Kandel e altri studiosi hanno dimostrato che le esperienze diventano strutture biologiche, da quando, cioè, anche la ricerca sperimentale in campo biomedico ha dimostrato che ciò che era ritenuto astratto, non misurabile (come le esperienze relazionali o emotive precoci), influenza il concreto, l'oggettivamente misurabile, il passaggio mente-corpo comincia a trovare soluzioni possibili in una nuova concezione della psicosomatica (Ghilardi e Biffi, 2007).

Più nello specifico, Kandel, nel 1999, scopre che la parola ha la possibilità di operare come uno stimolo particolare, capace di promuovere un'espressione proteica dei geni, i quali, influenzando i canali ionici presinaptici, modificano durevolmente la funzionalità delle aree nervose interessate (numero e potenza delle sinapsi). La parola dunque, attraverso le emozioni che evoca, modifica durevolmente la struttura delle aree interessate. Questa scoperta ha portato conferme in direzione di un paradigma spesso sottovalutato o criticato all'interno dei tradizionali studi biologici, ovvero che l'ambiente può plasmare il cervello attraverso l'espressività genica, anziché essere quest'ultima a mettersi in moto da sola o per meccanismi totalmente endogeni.

Secondo Damasio (1995): "le emozioni hanno un ruolo nel comunicare significati agli altri e possono adempiere la funzione di guida cognitiva". La parola "emozione" deriva dal latino *emovere* che significa "far uscire, espellere": ciò suggerisce una direzione verso l'esterno, a partire dal corpo. Inoltre, egli afferma che "le emozioni vengono accese solo a seguito di un processo mentale valutativo, volontario, non automatico". L'emozione è frutto del combinarsi di un processo valutativo mentale, semplice o complesso, con le risposte disposizionali a tale processo, dirette per lo più verso il corpo – producendo quindi uno stato emotivo del corpo – ma anche verso il cervello stesso (i nuclei neurotrasmettitori del midollo allungato); ciò ha come risultato altri cambiamenti mentali. Le emozioni non sono più viste come fenomeni psicologici che causano modificazioni corporee, ma come parti della risposta biologica dell'organismo, considerato come un tutt'uno con gli eventi ambientali.

Secondo Martha Nussbaum (2004), le emozioni hanno la caratteristica di essere relazionali, ossia di avere un oggetto. Questo oggetto è intenzionale, cioè "appare nell'emozione nel modo in cui lo vede o lo interpreta la persona che prova l'emozione stessa". Un'emozione implica quindi un modo di vedere l'oggetto e un insieme di credenze riguardo all'oggetto stesso. Le credenze e le percezioni intenzionali delle emozioni sono a loro volta collegate ad un giudizio di valore riguardo all'oggetto. Esso è avvertito come importante a motivo del ruolo che ha nella vita della persona stessa: quindi le emozioni sono *eudaimonistiche*, ovvero "concernenti il prosperare della persona".

Sentendo questi risultati delle neuroscienze sulla dimensione relazionale ed oggettuale delle emozioni, come non ricordare che già nel 1964 la psicoanalista H. Segal, riferendosi ai risultati clinici ed al pensiero di M. Klein e del suo gruppo e dunque a concezioni sulla vita mentale esistenti in psicoanalisi da alcuni decenni, affermava che "Gli istinti [qui intesi nel senso della pulsione freudiana (v. Imbasciati e Ghilardi, 1989) e quindi vicini a quanto oggi definiamo come emozione] per definizione ricercano l'oggetto"? Che l'oggetto ricercato è appropriato all'istinto sperimentato? Fino all'affermazione: "L'Io… è spinto dagli istinti… a formare primitive relazioni oggettuali", che è tuttora uno dei capisaldi di ciò che è stata ed è conosciuta in psicoanalisi come la teoria delle relazioni oggettuali, uno dei principali e innovativi sviluppi teorico-clinici dopo Freud?

Sentire o sedare? Gestire le emozioni in medicina

La portata di queste che sono, a tutti gli effetti, delle scoperte per la medicina (a differenza, ovviamente nella diversità del proprio oggetto di indagine, della psicologia, dove prospettive di tipo empirista circolavano già ai suoi esordi come scienza) ha intuitive, importanti e decisive ricadute sul più generale piano relazionale interumano, oltre che su quello più strettamente clinico-terapeutico.

Per soffermarci su quest'ultimo, è evidente che la Medicina non potrà a lungo ignorare nella propria pratica, anche e soprattutto formativa, il senso dell'utilizzo delle emozioni a scopo terapeutico e comunicativo-relazionale. Le emozioni appartengono universalmente ad ogni essere umano e quindi anche a chi decide di diventare medico, il quale presumibilmente le vivrà, oltre che in modo personale e specifico, anche con un diretto legame all'identità di ruolo che ha scelto ed alla propria personalità. È proprio su questi ultimi aspetti che mi soffermerò, riportando alcuni risultati di ricerca che danno una prospettiva su come si delinei attualmente il rapporto medicina-emozioni.

Vi è una esperienza comune in senso fenomenologico, ma profonda in senso intrapsichico e relazionale, ovvero che il mentale è contagioso. Se qualcuno accanto a noi è arrabbiato, felice o ansioso, questi stati mentali divengono subito percepibili e talvolta contagiosi, attivando in noi emozioni, sentimenti o pensieri talvolta analoghi, talvolta differenti: comunque non passano inascoltati. La depressione ne è un ulteriore esempio. Chi si occupa di psicopatologia ben sa che essa ha proprio questa caratteristica: è comunicativa, e talvolta potentemente come è l'esperienza di assistere ad un episodio di delirio o di dispercezione di alcuni pazienti. Lo stato somatico non possiede queste caratteristiche: l'ulcera, il reflusso gastroesofageo, l'ipertensione, la metastasi tumorale *in quanto tali* non si comunicano e trasmettono con questa pervasività. Le emozioni ad essi correlati, lo stato mentale del paziente invece sì.

Questo per sottolineare un aspetto fondamentale delle emozioni, il fatto cioè di avere la funzione di unire una persona ad un'altra, una mente ad un'altra: di istituire un legame. L'attacco al legame (Bion, 1970), descritto in maniera specifica dalla clinica psicoanalitica di pazienti gravi come una delle evenienze che può insorgere anche nel corso del rapporto terapeutico, è proprio l'evidenza clinica di provenienza psicopatologica, che avvalora quanto sopra. Cercare di sopprimere le emozioni, di estraniarsene o di sedarle con vari mezzi, evitando quindi di entrarne in contatto in se stessi e di conseguenza con gli altri, togliendo loro la valenza comunicativa, ha proprio lo scopo di impedire un legame interumano.

Questi aspetti non sono privi di implicazioni, in quanto suggeriscono che le emozioni possono essere esperienze non soltanto piacevoli. Il problema della gestione delle emozioni in medicina è uno dei fattori che ha provocato, nel tempo, la scissione tra somatico e mentale, così spesso sottolineata come una delle derive critiche sia di un certo riduzionismo scientifico biologista sia della pratica clinica a contatto col paziente. La possibilità di riuscire ad ascoltare con attenzione sentita le emozioni che provengono dai pazienti o che sono suscitate dalla patologia ha, in molti casi, ceduto il posto a forme di sedazione emotiva che, essendo incontrollabili come le emozioni, agiscono implicitamente e spontaneamente in risposta a quelle. Ne vorrei delineare tre.

La prima è l'accanimento terapeutico come inconsapevole veicolo di una curiosità fine a se stessa. Il corpo perde la sua unitarietà e si attiva una curiosità quasi scoptofilica diretta ad un oggetto parziale, l'organo interessato o la patologia di studio, che finisce per essere utilizzato per vedere cosa accade insistendo nella terapia, quasi che quest'ultima fosse fine a se stessa. La creatività vitale, intesa nel senso di Winnicott (1971), che l'essere umano trova nel gioco e nell'area transizionale della mente, fondamento di ogni atto creativo personale e professionale, finisce in questo caso col divenire un "gioco del dottore" perverso, in quanto più interessato alla propria curiosità che al destino dell'altro.

La seconda è il rovesciamento implicito del dichiarato esplicito: "prima il paziente, poi la patologia", o "esistono pazienti, non patologie".

La terza è la credenza che, in fondo, il paziente è "ignorante" (in senso etimologico), non sappia o non possa capire la sua malattia (non è medico) e quindi debba essere passivo o comunque collaborante e accondiscendente, di conseguenza che la sua soggettività sia un elemento di disturbo. Salvo poi smentirsi clamorosamente con l'affermazione che "se lo informo, il paziente potrà decidere" e, in genere, con la ricerca stessa di un consenso informato dove, per definizione, se qualcuno non può capire, perché non è come il medico, non potrà essere in grado di scegliere realmente, qualsiasi informazione gli si dia. Di conseguenza, se non sa non potrà decidere, se viene ritenuto in grado di conoscere e di scegliere (operazione che la psicologia ha da sempre dimostrato essere legata proprio alla soggettività) allora non può valere il presupposto di ignoranza.

Sarà forse per questo che in medicina vi è una ricerca a volte esasperata del dato oggettivo, del protocollo che controlli rigorosamente ogni pratica, anche quella dello scambio di consenso o opinione del paziente, per eliminare la soggettività e quindi tornare punto e a capo in questo legame di contraddizione logica? Finendo così per far divenire il consenso informato un consenso all'informazione che gli viene data, più che una pratica atta a fornire un reale supporto emotivo e cognitivo, non soltanto a scegliere nel merito (poiché lì può eventualmente darsi la delega al sapere del medico), quanto per aiutare il processo di scelta in quanto tale, facendo cioè sentire il paziente in grado di prendere *comunque* una decisione su qualcosa di importante per la sua esistenza.

Le emozioni del medico: criticità e strategie

Che risvolti può assumere tutto questo per la medicina? Credo che uno di essi sia riconoscere che appartengono al lavoro medico angosce difficili da tollerare, specialmente quelle connesse ad evenienze e contesti a forte impatto (il pronto soccorso, l'ambulanza, la sala operatoria, la rianimazione, per citarne alcune). Ciò che voglio sottolineare e che abbiamo ampiamente già spiegato altrove (Ghilardi e Ronchi, 2005) è che, in parte, la questione del controllo delle emozioni è motivata anche dalla specificità di un lavoro a contatto con la vita e la morte. Una discussione sul tema deve considerare anche questo aspetto per evitare critiche "psicologiste" alla medicina, identiche e simmetriche a quelle che da sempre la psicologia lamenta, nei propri confronti, dalla medicina.

Ciò che invece va comunque considerato e non scisso in questo argomento è che, se le emozioni sono un legame, esse riguardano anche il clinico e non solo il paziente. Un clinico che non può scotomizzare il fatto di avere a che fare sì con pazienti, ma anche con colleghi, con altri ruoli professionali, con l'istituzione… Come tutto questo si riverbera internamente e si traduce in modi di essere medico e di pensarsi nel fare professionale, diventando talora cultura organizzativa e prassi istituzionale?

I punti critici che ora desidero evidenziare a titolo di risposta provengono da diversi anni di studio e ricerca sulla formazione alla medicina, sul profilo identitario del medico e sulla medicina come istituzione di cura. In particolare riprenderò alcuni dati derivanti dall'esperienza diretta di supporto orientativo a studenti della facoltà medica, da gruppi Balint condotti con i medesimi e da ricerche sulla tipologia di personalità del ruolo medico. Mi rifarò inoltre alla pluriennale ricerca nazionale sul tema "Sogno e Istituzione" (Ghilardi e Ronchi, 2005), che fin dagli esordi si occupa proprio della medicina come istituzione di cura (Ospedali e centri clinici) e di formazione alla cura (Università), attraverso un impianto di ricerca rivolto a studenti, operatori e pazienti, e che sta producendo i suoi primi risultati (Ronchi e Ghilardi, 2004, 2006; Buizza e Ghilardi, 2007a, 2008; Buizza e Ghilardi, 2007b; Chiodera et al., 2007) a cui per brevità rimando.

Una prima modalità di "trattare" le emozioni è forse quella più naturalmente "fatta in casa" e deriva dal modello infettivologico: sono qualcosa di contagioso, che ha l'effetto di ostacolare la terapia e disturbare l'obiettività del clinico, di conseguenza vanno in qualche modo bonificate.

Una seconda modalità consiste nel trattarle come un mondo estraneo, nel senso di ritenerle qualcosa che esiste, ma che appartiene agli altri, non a se stessi. Perché se le si pensano riferite a sé ci si può allarmare, in quanto (come tutte le emozioni) mettono in contatto con il proprio funzionamento mentale.

Una terza modalità è il timore che le emozioni facciano perdere il controllo, siano qualcosa che fa diventare "matti" e di cui vergognarsi. Questo è l'aspetto che maggiormente nella cultura medica, paradossalmente in accordo con un certo senso comune (quest'ultimo solitamente respinto dalla medicina perché considerato non scientifico), ha comportato l'evocazione della psicologia (nel senso di ciò che è psicologico) come stranezza o patologia.

Una quarta modalità consiste nell'investire sul pensiero, ma in termini razionali, e sulla logica. In una precedente ricerca (Ghilardi e Margiotta, 1997), condotta a livello di popolazione universitaria, sulle caratteristiche di personalità del medico, evidenziavamo il profilo di un professionista "che ama mostrarsi calmo e coerente (…) affidandosi nel suo rapporto con la realtà, che predilige nei suoi aspetti concreti e legati ai fatti, ad un processo di analisi possibilmente impersonale e basato sulla logica. (…) Preferisce e ricerca ciò che è fondato su una base reale e riconoscibile rifuggendo le situazioni troppo complesse o che gli appaiono sconosciute ed imprevedibili. (…) È in fondo scettico rispetto alle intenzioni altrui e tende a non considerarle, poiché gli sfugge il significato di quei bisogni che sente molto differenti dai propri. Questo può farlo apparire nella relazioni umane talora poco chiaro in gesti e parole, nonché poco caldo e spontaneo".

Il risvolto implicito di questa modalità consiste nella fantasia inconscia che, col pensiero logico, tutto si possa fare, ivi incluso il poter fare quello che si vuole del proprio pensiero. Il risvolto concreto consiste nel fatto che lo spazio mentale vada a coincidere con il fare, con l'operatività. Quante volte, nelle descrizioni degli operatori e in una certa iconografia filmica, il lavoro nei reparti ospedalieri o nei servizi sanitari è rappresentato come frenetico, senza pause, sempre carico di cose da fare, con la figura del medico a simboleggiarlo?

Una quinta modalità, che si collega al problema delle gestione delle emozioni in medicina, è la credenza che avere delle difficoltà (ad esempio con alcuni pazienti, in reparto su determinate modalità cliniche, nello studio, nel sostenere/superare gli esami) sia segno di debolezza e non sia "professionale". Sotto un altro aspetto è quasi come se il medico non potesse mai ammalarsi. Da qui la necessità di convincersi che bisogna farcela da soli, per conto proprio, esprimibile nell'espressione volontaristica: "solo tu puoi uscirne". È quindi improbabile che un medico, non necessariamente per questioni gravi, decida di andare a chiedere aiuto per sé ad uno psicologo o anche ad uno psichiatra, contrariamente a quanto avviene invece se deve chiedere un parere personale ad un collega internista, ortopedico, nefrologo....

Alcuni corollari di queste modalità finiscono così col diventare aspetti di cultura professionale e organizzativa, estesi cioè oltre il solo piano individuale. Ne cito un paio rilevati dalle predette ricerche.

Il primo è la necessità di non esporsi emotivamente davanti agli altri, e non solo nelle situazioni professionali, poiché questo viene sentito come equivalente ad avere dei problemi, ed avere/porsi dei problemi significa essere "malati". Mantenere la calma ed utilizzare il rifugio del pensiero logico divengono così *status symbol* professionali per fronteggiare queste evenienze. Il rischio è di chiudersi in un'immagine di ruolo protettiva e taumaturgica, come se essere medici o professionisti sanitari fosse un efficace antidoto a disagi di ordine emotivo o esistenziale, specie quelli che riguardano il contatto con il proprio funzionamento.

Sul piano della modalità di lavoro questo corollario è ben evidenziato, e trova la sua logica conseguenza, nella diffidenza verso il gruppo ed il lavoro di gruppo come strumento/risorsa professionale. Nella nostra precedente ricerca (Ghilardi e Margiotta, 1997) notavamo come il medico ponga "grande sicurezza nei propri mezzi e nei propri strumenti di lavoro. (...) La sua predilezione per l'autonomia e l'indipendenza sul lavoro lo possono probabilmente portare a suscitare reazioni non sempre positive nei pazienti e a difficoltà di collaborazione con i colleghi, specie se appartengono a discipline che egli sente molto diverse dalle proprie". Prevale dunque l'interesse per rapporti individuali più che di gruppo, intendendo quest'ultimo anche in senso psicodinamico (Ghilardi, 1993; 2008), come dimensione orizzontale, in cui cioè determinate funzioni ed emozioni si scambiano pariteticamente, anche tra colleghi di lavoro, a prescindere dai ruoli e dalle gerarchie occupate.

Un secondo corollario è la costituzione di un ruolo professionale basato sull'individualismo (il mito del "grande medico") e la competitività (quanti interventi, quante pubblicazioni, quanto *impact factor*), che paiono manifestarsi soprattutto nei professionisti maschi. Dimensioni di genere sembrano dunque intrecciarsi con un conseguente modello organizzativo, dando vita a contesti istituzionali formativi e clinici competitivi, di impronta maschile, centrati sull'individualismo e sul raggiungimento del successo.

Eppure anche i medici si ammalano ed anche di problemi legati alle emozioni. In tal caso vigono solo queste modalità di gestione delle emozioni o si prevedono eccezioni? Sì, una ben precisa: valgono a meno che non si sia "malati", nel senso di una evidente o incontrollabile situazione che comporta il non potersi non etichettare come malati anche rispetto alle emozioni (non solo le tradizionali psicopatologie, ma anche, ad esempio, il *burn out* grave è una di queste). Allora ci si cura e torna a valere il modello clinico-terapeutico: quest'ultimo però utilizzato, appunto, in una certa accezione medica, quella che permette di "trattare" le emozioni purché diventino un "oggetto" di interesse tecnico-clinico-professionale e, in quanto tale, non così "personale".

Ci si comporta cioè in maniera sintonica con l'istituzione medica, dove ritroviamo la dimensione sintonica nell'assunto che, se si sta male, si va dal medico il quale effettua una visita medica specialistica: un luogo dove andare se si sta male, ma anche un luogo da evitare "se non si hanno problemi". Riappare in questo un'immagine del modello istituzionale medico (Fornari et al., 1985), che prevede uno scambio tra medico e paziente solo ed unicamente nel momento in cui un soggetto si trova o si pone nel ruolo di malato, come a dire che c'è "bisogno della malattia" per istituire la relazione.

In tal caso è più semplice accettare di essere malati e curarsi. A quel punto si scelgono la farmacoterapia o interventi psicologici più legati alla sfera comportamentale o comunque prescrittivi: più rassicuranti in quanto più concilianti col proprio modello di riferimento. Se però le emozioni riguardano qualcosa di intermedio, le "normali" difficoltà della vita, ansia, disagio, malessere, disturbi psicosomatici più o meno transitori, che si pensano controllabili con la propria forza di volontà, torniamo alle strategie precedenti. In ultima analisi, deve essere dunque ipostatizzata in maniera chiara la dicotomia sano-malato per regolarsi di fronte agli eventi emotivi.

Conclusioni

Il problema della gestione delle emozioni nella professione medica sembra in sintesi risiedere nella difficoltà di tenere sufficientemente in conto e di gestire, anche a fini terapeutici, il versante relazionale intersoggettivo e le variabili emotivo-affettive – proprie ed altrui – necessariamente ed imprevedibilmente implicate nel contatto non solo con la parte malata, ma anche con tutta la personalità dei soggetti sofferenti. Torna a questo riguardo, ancora una volta, il dilemma legato al fatto che, anche se è possibile comprenderli, non pare possibile identificarsi totalmente in stati emotivi che riguardano la lacerazione, la frammentazione, la dissoluzione *concreta* del corpo, perché troppo angoscianti in quanto richiedono un'identificazione con la morte ed il morire, ovvero con l'antitesi stessa della vita. A suo modo, quindi, "c'è del vero" nel mantenere un certo distacco e tenere le distanze, per non perdere "l'obiettività", come un tempo si diceva.

Ugualmente va ricordato che nei predetti stati emotivi si trova anche "l'altro", il paziente, il quale, anche solo per un momento (se non ovviamente di più), può trovarsi nella condizione di non riuscire a contenere se stesso o a pensare a ciò che gli accade: questo non può che farlo il suo clinico, il suo medico, per lui. Per farlo deve apprendere a contenere ed elaborare, non a sedare o espellere, le emozioni, anche quelle intense, e ciò comporta prenderle sul serio sul piano della formazione medica (il "fai da te" volontaristico è alquanto sconsigliabile visto che la materia è talmente insita nel nostro cervello che non si padroneggia certo a propria volontà), integrandole e non contrapponendole, con un tradizionale *habitus* di pensiero che ha il suo senso se confrontato con gli eventi clinici che deve affrontare. Non può forse dare tutto questo, ugualmente, la lucidità che serve per risolvere i casi clinici?

Vediamo sinteticamente alcune utilità per cui vale la pena considerare il valore delle emozioni nella pratica medica e che possono fornire nuove prospettive alla stessa:

- se togliamo alle emozioni il valore di legame, aggrediamo il legame tra le persone e di conseguenza, nel caso della relazione clinica, compromettiamo comunque, in varia misura, qualsiasi terapia;
- la consonanza empatica diventa simultaneamente consonanza e regolazione neurovegetativa, come si ricava dagli studi recenti sui neuroni-specchio, che scoprono a livello del cervello quanto conosciuto, consolidato e utilizzato da decenni almeno nella clinica psicoanalitica, oltre che nella sua teoria sulla genesi ed il funzionamento della mente. Ora anche in medicina e grazie alla medicina sono più chiare le connessioni e la continuità tra mente e corpo, a tutto vantaggio di una concezione psicosomatica delle malattie e di una conseguente regolazione delle stesse attraverso la relazione medico-paziente;
- la relazione in quanto tale è un regolatore di salute e malattia, e non soltanto il singolo sistema biologico o psicofisiologico in sé. Di conseguenza ciascuno (medico e paziente) contribuisce con qualcosa di proprio alla relazione. Tra i vari aspetti del lavoro clinico, sarà quindi importante considerare il modo in cui viene istituita la relazione medico-paziente, poiché questo sarà uno dei fattori di efficacia terapeutica.

Bibliografia

Bion WR (1967) Analisi degli schizofrenici e metodo psicoanalitico, Armando, Roma, 1970

Chiodera F, Buizza C, Ghilardi A (2007) Sogno e istituzioni di cura. La sperimentazione di una modalità di formazione all'osservazione dell'istituzione sanitaria, Atti II Convegno: Verso una nuova qualità dell'insegnamento e apprendimento della Psicologia, Padova, 2-3 febbraio 2007, pp. 694-704

Damasio AR (1994) L'errore di Cartesio: emozione, ragione e cervello umano. Adelphi, Milano, 1995

Dodge KA, Garber J (1991) Domains of emotion regulation. In Garber J, Dodge KA (Eds.) The development of emotion regulation and dysregulation, Cambridge University Press, Cambridge, MA

Doidge N (2007) Il cervello infinito. Ponte alle Grazie, Milano

Etkin A, Pittenger C, Polan HJ, Kandel ER (2005) Toward a neurobiology of psychotherapy: basic science and clinical applications. J Neuropsychiatry Clin Neurosci 17:145-158

Fornari F, Frontori L, Riva Crugnola C (1985) Psicoanalisi in ospedale, Cortina, Milano

Ghilardi A (1993) Metodi e strumenti del setting formativo. In: Imbasciati A, Ghilardi A Aids. Psicologia medica per operatori, Giuffré, Milano, pp 83-120

Ghilardi A (in press) Psicoterapie, gruppo e istituzioni. In: Imbasciati A (a cura di) Psicoterapie: orientamenti e scuole. Centro Scientifico Editore, Torino

Ghilardi A, Biffi AM (2007) Il significato della psicoterapia psicoanalitica in medicina psicosomatica. Aip Associazione Italiana di Psicologia, IX Congresso Nazionale della Sezione di Psicologia clinica e dinamica, Perugia, 28-30 settembre 2007, Morlacchi Editore, Perugia, pp 110-111

Ghilardi A, Buizza C (2007a) Il sogno come strumento di formazione e ricerca istituzionale. Una esperienza nel contesto universitario. Atti II Convegno: Verso una nuova qualità dell'insegnamento e apprendimento della Psicologia, Padova, 2-3 febbraio 2007, pp 588-595

Ghilardi A, Buizza C (2007b) Il sogno come strumento di cura nei processi terapeutico riabilitativi di pazienti con sclerosi multipla. Uno studio preliminare. Aip Associazione Italiana di Psicologia, IX Congresso Nazionale della Sezione di Psicologia clinica e dinamica, Perugia, 28-30 settembre 2007, Morlacchi Editore, Perugia, pp 37-38

Ghilardi A, Buizza C (in press) Il sogno come strumento esperienziale per la didattica. Una sperimentazione nel contesto universitario medico, Convegno "La comunicazione in Medicina", 8-10 novembre 2007, La Cura, Milano

Ghilardi A, Margiotta M (1997) Caratteristiche di personalità e rappresentazioni dell'identità professionale degli studenti del Corso di Laurea in Medicina e Chirurgia. Ricerche di Psicologia, 4-1: 511-20

Ghilardi A, Ronchi E (2004) Sogno, Istituzione e Università. Uno spazio di ascolto sull'istituzione universitaria Medica. Quaderno Report, Ed. CSR Coirag

Ghilardi A, Ronchi E (2005) Il sogno e la cura. L'istituzione come soggetto vivente. Ananke, Torino

Ghilardi A, Ronchi E (2006) Il sogno tra individuo, gruppo e istituzione. Clinica e ricerca sulla vita onirica delle istituzioni. VI Congresso Nazionale SPR (Soc. Int. per la ricerca in Psicoterapia) "Tra Scilla e Cariddi Ricerca e clinica", Reggio Calabria, 28 settembre – 1 ottobre 2006

Imbasciati A, Ghilardi A (1989) Il concetto di istinto e il suo uso in Psicoanalisi. NPS. Neurologia psichiatria scienze umane, IX, 6:1035-1056

Kandel ER, Schwartz H, Jessel TM (1992) Principi di Neuroscienze. Casa Editrice Ambrosiana, Milano, II edizione, 1994

Kandel ER (1999) Biology and the future of Psychoanalysis: A new intellectual framework for Psychiatry revisited. Am J Psychiatry 156 (4):505-524

Kandel ER (2003) The molecular biology of memory storage: a dialog between genes and synapses. In: Hornvall H (Ed) Nobel Lectures, Physiology or Medicine, 1996-2000, World Scientific Publishing Co., Singapore

LeDoux J (1996) Il Cervello emotivo. Alle origini delle emozioni. Baldini e Castoldi, Milano, 1997

Modell AH (1996) The interface of Psychoanalysis and Neurobiology. Boston Colloquium for Philosophy of Science. Trad. It. Psiche, 2, 1997

Nussbaum MC (2004) L'intelligenza delle emozioni. Il Mulino, Bologna

Recordati G (2005) Stabilità funzionale e controllo neuroumorale. Springer, Milano

Schwartz A (1987) Driver, affects, behavior and learning: approaches to a psychobiology of emotions and an integration of psychoanalytic and neurobiologic thought. J am Psychoanal Assoc 35, pp 467-506

Segal H (1964) Introduction to the Work of Melanie Klein. Basic Books, New York

Siegel DJ (1999) La mente relazionale. Neurobiologia dell'esperienza interpersonale. Cortina, Milano, 2001

Solms M, Turnbull O (2002) Il cervello e il mondo interno. Cortina, Milano. (2004)

Taylor GJ, Bagby RM, Parker JDA (1997) I Disturbi della regolazione affettiva. Giovanni Fioriti, Roma, 2000

Winnicott DW (1971) Gioco e realtà. Armando, Roma, 1974

Parte III

Apprendimento e formazione

Capitolo 11

Sentire o pensare? Emozioni o apprendimento?

Antonio Imbasciati

Muto la congiunzione congiuntiva «e» del titolo di questo libro in una congiunzione disgiuntiva («o») per svolgere alcune riflessioni sull'evolversi delle scienze della mente. La proposizione congiuntiva «e» sembra indicare che il sentire è diverso dal pensare, ancorché questo a quello possa essere accostato (congiunto), e che le emozioni siano eventi psichici diversi dall'apprendimento: mettendo tra gli uni e gli altri una disgiunzione, meglio si esprime l'intendimento del senso comune che si tratti di due diversi ordini di eventi psichici, che, essendo appunto differenti, necessitano di una qualche congiunzione perché si possa parlare di entrambi.

Ma diversi come? La risposta è che ogni essere umano nelle sue capacità introspettive (metacognitive, più esattamente) distingue in modo differenziato due ordini di eventi psichici che possono accadere dentro di sé: eventi avvertiti in modo sfumato, vago, poco precisabile anche se orientativo della propria condotta, cui ha dato nome di sentimenti, sensazioni, affetti (ed anche emozioni, se forti), intuizioni, propensioni e via dicendo, con un unico termine, il "sentire", e per contro altri eventi, avvertiti come chiari, lucidi, precisi, orientabili dalla volontà (o meglio da quanto una nostra tradizione ha indicato con tale termine), programmabili, comunicabili con facilità, cui ha dato il nome di pensieri. Così pure per nostra distinzione metacognitiva si distingue l'emozione, che *accade* al soggetto che la sente insorgere dentro passivamente, da un apprendimento inteso come programmata e volontaria serie di operazioni mentali, il cui risultato è comunicabile, di solito verbalmente. Tutte queste distinzioni possono essere riassunte nella dicotomia semantica che nel linguaggio comune si conferisce ai due termini di «psiche» e di «mente».

Sono queste dicotomie del senso comune "psicologiche"? Ovvero scientificamente fondate su quanto oggi sappiamo dalle diverse scienze psicologiche?

Potevano esserlo oltre un secolo fa, quando la tradizione filosofica occidentale, erede della distinzione cartesiana tra la *res cogitans* e la *res extensa*, aveva statuito la suddivisione dell'attività psichica umana nelle tre sfere della cognizione, dell'emozione e della conazione, con la propensione di alcuni autori ad attribuire la prima e la terza allo «spirito» e la seconda alla «carne». Filosofia e teologia si mescolavano, e gli affetti, o meglio i sentimenti, e soprattutto

C. Cristini, A. Ghilardi (a cura di), *Sentire e pensare. Emozioni e apprendimento fra mente e cervello*. ISBN 978-88-470-1068-0 © Springer-Verlag Italia 2009

quanto denominato «passioni», venivano prevalentemente attribuiti alla categoria "carnale". Questa tradizionale tendenza culturale dell'occidente fu assimilata dai primi psicologi, sperimentalisti e quindi contrapposti alla psicologia speculativa, quali Wundt, Fechner e soprattutto Kulpe. Così verso la fine dell'Ottocento e ai primi del secolo successivo, la psicologia, pur staccatasi dal retaggio filosofico speculativo, si occupò di quanto poteva essere ricondotto allo "spirito", questa volta ridotto al cognitivo, ovvero a quanto alla coscienza del soggetto tale appariva e tale poteva essere verbalmente comunicato. Così la prima psicologia sperimentale fu essenzialmente *coscienzialista*. Ovvero lo psichico era inteso coincidente con quanto la coscienza del soggetto poteva individuare. La soggettività di un individuo si riteneva coincidente con quanto egli in buona fede ci poteva dire che avvenisse dentro di sé: egli era considerato il primo ed unico testimone di quanto psicologicamente in lui avviene.

Questa concezione era un assunto a priori, dato come scontato: non poteva essere concepito qualcosa di psicologico che non fosse confermato dal soggetto, ovviamente attento e in buona fede, cui lo si attribuiva. Tale conferma dipendeva dalla sua coscienza, che si riteneva specchio fedele della sua psiche, anzi era essa stessa non tanto specchio di "altro", quanto essenza stessa dello psichico. Per contro, quanto alla coscienza si presentava oscuro e nebuloso, cioè sentimenti e passioni, veniva di fatto messo in ombra negli studi psicologici, quasi fosse una sorta di sostanza (la carne?) aliena dalla mente. Né poteva essere contemplata una disgiunzione tra la coscienza del soggetto e la sua mente: di conseguenza ciò che il soggetto sapeva di sé era il suo psichico. Ancora oggi la gente che non sa nulla di psicologia crede che questa consista nel diventare capace di indovinare ciò che l'altro sa e pensa di se stesso.

Fino alla fine dell'Ottocento nessuno aveva mai pensato che l'assunto a priori fosse da verificare. Fu Freud, quasi incidentalmente nel cercare di curare l'isteria, che si accorse che l'assunto non era affatto scontato, bensì falso, ingenua presunzione che l'uomo potesse sapere di se stesso in modo pieno. A nulla era valso il detto socratico del "conosci te stesso": la paura di un proprio sé sconosciuto era troppo forte per poter ammettere e indagare tale parte di sé. Ma Freud, con la sua scoperta – gran parte delle grandi scoperte sono avvenute per caso – si imbatté nell'inconscio: ciò fece gran scalpore, all'epoca, e Freud si diede da fare per individuare i processi psichici inconsapevoli.

La psicologia, dunque, non poteva più essere indagine nella coscienza, non poteva più essere coscienzialista, ma doveva svilupparsi, al contrario, proprio nell'indagine riguardo a quanto lo psichico non si esaurisse in quello che allora si denominava mentale, che comunque non coincideva affatto con la coscienza. Di qui presero avvio vari metodi, oltre quello psicoanalitico, e cominciarono ad articolarsi differenti scienze psicologiche, per indagare su *tutte le attività* umane dal cui studio potevano essere inferibili eventi definibili come psichici: sia attività riferibili dal soggetto, sia, e molto di più, inferibili nella sua comunicazione al di là delle parole (si studia appunto la comunicazione non verbale) e ancor più nei suoi comportamenti e nelle sue varie condotte, nelle sue relazioni, nei suoi stili di vita, nel suo modo di accudire i piccoli, nella sua sessualità, nel suo amare, produrre, creare, vivere; in una parola in qualunque aspetto dell'umano in cui una qualche scienza psicologica potesse inventare il proprio metodo specifico, e scientifico, di indagine. È uno specifico metodo infatti la base di una scienza (Imbasciati 1994, 1998, 2006b, 2007c).

La scoperta da parte della psicoanalisi di eventi psichici inconsci stentò ad affermarsi e ancor oggi a livello popolare desta qualche diffidenza. Gli psicoanalisti stessi fino a poco tempo fa si chiedevano il perché dell'inconscio. Per quasi un secolo molti studi psicoanalitici avevano lo scopo di dimostrare le ragioni dell'inconscio. La stessa Metapsicologia fu il tentativo di Freud di dare una spiegazione psicofisiologica a ciò che la clinica psicoanalitica descriveva (Imbasciati 2005a,b; 2007a,b). Ma il chiedersi «perché l'inconscio?» significa che si dà per scontato che lo psichico debba essere la coscienza. Dunque il coscienzialismo non muore con Freud, né con gli altri psicoanalisti delle prime generazioni. Oggi le attuali ricerche, non solo psicoanalitiche, partono dall'interrogativo «perché la coscienza?». Perché mai, dall'immenso lavoro che continuativamente compie il nostro cervello, solo qualche volta e in parte risulta qualcosa di cui si diventa consapevoli? Considerato oltretutto che ciò che emerge alla nostra coscienza è spesso ingannevole, rispetto a quanto avviene nella globalità della mente.

Ecco qui il termine «mente»: mentre in passato si riservava questo termine, e ancor più l'aggettivo «mentale» a ciò che appariva lucidamente cosciente e cognitivo, al pensiero inteso nel suo senso stretto, oggi per mente si intende la globalità di tutto il lavoro comunque operato dalla struttura funzionale che si è instaurata nel cervello del singolo. Cade dunque la differenziazione tra psiche e mente. Mentali sono anche gli affetti: e anche quelli inconsci.

Colpo decisivo all'affermarsi del concetto di mente inconscia, e pertanto al ridimensionamento del concetto freudiano di inconscio, fu dato dallo sviluppo di altre scienze della mente, successive alla psicoanalisi: in particolare lo studio sperimentale dello sviluppo psichico dei bambini (anche dei neonati e oggi dei feti: Imbasciati, Dabrassi, Cena, 2007), l'affermarsi delle scienze cognitive e da ultimo e soprattutto lo sviluppo attuale delle neuroscienze. Può essere di osservazione comune constatare quante cose, nuove e progressive, impara un bimbo da quando nasce a quando ha due o tre anni: eppure fino a poco tempo fa (e forse per alcuni ancor oggi) si pensava che questo non fosse «apprendimento», bensì sviluppo naturale. Eppure il bimbo piccolo impara: e questo molto prima che impari a parlare. Si è a lungo pensato che «apprendimento» volesse indicare *soltanto* l'apprendere intenzionale e verbale dell'adulto. Ancor oggi a livello del senso comune si pensa che i bimbi piccoli abbiano solo "affetti" e non cognizioni apprese. Ma è proprio quanto denominato affettività che in un bimbo costituisce il suo progressivo orientarsi nel mondo, cioè la sua conoscenza.

Decisivo è stato l'apporto delle neuroscienze per ridimensionare il concetto di maturazione neurologica (cerebrale), e pertanto darci una differente visione di quanto a lungo si è creduto sviluppo "naturale" della mente dei bimbi piccoli. Non è affatto naturale: è apprendimento. Il nostro cervello è paragonabile ad un formidabile computer con un enorme hardware, su cui si possono impiantare migliaia di diversi e progressivi programmi: che vengono "imparati". Fino a qualche decennio addietro si pensava che lo sviluppo cerebrale fosse determinato dalla genetica: ciò che succedeva negli infanti era dunque dettato da una maturazione "naturale"; l'apprendimento sarebbe intervenuto dopo. Invece si è visto che la genetica determina la macromorfologia del cervello (in particolare il numero dei neuroni), ma la micromorfologia e ancor più la fisiologia (cioè il funzionamento globale) sono date dalle proliferazioni e connessioni sinaptiche, dalle reti neurali, dalla selezione di popolazioni neurali (Edelman, 1989, 1992) che si stabiliscono a seguito dell'esperienza: tutto questo dipende da ciò che l'apparato impara, cioè dall'esperienza che attraversa il bimbo. Tale esperienza non è però da intendersi semplicisticamente come l'insieme delle circostanze esterne che si imprimono come tali nell'apparato mentale, bensì come complesso lavoro attivo del singolo cervello, dipendente dalla comunicazione non verbale che può, bene o male, stabilirsi tra il bimbo e chi si occupa di lui. Non si apprende l'esperienza, ma *da* l'esperienza, per usare la frase di Wilfred Bion, lo psicoanalista considerato autore della terza rivoluzione psicoanalitica (la prima è considerata quella di Freud, la seconda quella della Klein). "Da" l'esperienza, dicono oggi le neuroscienze, significa che l'esperienza in sé, come insieme di eventi esterni, viene ad essere elaborata a seconda di come sta funzionando in quel momento il cervello di quel singolo individuo che la elabora. Il risultato è che nessuno ha il cervello uguale ad un altro. Nessuno ha una mente uguale a quella di un altro.

La maturazione neurale è dunque frutto del modo in cui il singolo cervello elabora la miriade di informazioni che riceve dal suo entourage; *caregivers* in primis. Questo significa che il bimbo, già come feto, comincia ad imparare e che tutto lo sviluppo della prima infanzia non è dettato dalla natura, bensì dalla qualità degli apprendimenti. Questi sono modulati dalla qualità della comunicazione offerta dai *caregivers*.

In questi ultimi decenni molti psicoanalisti, spesso adattando le tecniche sperimentali della *infant-observation*, e comunque tutti gli studiosi che si occupano della cosiddetta *infant-research*, hanno dimostrato come l'efficacia di quanto è denominato "cure materne" stia nella sintonizzazione dei messaggi che intercorrono tra madre e bimbo: comunicazione non verbale, dunque, sintonizzazione affettiva. Fra i primi studiosi che hanno indagato questi eventi relazionali, va nominato Daniel Stern (1977, 1985): più recentemente Schore ha coordinato e riassunto (Schore 2003a,b) gli studi neurofisiologici sulla regolazione degli affetti intesa come matrice di comunicazioni non verbali efficaci per uno sviluppo ottimale del bambino, ovvero per sviluppi patologici. La struttura affettiva materna esercita, inconsapevolmente, una regolazione, ottimale oppure patogenetica, nella costruzione della struttura affettiva di base del bimbo; nella costituzione cioè dei primi modi di funzionare del suo cervello, che a sua volta condizioneranno, nel bene o nel male, ogni successiva capacità di elaborare l'esperienza. Si tratta di apprendimenti: apprendimenti a catena progressiva, dove quanto elaborato e imparato condiziona il modo con cui sarà elaborata, e in tale elaborazione appresa, ogni successiva vicenda esperienziale. La struttura detta affettiva viene appresa appunto in questo modo: e pertanto in ogni singolo individuo si struttura in modo irripetibile. È in particolare il cervello destro, della madre e del bimbo, che lavorano in questi apprendimenti che costruiscono la struttura affettiva.

Gli studi qui sommariamente accennati pongono il problema di come la mente si origini: quando e come, cioè, vengono a costruirsi le primissime modalità di funzionamento di un cervello (nel feto e nel neonato)? Esse sono fondamentali nel condizionare ogni successivo modo di elaborare ogni successiva esperienza: di qui l'importanza di un tale studio. Si tratta di indagare come si comincia a *costruire quella mente*: quella mente, irripetibile, di quel singolo (Imbasciati, 1998, 2006a,b). In questa direzione, parallelamente ad uno sviluppo ancora futuro delle neuroscienze, e di quel filone di ricerche denominato neuropsicoanalisi, occorre oggi elaborare teorie che aiutino la ricerca. In questo ambito, ricordando che cento e passa anni fa Freud aveva l'intento di spiegare l'origine del funzionamento mentale, e per questo delineò la sua Metapsicologia, ho lungo molte opere elaborato la mia Teoria del Protomentale (Imbasciati, Calorio, 1981; Imbasciati, 1983, 1994, 1998, 2005a,b, 2006a,b).

Torniamo ora al fulcro del presente lavoro. Il discorso fin qui condotto riassume come oggi indubitabilmente sentire e pensare, emozioni e apprendimento, nonché cervello, siano da considerare la stessa identica cosa, la stessa "mente": tutto questo a mio avviso non è però ancora stato del tutto assimilato, non solo a livello popolare, ma anche a livello della cultura scientifica generale. Solo gli specialisti dell'area, e non tutti, ne tengono conto appieno. È pertanto auspicabile un progresso scientifico globale, il quale però necessita di continua integrazione e confronto delle differenti scienze. Un tale progresso andrà applicato, non solo per l'assistenza e il possibile recupero delle menti che hanno sofferto durante la loro costruzione e quindi per la psicopatologia (Carli, 2005), ma anche per promuovere lo sviluppo della persona.

Ciò potrà essere ottenuto se si miglioreranno i dispositivi sociali e culturali che permettono alla gente di rendersi conto dell'importanza dei momenti iniziali della costruzione della mente nella relazionalità *caregiver*-bimbo, e che aiutano a incrementare la possibilità di una buona relazione col neonato e col bimbo. La "buona relazione" non consiste come spesso si crede in solerzia e buona volontà, ma dipende dalla comunicazione non verbale e *inconsapevole* che intercorre tra i *caregivers* e il bimbo: dipende dalla struttura affettiva inconscia del genitore, che determina, in modo automatico e al di là di ogni intenzione e coscienza, quei messaggi (non verbali) che aiutano il bimbo a *costruire* la propria mente (Imbasciati, 2006a,b; Imbasciati, Dabrassi, Cena, 2007). Questa capacità, che gli psicoanalisti chiamano "rêverie" fa parte della struttura affettiva profonda e pertanto non può essere modificata dalle buone intenzioni del soggetto interessato. Tuttavia questi può essere aiutato ad acquisirla, o incrementarla almeno in parte, tramite adeguati servizi psicologici consultoriali. Una tale prospettiva sociale va perseguita, anche se i benefici sono a lungo termine. Infatti, a seconda della qualità di tali relazioni primarie, i bimbi non solo potranno sviluppare una buona strutturazione psichica e psicosomatica, ma, divenuti grandi, a loro volta potranno avere "buona relazione" coi loro figli. A fronte di tale prospettiva positiva, va considerata quella negativa: è infatti possibile che l'effetto transgenerazionale a catena, anziché andare per il meglio, vada di male in peggio, ovvero, nella misura in cui la relazione madre-neonato-bimbo è di cattiva qualità, nel bimbo – futuro individuo – verrà a costruirsi una struttura disfunzionale, che a sua volta condizionerà negativamente i suoi figli; e questi, quando verrà il loro turno, non potranno che produrre figli peggiori.

Si tratta dunque di una promozione della salute che comporta una responsabilità sociale non indifferente nei confronti delle generazioni future. Tanto si discute sui "giovani d'oggi": sono meglio o peggio? Operativamente dobbiamo guardare al contributo delle scienze psicologiche, tenendo presente che "Salute" è qualcosa di diverso (vedi la definizione dell'OMS) e di molto più importante che "Sanità". Quest'ultima significa rincorrere e tamponare il "male": salute vuol dire invece promuovere il meglio ed evitare che si verifichino circuiti viziosi che comportano il "di male in peggio". Vale allora la pena di perseguire appieno la Salute.

Tornando a "sentire e pensare", possiamo allora sottolineare, con l'appoggio delle scienze della mente, che le emozioni, i sentimenti, l'affettività sono strutture mentali più essenziali di quelle che presiedono alla cosiddetta cognizione, all'apprendimento, e che l'organizzazione della salute è più importante di quella dell'istruzione. Il cervello destro non è meno importante del sinistro (Schore, 2003a,b).

Bibliografia

Carli R (2005) Proposte per una definizione della Psicologia Clinica: correggere il deficit o promuovere lo sviluppo. In: Molinari E, Labella A (eds) Psicologia Clinica: dialoghi e confronti. Springer-Verlag Italia, Milano

Edelman G (1989) The remembered present. Basic Books, New York, tr. it. Il presente ricordato. Rizzoli, Milano, 1991

Edelman G (1992) Bright air, brilliant fire. Basic Books, New York, tr. it. Sulla materia della mente. Adelphi, Milano, 1993

Imbasciati A (1983) Sviluppo psicosessuale e sviluppo cognitivo. Il Pensiero Scientifico, Roma

Imbasciati A (1994) Fondamenti psicoanalitici della psicologia clinica. Utet Libreria, Torino

Imbasciati A (1998) Nascita e costruzione della mente. Utet Libreria, Torino

Imbasciati A (2005a) La sessualità e la teoria energetico-pulsionale. Freud e le conclusioni sbagliate di un percorso geniale. Angeli, Milano

Imbasciati A (2005b) Psicoanalisi e cognitivismo. Armando, Roma

Imbasciati A (2006a) Constructing a Mind. A new basis for psychoanalytic theory. Brunner-Routledge, London

Imbasciati A (2006b) Il sistema protomentale. LED Edizioni, Milano

Imbasciati A (2007a) Psychanalyse et Neurosciences: pour une nouvelle métapsychologie. Rev Fr Psa 2:137-160

Imbasciati A (2007b) Nuove metapsicologie. Psychofenia X 16:43-63

Imbasciati A (2007c) Fondamenti psicoanalitici della psicologia clinica, nuova edizione. UTET-De Agostini, Torino

Imbasciati A, Calorio D (1981) Il protomentale. Boringhieri, Torino

Imbasciati A, Dabrassi F, Cena L (2007) Psicologia clinica perinatale. Piccin, Padova

Schore A (2003a) Affect disregulation and disorders of the Self. Norton, New York
Schore A (2003b) Affect regulation and the repair of the Self. Norton, New York
Stern D (1997) The first relationship. Harvard University Press, Cambridge, MA
Stern D (1985) The interpersonal world of the infant. Basic Books, New York, tr. it. Il mondo interpersonale del bambino. Boringhieri, Torino, 1987

Capitolo 12
Apprendimento fra natura e cultura

Carlo Cristini

Introduzione: verso le neuroscienze

Il rapporto fra cultura e natura rimanda a quello fra anima e corpo, mente e cervello. Le neuroscienze negli ultimi decenni hanno compiuto rilevanti progressi nello studio e nella comprensione dei meccanismi che caratterizzano, regolano l'interazione fra psiche e organismo, pensiero e biologia. Abbandonato il dualismo cartesiano, le nuove scienze biomediche si sono orientate verso una concezione unitaria dell'essere umano; hanno sempre più acquisito interesse l'esperienza individuale, lo stile di vita, l'ambiente, quali fattori che possono esercitare un'influenza determinante sulle strutture cerebrali e sul loro funzionamento. È ampia la letteratura in proposito (fra cui: Rosenzweig et al., 1972; Edelman, 1992; Damasio, 1994; Plomin, 1994; Umiltà, 1995; Denes e Pizzamiglio, 1996; Barucci, 1997; Trevarthen, 1997; Changeux e Ricoeur, 1998; Kandel, 1999; Siegel, 1999; Boncinelli, 1999; Manguire et al., 2000; Kaplan-Solms e Solms, 2000; Solms e Turnbull, 2002; Ramachandran, 2003; Oliverio, 2004, 2008; De Palma e Pareti, 2004; Goldberg, 2005; Kandel, 2005; Della Sala e Beschin, 2006; Freberg, 2006; Blundo, 2007; Doidge, 2007).

Le evoluzioni delle specie, lo sviluppo embrionale e quello di una persona che invecchia avvengono all'insegna dell'apprendimento. Tutto si impara, si modifica e si memorizza. Le forme viventi rappresentano il risultato di un lungo processo di adattamento; l'essere umano costituisce l'ultima invenzione del cammino filogenetico, sulle orme della sua conoscenza; il numero quasi incalcolabile dei neuroni cerebrali – nell'ordine di miliardi – e delle loro interconnessioni permette l'incessante elaborazione e realizzazione di differenti modelli individuali (Kandel et al., 2000). Vi sono tanti cervelli, quante sono le persone; ogni cervello è diverso da un altro nell'organizzazione delle componenti funzionali, nelle reti neurali, nelle attivazioni e inibizioni, nelle sensibilità recettoriali (LeDoux, 2002); ogni neurone è 'personalizzato' dall'esperienza e forse lo è ogni cellula di un organismo.

La biologia muta al variare delle condizioni ambientali. I cambiamenti sono il frutto di ciò che si apprende. Corpo e mente imparano insieme, l'uno influenza l'altro e l'ambiente condiziona entrambi. Psiche e soma procedono congiun-

C. Cristini, A. Ghilardi (a cura di), *Sentire e pensare. Emozioni e apprendimento fra mente e cervello*. ISBN 978-88-470-1068-0 © Springer-Verlag Italia 2009

tamente per la medesima strada, scambiandosi continuamente informazioni su quanto accade all'interno ed all'esterno e sull'interazione fra dentro e fuori. Le sorti del nostro cervello sono connesse a come viviamo, alle esperienze passate e presenti, alle prospettive che ci attendono, ai progetti che intendiamo realizzare. Se gli apprendimenti modificano pensieri, sentimenti, memorie e se la vita è un continuo imparare, si può ritenere che crescendo e invecchiando le strutture cerebrali si modificano, non solo in funzione del tempo trascorso, ma anche in rapporto a come siamo diventati, fra scelte e obblighi, libertà e vincoli. Più gli anni passano e maggiormente si differenziano le persone, le loro storie e i loro neuroni. Il cervello, macroscopicamente analogo, di due individui può presentare differenze microscopiche determinate dai molti fattori che caratterizzano e articolano la vita, fin dai suoi inizi (Cesa-Bianchi e Tommasini Degna, 1953).

Il cervello – mediante la sua struttura, le sue circonvoluzioni – rappresenta la sintesi di apprendimenti e memorie, filogenetiche e ontogenetiche. Ogni emisfero cerebrale raggiunge l'estensione totale di circa 1200 cm^2 (Popper e Eccles, 1977, vol. 2, p. 285).

Edelman definisce il cervello umano "l'oggetto materiale più complicato dell'universo conosciuto" (2004, p. 13) e sostiene che la "corteccia cerebrale contiene circa 30 miliardi di neuroni e un milione di miliardi di connessioni (per contarle al ritmo di una al secondo, occorrerebbero 32 milioni di anni)" (2004, pp. 14-15). "Negli esseri umani la grande maggioranza dei neuroni viene realizzata nei mesi immediatamente precedenti la nascita. Nel momento di massima produzione si formano circa 250.000 neuroni al minuto", scrive LeDoux (2002, p. 92).

Per Emily Dickinson: "Il cervello – è più grande del cielo – / Perché – mettili fianco a fianco – / L'uno l'altro conterrà / Con facilità – e Te – in aggiunta – / Il cervello è più profondo del mare – / Perché – tienili – azzurro contro azzurro – / L'uno l'altro assorbirà – / Come le spugne – i secchi – assorbono – / – Il cervello ha giusto il peso di Dio – / Perché – soppesali – etto per etto – / Ed essi differiranno – se differiranno – / Come la sillaba dal suono -".

L'estensione e la complessità del cervello, le scoperte neuroscientifiche accrescono l'interesse, la curiosità sui 'misteri' della natura cerebrale, delle mappe e dei domini neurali, delle funzioni psichiche, della loro interazione. "La natura ama nascondersi", affermava Eraclito. Il cervello conserva le memorie degli apprendimenti, rappresenta la sede privilegiata per nuove acquisizioni, è oggetto di studio e conoscenza. E i cambiamenti – sempre consecutivi a nuovi apprendimenti – scandiscono, connotano lo scorrere del tempo, promuovono e organizzano nuove forme di cultura, qualche volta anche di civiltà.

Attualmente possiamo parlare di complessità del sistema nervoso, di sinapsi e recettori, di circuiti neurali, di neuromediatori chimici, di trasmissione di impulsi, per merito di una scoperta realizzata nel 1873 da Camillo Golgi: la 'reazione nera' – una particolare colorazione cromatoargentea – che ha consentito di visualizzare, riconoscere la singola cellula nervosa, il neurone, di esplorare e approfondire la conoscenza del cervello, della sua organizzazione e del suo funzionamento.

Santiago Ramon y Cajal – che ha condiviso il Premio Nobel per la medicina con Camillo Golgi, conferito il 10 dicembre 1906 per gli studi sul sistema nervoso – così si sarebbe espresso, osservando i risultati istologici ottenuti mediante la tecnica di colorazione scoperta da Golgi: "Su un fondo giallo d'una trasparenza perfetta, appaiono, sparsi qua e là, filamenti neri, lisci e sottili, oppure spinosi e spessi, corpi neri, triangolari, stellati, fusiformi! si direbbero disegni all'inchiostro di china su carta trasparente del Giappone (…) Qui tutto è semplice, chiaro, senza confusioni. Non è più necessario ricorrere all'interpretazione, c'è solo da vedere e constatare: questa cellula dalle arborizzazioni multiple, ramificate, ricoperte di brina, che abbracciano nelle loro ondulazioni uno spazio sorprendentemente grande; questa fibra liscia ed uniforme, che nata dalla cellula, se ne allontana per distanze enormi, e poi d'improvviso si espande in un fascio di innumerevoli fibre germoglianti; questo corpuscolo confinato sulla faccia interna di un ventricolo da cui invia uno stelo a ramificarsi fino alla superficie dell'organo; altre cellule stellate, come delle comatule o delle falangidi. Pieno di meraviglia, l'occhio non arriva a staccarsi da questa contemplazione. Il sogno tecnico è realtà! L'impregnazione metallica ha realizzato, al di là d'ogni speranza, la dissezione fine. È il metodo di Golgi" (Ramón y Cajal, 1909).

Attraverso il metodo di Golgi il neuroscienziato spagnolo formulerà la teoria del neurone, l'unità funzionale del cervello. Con Golgi e Cajal cambia il modo di pensare ed esaminare le strutture cerebrali, inizia una nuova storia degli studi neuroscientifici che nel ventesimo secolo, fino al tempo attuale, porterà sempre più ad analizzare il rapporto fra mente, cervello e ambiente, fra natura e cultura.

L'apprendere

I risultati di un processo di apprendimento sono influenzati dalla motivazione, dal desiderio di approfondire le conoscenze, raggiungere uno scopo, soddisfare un bisogno (De Beni e Moè, 2000). Sono apprendimenti mediati dall'esperienza e dal livello educativo-culturale individuali. Si impara perché in qualche modo lo si vuole; vi è una certa coscienza nell'atto dell'apprendere e del conoscere (Cornoldi, 1995). Ma vi sono anche acquisizioni non consapevoli, soprattutto quando le aree cerebrali del lobo temporale mediale e della corteccia orbito-frontale – generalmente prima dei due anni di vita – non sono ancora giunte a maturazione (Siegel, 1999, p. 34). Si potrebbe dire che la natura apprende da sé, mediante le sue regole, i suoi presupposti biologici; tuttavia ogni neonato cresce in un ambiente e ciò che assimila gli consente di costruire le sue prime memorie, prive di ricordo (Mancia, 2004). Natura e cultura si modellano reciprocamente e creano nuove forme – e come in un caleidoscopio non sappiamo quali immagini assumeranno. I bambini 'nascono' prima di venire al mondo, imparano prima di esserne coscienti, di avere un volto, un nome, una parola (Manfredi e Imbasciati, 2004).

Scrive LeDoux (2002, p. 91): "Il giovane embrione, privo di sistemi sensoriali, è in gran parte isolato da un contatto percettivo diretto con l'ambiente esterno. Tuttavia, persino negli stadi precoci dello sviluppo, i geni non operano in modo totalmente indipendente dal mondo esterno. L'ambiente chimico dell'embrione è, per necessità, in contatto diretto con la chimica del corpo materno. L'embrione non può produrre da sé gli amminoacidi impiegati per assemblare le proteine necessarie allo sviluppo cerebrale e corporeo. Questi devono essere desunti dalla madre, che li ricava dal cibo che ingerisce. La dieta materna può essere anche la fonte di sostanze meno appetibili – tossine e additivi chimici negli alimenti, per esempio – così come l'aria che respira, i farmaci che assume e le sigarette che può fumare. Il livello di stress materno influirà sul suo stato ormonale, che può condizionare l'embrione, non diversamente dagli anticorpi che la madre produce per contrastare le infezioni. Anche se le principali caratteristiche del cervello sono dettate da un programma genetico (il quale assicura che tutti i cervelli umani abbiano il medesimo aspetto e funzionino virtualmente allo stesso modo), questo programma impone determinate condizioni nell'ambiente chimico interno in cui si svilupperanno i neuroni. Se questa interazione gene-ambiente interno è turbata, lo sarà anche il normale sviluppo cerebrale. Natura e cultura interagiscono fin dall'inizio!".

Il cervello si forma, si costruisce in funzione del patrimonio genetico e dell'ambiente che trova. La storia appena iniziata si struttura, si caratterizza per la sua unicità in rapporto all'infinita variabilità delle persone e delle vicende umane che formano l'ambiente relazionale, affettivo. I genitori si adattano al bambino, ancor prima della sua venuta al mondo, ed il neonato si adatta ai suoi genitori. Entrambi imparano ad essere madre e padre, ad essere figlio o figlia; quale è il compito più arduo? A volte è particolarmente impegnativo, difficile svolgere il ruolo, la funzione genitoriale, altre volte è doloroso, drammatico continuare ad essere figli. Si impara ciò che la vita propone. L'apprendimento è il principale meccanismo di adattamento e non è separabile dal concetto di evoluzione e di sviluppo, né da quello di memoria, ad ogni età.

Quando si comincia ad imparare, e c'è un termine? L'apprendere è un presupposto della vita biologica, dello scambio fra cellule, del riconoscimento di un antigene o di un omologo, consente ad un organismo di trovare la forma più adatta per vivere in un determinato habitat, di costruire una tana, un nido, di sviluppare una capacità sensoriale, un'abilità, una competenza più di altre; si apprende per garantire la sopravvivenza delle specie, del gruppo, dell'individuo. L'essere umano impara presto a reagire, a riconoscere gli stimoli ambientali, ad "apprendere senza sapere di apprendere" (Imbasciati, 2007, p. 137) e non finisce mai di acquisire nuove informazioni su di sé e sulla vita. "A Leon Bloy morente fu chiesto: 'Che cosa prova in questo momento?'. Rispose: 'Un'enorme curiosità'" (Schafers, 1984, p. 133). Con il trascorrere degli anni si modifica il livello di coscienza su quanto ci accade, in una prospettiva continua di apprendimento. Da vecchi si può essere più consapevoli di chi si è stati e si è; molti anziani tuttavia smarriscono la propria identità, confondono le cose di ieri e di oggi. Ma chi lavora con i dementi sa che comprendono, ricordano e sono in grado di acquisire nuovi elementi conoscitivi, anche in fase avanzata della malattia (Bottura, 1994; Ploton, 2001; Trabucchi, 2005).

Natura e cultura, cervello e mente procedono insieme; e regrediscono insieme?

Secondo LeDoux (2002) "natura e cultura funzionano in maniera simile: sono semplicemente due modi diversi di effettuare depositi sui conti sinaptici del cervello" (p. 9) e ancora "natura e cultura contribuiscono allo sviluppo cerebrale (...) sono due modi di fare la medesima cosa – collegare le sinapsi – ed entrambe sono necessarie affinché l'opera sia compiuta" (p. 90). Forse anche nel realizzarsi di un declino cognitivo, natura e cultura interagiscono e si influenzano. Ma l'uno e l'altro come si modificano nel corso dello sviluppo o durante l'involuzione? In alcuni periodi della vita si apprende esclusivamente o prevalentemente con il cervello (natura) ed in altri con la mente (cultura) o sempre con entrambi, seppure in modo inconsapevole? E come, perché e in quale ambito del cervello e/o della mente avvengono i mutamenti, le differenze che spesso cambiano la storia, il destino, la biografia di una donna, di un uomo e di chi sta loro intorno?

"È difficile decidere se cambi prima l'abitudine e poi la struttura; o se lievi modificazioni di struttura portino ad un cambiamento di abitudini; probabilmente tutte e due si verificano pressoché contemporaneamente", sosteneva Charles Darwin (1859).

I recettori sinaptici, i neuromediatori, le attivazioni o le inibizioni della conduzione elettrica o biochimica, della trasmissione nervosa subiscono modificazioni ogni volta che il cervello apprende e memorizza un'esperienza, più o meno cosciente. "I circuiti cerebrali 'ricordano', e apprendono dalle passate esperienze, attraverso un'accresciuta probabilità di attivazione di determinati pattern di eccitazione" (Siegel, 1999, p. 23). E le esperienze, i loro significati, indipendentemente dal grado di consapevolezza, riflettono gli apprendimenti e diventano memorie.

La proliferazione e la differenziazione dei neuroni avviene mediante il diretto controllo di un insieme di geni definiti omeotici, "ma non è un processo geneticamente determinato in modo rigoroso" (LeDoux, 2002, p. 93). Secondo alcuni studiosi, come riporta il neurobiologo statunitense, l'autismo sarebbe dovuto ad una mutazione di geni omeotici che indurrebbero un'interconnessione ed un'organizzazione cerebrale difettose (Rodier, 2000).

La dominanza genetica determina lo sviluppo di una forma più che un'altra, di una patologia o di una condizione di normalità. Le caratteristiche ambientali influenzano generalmente le capacità di adattamento degli esseri viventi, indipendentemente dalle specificità individuali. I gemelli monozigoti possono presentare sia numerose affinità, anche se separati alla nascita, sia differenze sostanziali nelle attitudini, negli interessi, nelle modalità relazionali sebbene molti abbiano sperimentato, oltre allo stesso ambiente 'materno', il medesimo contesto familiare, sociale e culturale (Gardner, 1987).

Si sono alternate le teorie che hanno sostenuto la selezione o l'istruzione nell'evoluzione della specie, nello sviluppo e nell'organizzazione del cervello, l'innatismo (geni) o il costruttivismo (ambiente) nella determinazione e formazione di un individuo.

Karl Popper (1977, vol. 1) ha proposto una propria teoria dell'evoluzione, asserendo che "ogni evento nell'universo dovrebbe essere spiegabile, e in linea di principio prevedibile, in termini di struttura di particelle e di interazione di particelle" (p. 29) e sostenendo l'idea di "un'emergenza della mente attraverso la selezione naturale" (p. 254). Nella sua teoria Popper tenta di coniugare il mondo fisico e biologico con quello psicologico, di connettere natura e cultura.

La relazione fra l'ambiente e l'essere umano, fra l'universo 'fisico' e la capacità di pensare, fra materia e anima è sempre stato oggetto di attenzione, interesse, curiosità tra fascino e ricerca, mistero e conoscenza. Medici e scienziati, filosofi e letterati se ne sono da sempre occupati. Scriveva Immanuel Kant: "Il cielo stellato sopra di me e la legge morale in me".

Il percorso esistenziale fra apprendimento e memoria

L'intero percorso esistenziale avviene, si caratterizza attraverso continui apprendimenti, dall'inizio alla fine. Dall'infanzia alla vecchiaia scorrono apprendimenti e memorie; il ciclo vitale si costituisce di acquisizioni e ricordi (Cesa-Bianchi, 1998; Cesa-Bianchi e Albanese, 2004). Vi è un'ampia variabilità fra una persona ed un'altra nella capacità di apprendere, selezionare, sviluppare relazioni e memorizzare (Yates, 1966; Hillman, 1999; Oliverio Ferraris, 2002; Cornoldi e De Beni, 2005).

Nei processi di apprendimento o di recupero di acquisizioni perdute o dimenticate, ad ogni età, rivestono un ruolo preminente l'emotività, la motivazione, la creatività, le relazioni interpersonali (Cesa-Bianchi, 2002; Ciambelli, 2004). Si impara sempre, indipendentemente dagli anni; apprendono i bambini ed i vecchi, i neonati ed i morenti. L'anziano in condizioni di benessere psicofisico è in grado di imparare e conoscere come il giovane e l'adulto, sebbene talvolta le nuove acquisizioni, specie di avanzata tecnologia, richiedano tempi più lunghi di assimilazione (Maderna et al., 1973; Cesa-Bianchi e Vecchi, 1998; Cesa-Bianchi, 2000). L'apprendimento non si esaurisce con l'età; i vecchi possono continuare ad imparare, purché sia loro offerta la possibilità di farlo sulla base delle attitudini individuali (Cesa-Bianchi, 1994, 1999, 2006). "Invecchio imparando sempre ogni giorno cose nuove", affermava Platone e "Invecchio imparando ancora", sosteneva Sofocle.

Memoria e apprendimento sono imprescindibili. Tutto ciò che apprendiamo si trasforma in memoria. Si memorizza ciò che si apprende e si impara sulla base di conoscenze note (Baddeley, 1990).

Si impara ad ascoltare, a mangiare, a guardare, a parlare, a riconoscere e sviluppare i sensi, a provare emozioni e sentimenti, a distinguere i volti, le persone e le cose, a muoversi e camminare, a rapportarsi con gli altri e con l'ambiente. E mentre si impara il cervello si modifica, ci appartiene sempre di più, diventa la personale memoria e identità biologica: neuroanatomica e neurofisiologica.

L'evoluzione, dagli elementi più semplici a quelli più complessi, dalle cellule all'essere umano, è espressione di un processo costante di trasformazioni e conquiste (Barucci, 1997; Gell-Mann, 2000; Rogers e Kaplan, 2004). Ogni forma esistente in natura non è stata generata per caso, ma ha risposto a necessità di adattamento, ha costruito attraverso una rudimentale memoria la migliore struttura e configurazione per un determinato contesto o habitat (Amoretti, 2001; Anolli e Legrenzi, 2001). "I primordiali elementi, nel generare le cose, occorre ch'usino d'una occulta essenza invisibile, perché nessuno sovrasti, e faccia contro ed ostacoli, che possa, quanto si genera, essere un essere a sé", scriveva Tito Lucrezio Caro nel Libro Primo del *De Rerum Natura*. La memoria costituisce le tracce di apprendimenti, di cambiamenti, gli orientamenti di ogni espressione evolutiva, di ogni conquista adattiva.

Il mondo come appare, lo si vede e conosce è la rappresentazione di una serie di acquisizioni che dalle origini dell'universo e della vita, mediante innumerevoli eventi e trasformazioni, è diventata realtà attuale e inizio di altre forme. Il tempo trascorre attraverso una continuità di fenomeni, di apprendimenti che ne caratterizzano il procedere e lo definiscono come memoria (Cipolli, 1995).

Quando si forma e nasce un bambino si porta con sé le matrici di una storia antica. Ognuno nasce vecchio dell'esperienza altrui. Ciò che compone la biologia dell'essere umano è il prodotto dell'evoluzione della specie e di quanto l'ha preceduta. Siamo costituiti di apprendimenti e memorie, da sempre. I meccanismi di regolazione della biologia non sono sorti per caso, ma hanno seguito un percorso di adattamento che si perde nelle tracce delle origini della terra. Il DNA è apprendimento e memoria della vita, il corpo umano è apprendimento e memoria filogenetica degli esseri viventi, delle varie forme adattative; il cervello è la mappa e la custodia della sua evoluzione e della sua memoria.

L'essere umano utilizza le informazioni acquisite per adattarsi agli stimoli nuovi e alle modifiche dell'ambiente (Delle Fave et al., 2005); il neonato apprende e ricorda attraverso l'esperienza corporea; distingue già in epoca prenatale le sensazioni piacevoli da quelle sgradevoli ed attivamente impara a riconoscere e ricercare le prime con maggior attenzione; la corporeità si costituisce come primo strumento di apprendimento, comunicazione e sviluppo relazionale, si fa carico e transito della storia di ogni essere umano, si fa mente prima di consegnarsi alla sua compiuta emergenza. Nella corporeità si imprimono attraverso il sistema percettivo le memorie primordiali delle esperienze umane. Quanto è stato vissuto rimane, seppur come lontano reperto mnestico, a testimonianza delle vicende trascorse (Brandimonte, 2004). La corporeità riflette la memoria, filogenetica ed ontogenetica, produce, custodisce e memorizza sensazioni ed emozioni (Galimberti, 1983). Si pone come rudimentale struttura della mente, ne costituisce l'inizio di un percorso di memoria. Diceva Konrad Lorenz: "È l'ipotesi che corpo e anima, eventi fisiologici ed eventi emozionali, non siano altro che il medesimo processo reale, del quale noi abbiamo esperienza – come la materia e l'energia, l'irraggiamento corpuscolare e le onde elettromagnetiche – attraverso due modi di conoscere indipendenti e incommensurabili".

Il pensiero e la coscienza nascono e si sviluppano attraverso l'esperienza, dalla prima infanzia alla longevità. L'anziano può avere immagini positive o negative della propria corporeità che dipendono anche dalla sua storia passata.

Spesso in età senile la corporeità viene ad acquisire differenti significati, in rapporto alle condizioni di salute e al declinare dell'efficienza fisica. Ritornano forse le immagini inconsapevoli, le tracce di memorie implicite? In ogni vecchio è contenuta la vicenda di un bambino, i suoi timori e le sue sicurezze. La memoria corporea, psicosensoriale si pone tra inizio e fine di una storia umana, fra esperienza primaria di attaccamento ed esperienza ultima del distacco.

Apprendimento e memoria tracciano i primi sentieri dello sviluppo psichico lungo il tragitto dell'esperienza corporea (Trevarthen, 1998). Nelle primissime relazioni il bambino apprende e memorizza; quanto percepisce e assimila modella pensieri e sentimenti, forma la personalità, il modo di intendere la vita ed il mondo. Memoria e apprendimento si influenzano e si articolano reciprocamente nell'arco della vita. Tutto ciò che ricordiamo è il risultato di un apprendimento che diventa memoria e codice di un comportamento e la base per altre acquisizioni. Scriveva William James (1908): "Un evento, un oggetto conosciuti ai quali per un certo tempo abbiamo smesso di pensare, ritornano, arricchiti di una coscienza addizionale che li segnalano come eventi, oggetti di un pensiero o di un'esperienza precedente". Nuovi apprendimenti cambiano la memoria; lo sperimentare e il costruire relazioni significative modificano le strategie di attaccamento e il loro richiamo mnestico.

I primi apprendimenti formano la memoria implicita, la base per altre acquisizioni e futuri ricordi. In epoca prenatale, neonatale, infantile si è più ricettivi ad apprendere e a memorizzare, ma anche più vulnerabili alle esperienze negative ed ai loro ricordi. "Le relazioni interpersonali svolgono un ruolo centrale nel determinare lo sviluppo delle strutture cerebrali nelle prime fasi della nostra vita, e continuano a esercitare influenze importanti sulle attività della mente durante tutta la nostra esistenza" (Siegel, 1999, p. 20). Il cervello si forma, si plasma lungo tutto l'arco della vita, fra accrescimenti e perdite. Si può imparare sempre, ad ogni età; si imparano e si memorizzano da vecchi cose nuove. Recita un detto popolare: "La vecchia non voleva mai morire perché aveva sempre qualcosa da imparare". Siamo la storia di ciò che abbiamo appreso e di ciò che ricordiamo. Il cervello cambia attraverso quanto si apprende e forse si configura fra ciò che riconosce come memoria e identità.

Per Norberto Bobbio: "Il mondo dei vecchi, di tutti i vecchi, è il mondo della memoria. Si dice, alla fine, tu sei quello che hai passato, amato, compiuto. Aggiungerei, tu sei quello che ricordi" e per Gabriel García Marquez: "La vita non è quella che si è vissuta, ma quella che si ricorda e come la si ricorda per raccontarla".

La memoria e le sue basi biologiche ed empiriche

Le memorie modificano la storia di un uomo, la consapevolezza e l'idea che ha di sé. Se affermiamo di ricordare un evento e lo descriviamo nei suoi dettagli – al di là di ciò che la memoria aggiusta fra tagli e aggiunte – possiamo dire che conserviamo una certa coscienza di quanto abbiamo vissuto e che eravamo consapevoli mentre assistevamo, ci trovavamo coinvolti nella situazione che ora rievochiamo. Quando si racconta un'esperienza si fa appello alla memoria, alla coscienza, all'emotività che il ricordo riporta, alla percezione delle immagini che ritornano, alla persona o alle persone a cui ci rivolgiamo, al loro interesse, al contesto attuale ed a quello dell'evento menzionato. Quando si vive un'esperienza entrano in gioco la percezione, l'apprendimento, i sentimenti, la consapevolezza, la memoria di fatti precedenti, l'intuizione, la creatività, la motivazione, l'ambiente. Fra tutte queste funzioni e capacità dove si colloca la mente? In certe esperienze, positive o negative, ci sentiamo immersi, partecipiamo completamente a quanto ci sta accadendo, possiamo essere toccati dalla gioia o dal dolore di esistere. Che cosa succede al cervello ed alla mente in quei momenti di felicità e benessere o di insostenibile dramma, soprattutto in epoca infantile? Quale percezione, memoria e coscienza ne conservano e quale ruolo possono avere (il cervello e la mente) nello sviluppo dell'uno e dell'altro? Si impara e si ricorda, si comprende e si dimentica (Cesa-Bianchi et al., 2004), si provano piaceri e dispiaceri, si pensa e si agisce, si soffre e si ama.

Dove si trova o si nasconde la mente? e che cosa è? quando comincia a formarsi?

"La definizione di 'mente' può essere diversa a seconda che ci poniamo, per esempio, dal vertice della ricerca filosofica, piuttosto che da quello neurofisiologico o da quello delle scienze psicologiche" (Imbasciati, 2006a, p. 19).

Per Eccles (1990) la mente può essere considerata come il risultato delle attività dei neuroni cerebrali, per Posner (1990) la mente è costituita da un flusso di informazioni.

Secondo Siegel (1999): "Le esperienze giocano un ruolo essenziale nei processi di maturazione dei sistemi sensoriali fondamentali del nostro cervello", "Le connessioni umane plasmano lo sviluppo delle connessioni nervose che danno origine alla mente (...) Le nostre esperienze possono influenzare in modo significativo le connessioni neuronali e l'organizzazione delle attività del nostro cervello. E in tal senso svolgono un ruolo particolarmente importante quelle che si verificano durante i primi anni di vita", "uno stato della mente può essere definito come l'insieme dei pattern di attivazione all'interno del cervello in un determinato momento. Tali pattern derivano dai profili neurali nei vari circuiti che mediano i moduli mentali di elaborazione delle informazioni", "La mente è il prodotto delle interazioni fra esperienze interpersonali e strutture e funzioni del cervello".

Sono alcune affermazioni che si trovano in ambito neuroscientifico; Siegel, soprattutto, mette in evidenza l'importanza delle esperienze e delle relazioni umane nella formazione, nello sviluppo del cervello e della mente. Ed ogni formazione è un processo di apprendimenti, in un contesto interattivo. Si apprende dall'esperienza (Bion, 1962), da quanto rappresenta e significa, da ciò che si prova, si pensa, viene recepito e trasmesso.

Per San Tommaso d'Aquino: "Nulla vi è nell'intelletto che non sia stato prima nei sensi"; per Leonardo da Vinci: "Ogni nostra cognizione prencipia da sentimenti"; per Kant: "Che ogni nostra conoscenza incominci con l'esperienza, non vi è certo alcun dubbio".

Neuroscienze, psicologia e filosofia, in questa prospettiva, sembrano convergere sulla concezione unitaria dell'essere umano e sul modo in cui vengono a costituirsi, a realizzarsi le sue conoscenze.

Sono numerose, in ambito psicologico, le teorie sull'origine, sullo sviluppo e sul funzionamento della mente (Imbasciati e Calorio, 1981; Groppo e Antonietti, 1992; Cesa-Bianchi e Antonietti, 2002; Imbasciati, 1998, 2005a, 2005b, 2006a, 2006b; Funari, 2007). La mente impara, è disposta all'apprendimento, a costruirsi, ad elaborare e memorizzare le esperienze. "Un 'apprendimento' non comporta semplicemente recezioni di stimoli provenienti da apparati sensoriali della più diversa morfofisiologia (...) ma una 'lettura', una loro elaborazione e la conservazione di tale elaborazione come memoria" (Imbasciati, 2006a, p. 37); "La mente apprende e al contempo si autocostruisce, nelle sue medesime capacità di apprendimento (...) dobbiamo ricercare nella sensorialità l'origine dello strutturarsi di ciò che viene memorizzato" (Imbasciati, 2006a, p. 55).

Le teorie della mente sembrano riportarci sulla strada delle neuroscienze e le ricerche neuroscientifiche evidenziano sempre più l'interazione fra cervello e ambiente, fra reti neurali ed esperienze.

Il programma genetico prevede la formazione del sistema nervoso, delle strutture neurali, delle connessioni sinaptiche; il cervello rappresenta evidentemente l'organo visibile, oggettivabile, concreto; ma ogni cervello è anche predisposto alla individualità, ad essere unico e irripetibile, ed appartiene ad una persona, alla sua soggettività, alla sua 'mente'. La relazione fra oggettività (l'essere un cervello umano), individualità (l'essere un cervello irripetibile, originale) e soggettività (la mente di ogni singola persona) viene influenzata dall'ambiente: da un organo costituito di materia alla persona con i suoi pensieri, le sue emozioni, la sua storia, la sua cultura. Quanto ha di materia una poesia, una musica? Ma quando si legge una poesia, si ascolta una musica anche il cervello, con i suoi strumenti, partecipa.

Per Leonardo da Vinci: "Natura non rompe sua legge" (*Codice C*) e per Linnaeus Carolus: "La natura non fa salti" (*Filosofia botanica*). Le leggi e le regole della natura prevedono il cambiamento che avviene sempre mediante l'apprendimento: la capacità di acquisire nuove informazioni attraverso l'esperienza per conseguire un migliore adattamento.

Ma anche gli animali, le macchine apprendono. È stato detto più volte che "la mente emerge dalle attività del cervello": Eccles (1990), Andreasen (1997), Changeux e Ricoeur (1998), Kandel (1999), Siegel (1999). Considerata letteralmente, la frase potrebbe far pensare ad una mente che si forma tramite uno schema di apprendimento automatico, prestabilito.

In un sistema di ricezione-risposta si può parlare, in senso lato, di apprendimento, come per ogni interazione e scambio, ovvero un organismo "impara" a riconoscere e a rispondere ad una certa stimolazione.

Solms e Turnbull (2002, p. 78) riportano il seguente dialogo:

A) Piacere di conoscerLa. Mi dica pure il Suo problema.
B) Perché non posso essere felice?
A) Pensa di essere capace di essere felice?
B) Penso di meritare più felicità di quanta non ne abbia al momento.
A) Pensa realmente così?
B) Sì, non è necessario che la vita sia così crudele.
A) Lei sembra essere molto sicuro di questo.
B) Penso di esserlo, infatti, almeno per la maggior parte del tempo.
A) Questo è il motivo per cui Lei è venuto da me?
B) Io sono venuto poiché avevo bisogno di aiuto.
A) Questa è la vera ragione?
B) In realtà, sono venuto perché ho sentito dire che Lei è un computer e non un
   vero terapeuta.
A) I computer La preoccupano?
B) Posso fare una domanda?
A) Il fatto che Lei possa o meno fare una domanda dipende più da Lei che da me.
B) La domanda è questa: come si mettono in relazione la mente e il cervello?
A) Non sono sicuro di averLa compresa appieno.
B) Questo è il problema complesso: come sorge la vita mentale da eventi fisio-
   logici?
A) La prego, continui.

Gli autori trascrivono una sequenza di domande e risposte fra un computer
(A) ed un esaminatore che fa la parte del paziente (B). Nel computer è previsto
un numero elevato di risposte possibili – che elabora individuando parole chiave nella domanda – ma non infinite. Si possono realizzare calcolatori elettroni-
ci sempre più complessi, capaci di contenere una gamma maggiore di informazioni, in grado di incrementare il sistema con risposte a svariati quesiti, ma le
risorse di un robot sono connesse alla sua struttura meccanica, al suo sistema
cibernetico, al suo *hardware*. Il computer può essere configurato per associare,
elaborare le informazioni e dare risposte articolate, ma nell'ambito di ciò che è
stato programmato. Ad un robot, anche quello più potente e perfezionato, manca
la creatività, l'intuizione, la capacità di pensare autonomamente e di apprendere
dall'esperienza, in altri termini è privo di soggettività, di storia e di anima.
    La materia non pensa, lo può fare solo trasformandosi in un essere umano.
    Richard Feynman, premio Nobel per la fisica nel 1965, considerato il padre
delle nanotecnologie e ispiratore del calcolatore quantistico, propone in forma
poetica una chiave evolutiva dell'uomo, della 'materia pensante', del suo mistero e del suo fascino (1988).

Da solo in riva al mare, comincio a pensare.

Ecco le onde scroscianti montagne di molecole
ognuna ottusamente intenta ai fatti suoi,
miliardi di miliardi lontane
eppure formano all'unisono spuma bianca.

Ere su ere
prima di un occhio che potesse vederle anni dopo anni
martellare possenti la riva come ora. Per chi, per cosa?
Su un pianeta morto
che non ospitava alcuna vita.
Senza requie mai
torturate dall'energia
prodigiosamente sprecata dal Sole riversata nello spazio.
Una briciola fa ruggire il mare.

Nel profondo del mare
tutte le molecole ripetono
l'altrui struttura
finché se ne formano di nuove e complesse
ne creano altre a propria immagine
e inizia una nuova danza.

Crescono in dimensioni e complessità
esseri viventi
masse di atomi
DNA, proteine
danzano figure ancor più intricate.

Fuori dalla culla
sulla terra asciutta
eccolo
in piedi;
atomi con la coscienza
materia con la curiosità.

In piedi davanti al mare
meravigliato della propria meraviglia: io
un universo di atomi
un atomo nell'universo.

Contributi neuroscientifici

Gli studi neuroscientifici hanno dimostrato che il cervello compensa le proprie perdite, possiede una capacità di rigenerazione, "fabbrica", ricostruisce, riattiva e "guarisce" le sue cellule nervose malate, in difficoltà. È un messaggio di fiducia e speranza per la ricerca e per il futuro di molti malati e di chi li assiste.

Si propongono in sintesi le principali capacità di adattamento del cervello:

- *plasticità*: proprietà delle cellule nervose, delle reti neurali, indipendentemente dall'età, di modularsi in rapporto alle variazioni e sollecitazioni dell'ambiente; il cervello è un organo dinamico, plastico, in continuo riadattamento;
- *ridondanza*: il cervello può attivare vie nervose mai utilizzate o di riattivarne altre, rimaste silenti anche per lungo tempo. "La natura è spesso nascosta, qualche volta sopraffatta, molto raramente estinta", scriveva Francis Bacon
- *sprouting* (arborizzazione): le cellule nervose possono ricostruire, se opportunamente stimolate, i loro prolungamenti (assoni e dentriti), le loro vie di interconnessione, di comunicazione;
- *sinaptogenesi*: i neuroni, se facilitati, sono in grado di ripristinare, riformare le sinapsi perdute, offrire nuovi punti di contatto alle terminazioni nervose – anche attraverso l'incremento pre-sinaptico e l'ipersensibilità post-sinaptica –, come se fossero rifornite altre possibilità di linguaggio ai circuiti cerebrali. "Tu sei le tue sinapsi. Esse sono chi sei tu", afferma LeDoux (2002, p. 450) per sottolineare le capacità evolutive del cervello in rapporto all'ambiente, alle esperienze che si vivono, alla crescita ed alla integrazione della personalità;
- *fattore nervoso di crescita* (*nerve growth factor*): scoperto da Rita Levi Montalcini, premio Nobel per la medicina nel 1986, è una proteina responsabile della crescita e dello sviluppo del Sistema Nervoso Centrale, attiva anche in età avanzata;
- *proteine rigeneratrici*: sono mediatori della formazione di nuove vie nervose;
- *circuiti rientranti*: vie neurali implicate nella realizzazione della coscienza primaria e nell'organizzazione della memoria (Edelman, 2004);
- *neurogenesi*: si intende la nascita di nuove cellule cerebrali in risposta a stimoli ambientali (Gross, 2000). Con questa scoperta cade il dogma definito delle tre enne (NNN, nessun nuovo neurone) e si confermano le intuizioni di Leonardo da Vinci: "Sì come il ferro si arruginisce sanza uso e l'acqua nel freddo si addiaccia, così lo 'ngegno sanza esercizio si guasta" e di Goldberg: "Use it or lose it";
- *neuroni a specchio*: specifici sistemi o reti neurali si attivano nell'osservare e comprendere comportamenti ed emozioni di altri individui della stessa specie (Gallese et al., 2004; Rizzolatti e Sinigaglia, 2006).

I neuroni a specchio sembrano essere alla base, oltre che dell'apprendimento per imitazione, anche dell'altruismo e della compassione. "L'umano è nell'imitazione: un uomo diventa uomo solo imitando altri uomini", sosteneva Theodor L. W. Adorno.

Secondo Vilayanur S. Ramachandran la scoperta dei neuroni a specchio ha un'importanza che, nel campo della psicologia, è paragonabile a quella del DNA nella biologia.

Note conclusive

Scriveva Johann Wolfgang von Goethe : "La natura è una sorta di libro vivente incompreso, eppure non incomprensibile". E parafrasando, il cervello può essere considerato come un libro vivente incompreso, ma non incomprensibile. Nell'atto del comprendere è insito quello dell'imparare. La natura si apprende e mentre la si apprende accresce la nostra cultura.

Il cervello si forma e si sviluppa attraverso le sollecitazioni ambientali, le esperienze interpersonali; con la crescita e con il progredire degli anni, acquista individualità, diventa sempre più unico nella storia degli esseri umani, mai più un altro identico, la stessa opportunità. Il cervello si personalizza mediante le relazioni, specie quelle più significative, imitando e differenziandosi. Mente e cervello imparano e mentre apprendono si trasformano. Le esperienze caratterizzano la vita di un individuo, il suo modo di pensare, i suoi atteggiamenti. Ci sono gemelli monozigoti che nel corso degli anni acquisiscono fattezze, comportamenti dissimili per riassumere talvolta, successivamente, i medesimi profili somatici e di personalità. Esistono coppie, i loro volti così diversi nelle fotografie della loro giovane unione e così simili dopo molti anni di vita in comune; si sono conosciuti, osservati, pensati, sentiti reciprocamente per lungo tempo e si sono sempre più avvicinati, anche assomigliandosi; e come sarà il loro cervello che per molti anni si è specchiato in quello dell'altro?

"Il cervello è l'unico organo il cui valore cresce con l'età, poiché accumula esperienza", sosteneva Paul Glees e "la mente diventa più forte quando il cervello invecchia" afferma Elkhonon Goldberg (2005). Non è così per tutti gli anziani, per la loro sorte e le loro vicende. Ma la vita di molti vecchi testimonia la forza del loro cammino, riflette la continuità di uno spirito creativo, fino al termine. La natura (il cervello) percorre leggi, ancora imperscrutabili, che ne tracciano la storia, ne disegnano le caratteristiche; le neuroscienze evidenziano la plasmabilità delle strutture cerebrali in rapporto alle esperienze, a ciò che imparando la mente (cultura) può diventare. "Apri la mente a quel ch'io ti paleso / e fermalvi entro; ché non fa scienza, / senza lo ritenere, avere inteso", scriveva Dante, nel *Paradiso* (V, 40-42). Si trasforma in cultura l'esperienza vissuta e compresa. Capire pienamente è conoscere e costruire ponti fra natura e cultura, per altre possibili strade dell'apprendere e del vivere.

Il cervello si modifica nel corso dell'esistenza, dall'infanzia alla vecchiaia, sviluppa competenze meglio di altre, esplora domini, attiva aree funzionali, reti neurali diverse. Le persone crescono in ambienti familiari e socio-culturali, affrontano, elaborano esperienze, svolgono professioni, coltivano interessi differenti; il cervello si modula in funzione di ciò che gli individui sono, fanno, inventano, imparano, in rapporto a quanto la loro mente si arricchisce di conoscenza. Ogni persona ha ed è il suo cervello (e la sua mente). Infinite sono le biografie, le diversità di strutture, interconnessioni, variazioni sinaptiche, identità e memorie, distretti e mappe neurali che regolano il pensiero e la coscienza. Indefinita, fra le sue leggi e i suoi vincoli biologici, appare la capacità adattiva, espressiva della natura e del suo approdo culturale. Persone, storie e destini, natura e cultura si inerpicano e si snodano fra i districati sentieri dell'esperienza e della memoria. E si ripete ogni volta l'avventura della vita, del suo mistero e della sua conoscenza, sulle tracce dell'eredità e degli insegnamenti dell'uomo, fra anima, mente e cervello.

"La natura è *contenuta* dalla ragione della sua legge, che in lei infusamente vive", sosteneva Leonardo (*Codice C*), e "Amor che ne la mente mi ragiona", scriveva Dante nel *Purgatorio* (II, 112).

Bibliografia

Amoretti G (2001) Apprendimento e memoria. In: Mecacci L (ed) Manuale di Psicologia Generale. Giunti, Firenze, pp 52-175

Andreasen NC (1997) Linking brain and mind in the study of mental illness: a project for scientific psychopathology. Science 275:1586-1593

Anolli L, Legrenzi P (2001) Psicologia generale. il Mulino, Bologna

Baddeley A (1990) Human Memory. Theory and Practice, tr. it. La memoria umana. il Mulino, Bologna, 1995

Barucci M (1997) Dal neurone all'anima. Del Cerro, Tirrenia (PI)

Bion WR (1962) Learning from experience, tr. it. Apprendere dall'esperienza. Armando, Roma, 1972

Blundo C (2007) Conoscere e potenziare il cervello. Giunti, Firenze

Boncinelli E (1999) Il cervello, la mente e l'anima. Mondadori, Milano

Bottura R (1994) La nebbia dell'anima. Guaraldi, Rimini

Brandimonte MA (2004) Psicologia della memoria. Carocci, Roma

Cesa-Bianchi M, Tommasini Degna A (1953) Note istologiche su di un encefalo di soggetto centoduenne. Atti Società Italiana di Patologia (Siena), vol. III parte II 737-740

Cesa-Bianchi M (1994) Caratteristiche psicologiche dell'invecchiamento: aspetti positivi. In: Valente Torre L, Casalegno S (eds) Invecchiare creativamente ... per non invecchiare. Atti del Convegno, 18 novembre 1994, Regione Piemonte, Torino

Cesa-Bianchi M (1998) Giovani per sempre? L'arte di invecchiare. Laterza, Roma

Cesa-Bianchi M, Vecchi T (1998) Elementi di Psicogerontologia. Franco Angeli, Milano

Cesa-Bianchi M (1999) Cultura e condizione anziana. Vita e Pensiero, Rivista Culturale dell'Università Cattolica del Sacro Cuore 3 LXXXII:273-286

Cesa-Bianchi M (2000) Psicologia dell'invecchiamento. Carocci, Roma

Cesa-Bianchi M (2002) Comunicazione, creatività, invecchiamento. Ricerche di Psicologia 25 3:75-188

Cesa-Bianchi M, Antonietti A (2002) Dentro la psicologia. Teorie, ricerche, personaggi, contesti. Mondadori Università, Milano

Cesa-Bianchi M, Albanese O (2004) Crescere e invecchiare. La prospettiva del ciclo di vita. Unicopli, Milano

Cesa-Bianchi M, Cesa-Bianchi G, Cristini C, Vecchi T (2004) Del ricordare e del dimenticare. Istituto Universitario Suor Orsola Benincasa Annali 1999-2001:41-51

Cesa-Bianchi M (2006) Lectio. Laurea honoris causa in Scienze della Comunicazione. Università degli Studi Suor Orsola Benincasa, Napoli

Changeux JP, Ricoeur P (1998) La nature et la règle, tr. it. La natura e la regola. Alle radici del pensiero. Raffaello Cortina, Milano, 1999

Ciambelli M (2004) Memoria ed emozioni. Liguori, Napoli

Cipolli C (1995) Sleep, dreams and memory: an overview. J Sleep Res 4:2-9

Cornoldi C (1995) Metacognizione e apprendimento. il Mulino, Bologna

Cornoldi C, De Beni R (2005) Vizi e virtù della memoria. Giunti, Firenze

Damasio AR (1994) Descartes' Error. Emotion, Reason and the Human Brain, tr. it. L'errore di Cartesio. Emozione, ragione e cervello umano. Adelphi, Milano, 1995

Darwin C (1859) Sull'origine e le transizioni degli esseri organici con abitudini e struttura particolari. In: Darwin C (2000) L'origine della specie, Newton Compton, Roma

De Beni R, Moè A (2000) Motivazione e apprendimento. il Mulino, Bologna

Della Sala S, Beschin N (2006) Il cervello ferito. Giunti, Firenze

Delle Fave A, Massimini F, Poli M, Prato-Previde E (2005) La memoria. In: Psicologia Generale. Monduzzi, Bologna, pp 175-202

Denes G, Pizzamiglio L (1996) Manuale di neuropsicologia. Zanichelli, Bologna

De Palma A, Pareti G (eds) (2004) Mente e Corpo. Dai dilemmi della filosofia alle ipotesi delle neuroscienze. Bollati-Boringhieri, Torino

Doidge N (2007) The brain that changes itself, tr. it. Il cervello infinito. Alle frontiere della neuroscienza: storie di persone che hanno cambiato il proprio cervello. Ponte alle Grazie, Milano, 2007

Eccles JC (1990) A unitary hypothesis of mind-brain interaction in the cerebral cortex. R Soc Lond B. Biol Sci 240:433-451

Edelman GM (1992) Bright air, brilliant fire: on the matter of mind, tr. it. Sulla materia della mente. Adelphi, Milano, 1993

Edelman GM 2004) Wider than the sky. The phenomenal gift of consciousness, tr. it. Più grande del cielo. Lo straordinario dono fenomenico della coscienza. Einaudi, Torino, 2004

Feynman RP (1988) What do you care what other people think? Further adventures of a curious character, tr. it. Che t'importa di ciò che dice la gente? Altre avventure di uno scienziato curioso. Zanichelli, Bologna 1989

Freberg LA (2006) Discovering Biological Psychology, tr. it. Psicologia Biologica. Zanichelli, Bologna, 2007

Funari E (2007) L'irrappresentabile come origine della vita psichica. Franco Angeli, Milano

Galimberti U (1983) Il corpo. Antropologia, psicoanalisi, fenomenologia. Feltrinelli, Milano

Gallese V, Keysers C, Rizzolatti G (2004) A unifying view of the basis of social cognition. Trends Cogn Sci 8, 9:396-403

Gardner H (1987) The mind's new science. Basic Books, New York

Gell-Mann M (1994) The Quark and the Jaguar. Adventures in the simple and the complex, tr. it. Il quark e il giaguaro. Avventura nel semplice e nel complesso. Bollati Boringhieri, Torino, 2000

Goldberg E (2005) How your mind can grow stronger, as your brain grows older, tr. it. Il paradosso della saggezza. Come la mente diventa più forte quando il cervello invecchia. Ponte alle Grazie, Milano, 2005

Gross CG (2000) Neurogenesis in the adult brain: death of a dogma. Nat Rev 1:63-73

Groppo M, Antonietti A (eds) (1992) Nuove teorie della mente. Concezioni recenti su mente, pensiero, intelligenza. Vita e Pensiero, Milano

Hillman J (1999) The force of character and the lasting life, tr. it. La forza del carattere. Adelphi, Milano, 2000

Imbasciati A, Calorio D (1981) Il protomentale. Boringhieri, Torino

Imbasciati A (1998) Nascita e costruzione della mente. Utet Libreria, Torino

Imbasciati A (2005a) Psicoanalisi e cognitivismo. Una nuova teoria sulle origini e il funzionamento mentale. Armando, Roma

Imbasciati A (2005b) La sessualità e la teoria energetico-pulsionale. Freud e le conclusioni sbagliate di un percorso geniale. Franco Angeli, Milano

Imbasciati A (2006a) Il sistema protomentale. Psicoanalisi cognitiva. Origini, costruzione e funzionamento della mente. LED, Milano

Imbasciati A (2006b) Constructing a Mind. A new basis for psychoanalytic theory. Brunner-Routledge, London

Imbasciati A (2007) Quale coscienza nel neonato? In: Imbasciati A, Dabrassi F, Cena L Psicologia clinica prenatale. Vademecum per tutti gli addetti alla nascita (genitori inclusi), Piccin, Padova, pp 136-139

James W (1908) Textbook of Psychology, Briefer Course. Mac Millan, London

Kandel ER (1999) Biology and the future of psychoanalysis: a new intellectual framework for psychiatry revisited. Am J Psychiatry 156:505-524

Kandel ER, Schwartz JH, Jessell TM (2000) Principles of Neural Science, tr. it. (Perri V, Spidalieri G eds) Principi di neuroscienze. Casa Editrice Ambrosiana, Milano, 2003

Kandel ER (2005) Psychiatry, Psychoanalysis and the New Biological of Mind, tr. it. Psichiatria, Psicoanalisi e nuova biologia della mente. Raffaello Cortina, Milano, 2007

Kaplan-Solms K, Solms M (2000) Clinical Studies in Neuro-Psychoanalysis, tr. it. Neuropsicoanalisi. Un'introduzione clinica alla neuropsicologia del profondo. Raffaello Cortina, Milano, 2002

LeDoux J (2002) Synaptic Self: how our brains become who we are, tr. it. Il Sé sinaptico. Come il nostro cervello ci fa diventare quelli che siamo. Raffaello Cortina, Milano, 2002

Maderna AM, Aveni Casucci MA, Cesa-Bianchi M (1973) Aspetti psicologici dell'invecchiamento e della vecchiaia. In: Antonini FM, Fumagalli C (eds) Gerontologia e Geriatria, vol. I, Wassermann, Milano

Mancia M (2004) Sentire le parole. Archivi sonori della memoria implicita e musicalità del transfert. Bollati-Boringhieri, Torino

Manfredi P, Imbasciati A (2004) Il feto ci ascolta e impara. Borla, Roma

Manguire EA, Gadian DG, Johnsrude IS et al (2000) Navigation-related structural change in the ippocampi of taxi drivers. Proc Natl Acad Sci USA, 97(8):4398-4403

Oliverio A (2004) Prima lezione di neuroscienze. Laterza, Roma

Oliviero A (2008) Geografia della mente. Territori cerebrali e comportamenti umani. Raffaello Cortina, Milano

Oliverio Ferraris A (2002) La ricerca dell'identità. Come nasce, come cresce e come cambia l'idea di sé. Giunti, Firenze

Plomin R (1994) Genetics and Experience. The interplay between nature and nurture, tr. it. Natura ed esperienza. Raffaello Cortina, Milano, 1998

Ploton L (2001) La personne âgée, son accompagnement médicale et psychologique et la question de la démence, tr. it. La persona anziana. L'intervento medico e psicologico. I problemi delle demenze. Raffaello Cortina, Milano, 2003

Popper KR, Eccles J (1977) The self and its brain. An argument for interactionism, tr. it. L'io e il suo cervello. Materia, coscienza e cultura, vol. 1 e 2. Armando, Roma, 1981

Posner MI (1990) Foundations of Cognitive Science. MIT Press, Cambridge, MA

Ramachandran VS (2003) The Emerging Mind, tr. it. Che cosa sappiamo della mente. Mondadori, Milano, 2004

Ramón y Cajal S (1909) Histologie du système nerveux de l'homme et des vertébrés. Maloine, Paris

Rizzolatti G, Sinigaglia C (2006) So quel che fai. Il cervello che agisce e i neuroni specchio. Raffaello Cortina, Milano

Rodier PM (2000) The early origins of autism. Sci Am 282:56-63

Rogers LJ, Kaplan G (2004) Comparative vertebrate cognition: are primate superior to non-primates. Kluwer Academic/Plenum Publishers, New York

Rosenzweig MR, Bennett EL, Diamond MC (1972) Brian changes in response to experience. Sci Am 226:22-30

Schafers H (ed) (1984) Wenn die Jahre vergehen…, tr. it. E passano gli anni... Città Nuova, Roma, 1987

Siegel DJ (1999) The developing Mind, tr. it. La mente relazionale. Neurobiologia dell'esperienza interpersonale. Raffaello Cortina, Milano, 2001

Solms M, Turnbull O (2002) The Brain and the Inner World, tr. it. Il cervello e il mondo interno. Raffaello Cortina, Milano, 2004
Trabucchi M (2005) Le demenze. UTET Periodici, Torino
Trevarthen C (1997) Empatia e biologia. Raffaello Cortina, Milano, 1998
Umiltà C (1995) Manuale di neuroscienze. il Mulino, Bologna
Yates FA (1966) The Art of the Memory, tr. it. L'arte della memoria. Einaudi, Torino, 1972

Capitolo 13

Relazioni di apprendimento e costruzione della mente

Alberto Ghilardi

L'esperienza dell'apprendimento

Il termine apprendimento è stato spesso accostato a quello di insegnamento e la Pedagogia ha fornito, nel proprio ambito, studi e ricerche sulle tecniche, sul modo e sulla forma con cui esso possa attuarsi. Pur tenendo conto del fatto che il processo di apprendimento implica una relazione e un rapporto tra persone, quest'ultimo aspetto, secondo un'impostazione tradizionale, è stato assunto nella forma di un rapporto in cui vi è un soggetto depositario di un sapere che lo trasmette (acquisendo quindi una funzione di autorità) ad un soggetto che ancora non conosce. In tale ottica la trasmissione di sapere avviene, e potrebbe quindi definirsi, come un "apprendimento dall'autorità" (Ghilardi, 1993), che si pone come fonte o origine dell'apprendimento stesso.

Il contributo gradualmente fornito dalla Psicosociologia e soprattutto dalla sistematizzazione teorico-clinica psicoanalitica (in particolare Bion, 1962) è stato quello di evidenziare una fonte di apprendimento diversa dall'autorità e cioè l'esperienza. Da non confondersi con "fare" o "accumulare" esperienza, tale "apprendimento dall'esperienza" si caratterizza per una particolare trasformazione qualitativa dei dati delle proprie esperienze quotidiane, che vengono recuperati e utilizzati dalla mente in senso non solo recettivo, ma apprenditivo su di sé e sulla realtà. È una modalità che rende possibile che le esperienze dell'esistenza vengano "rilette" e riutilizzate per trarne stimoli di apprendimento su dimensioni personali e da lì in tutte le aree di vita (ad esempio professionali) in cui l'individuo si trova a operare.

Questo vertice teorico deriva dalle attuali conoscenze sulla nascita e la costruzione delle funzioni mentali, le quali sottolineano sempre più l'importanza che, nello sviluppo di una mente sana e sufficientemente matura, siano coltivate le capacità autoconoscitive e autoriflessive (Fonagy e Target, 2001). In altri termini, si pone l'attenzione su come la mente apprenda progressivamente su se stessa e utilizzi tali conoscenze per strutturare nuovi apprendimenti, divenendo, quasi paradossalmente, simultaneamente oggetto di conoscenza e metodo di conoscenza: utilizziamo la mente per conoscere la nostra stessa mente. Coincidono così metodo e oggetto in una sintesi che è divenuta l'essenza della

C. Cristini, A. Ghilardi (a cura di), *Sentire e pensare. Emozioni e apprendimento fra mente e cervello*. ISBN 978-88-470-1068-0 © Springer-Verlag Italia 2009

psicoanalisi come terapia: essa, infatti, si svolge tra due persone che non utilizzano altri strumenti se non le loro stesse menti per arrivare a guarire una mente. E ciò può avvenire solo utilizzando più della singola mente, perché le capacità autoconoscitive e autoriflessive nascono in ogni mente grazie ad un'altra mente, che ha appunto istituito le funzioni psichiche che permettono l'apprendimento dall'esperienza.

Grazie a tale funzione affrontiamo, come nuovi della vita, le prime esperienze, che comportano la capacità di contenere e organizzare la quantità di nuovi stimoli che ci raggiungono. Di fronte a cose nuove, in ogni epoca della vita e non solo agli inizi, viviamo l'incertezza e ci direzioniamo alla comprensione, e nel far ciò ci costruiamo il nostro modo di pensare. Questa caratteristica autocostruttiva della mente si lega ad una spinta a conoscere (Meltzer, 1981) che è costitutiva della mente umana, ma che si può modulare diversamente da individuo a individuo, a seconda della sua storia.

Questa modalità di apprendimento si riferisce dunque ad un processo interiore, ad un modo di accostarsi al sapere e alle conoscenze, che vengono vissute non con indifferenza, bensì come intimamente legate alla propria persona e potenzialmente arricchenti i propri interessi. È come se l'incontro con la conoscenza e il fatto stesso di sperimentarsi in situazioni di apprendimento fosse un'attività dotata di piacere – senza per questo negare le difficoltà o i momenti di fatica e dispiacere – dove il piacere è sia il piacere della conoscenza sia il piacere di conoscere, ovvero di sentire il proprio funzionamento mentale vivo e impegnato e di sentire il piacere del suo funzionamento in quanto tale.

In tal modo si arriva a percepire le difficoltà, le preferenze o le ambivalenze verso la conoscenza e i suoi strumenti (corsi di studio, libri, esami, verifiche, aggiornamenti e investimenti formativi, letture, interessi ecc.) come qualcosa che riguarda se stessi e la propria personalità, scoprendo ed orientandosi verso i propri interessi e le proprie attitudini, accogliendo il valore di tutta la conoscenza pur decidendo di privilegiarne una parte, quella che sarà rappresentata dalla scelta delle scuole superiori, dell'eventuale corso universitario e della propria professione.

Si vuole così sottolineare come tra persona e conoscenza esista un profondo legame, generato e mediato dai processi di apprendimento. È proprio la qualità di tali processi a rendere possibile un'esperienza di contatto intensa e significativa tra persona e conoscenza, e qui si gioca l'importanza del contesto relazionale poiché, come si è indicato in precedenza, la modalità di apprendimento è una funzione appresa nella nel corso della storia personale e educativa di ciascuno.

Abitualmente siamo portati a ritenere che l'apprendimento sia una facoltà o una capacità individuale, una risorsa del singolo dotata di determinate caratteristiche, e così per molto tempo è stata ed è indagata e studiata in diversi ambiti della psicologia (si veda una sintesi in Imbasciati, 1986), con intenti quantitativi e classificatori. Può invece apparire distante da un consueto modo di pensare e di più difficile comprensione l'idea che ciò che impariamo, e soprattutto il modo in cui lo facciamo, dipenda fortemente da come istituiamo o abbiamo attraversato una relazione con gli altri.

Quest'ultima ottica sviluppa una concezione dell'apprendimento che parte dalla sottolineatura delle dimensioni interpersonali e intersoggettive (Stolorow e Atwood, 1995; Liotti, 1994) come fondanti l'avvio delle funzioni psichiche. Sottolineare l'importanza e l'influenza della dimensione intersoggettiva nella genesi della funzione e dei processi di apprendimento, implica collocare il significato dell'apprendimento come esperienza emotiva interna e non solo come incontro con la realtà esterna.

Mente, pensiero e apprendimento

Gli studi sulla vita psichica primaria rivelano, infatti, quanto siano decisive, per lo strutturarsi della mente, le prime relazioni con altre persone significative, proprio nel senso di permettere l'avvio e lo sviluppo di una sorta di programma di base, che l'uomo sembra possedere come precipuo, e che è dato dalla capacità di costruirsi i propri contenuti oggettuali interiori in forza della possibilità di elaborare i dati dell'esperienza sotto forma di apprendimento. La mente umana quindi si formerebbe in base ad una processualità il cui requisito di base sarebbe la capacità programmatica, presente nel cervello fin dal periodo prenatale, di elaborare tutte le informazioni esperienziali interne ed esterne per formare le prime rappresentazioni mentali e da lì le prime interiorizzazioni delle esperienze.

Tale concezione autocostruttiva e autoriflessiva in divenire della mente umana permette analogamente di collegare i termini apprendimento e formazione a quello di "formatività" (Kaneklin e Olivetti Manoukian, 1990; Ghilardi, 2003). Con esso si intende la potenziale capacità che un individuo ha da un lato di rappresentarsi e di pensare alle condizioni della propria esistenza attraverso l'uso del linguaggio, dall'altro di immaginare, anticipare le proprie azioni e di progettare su di esse. Tale complessa capacità sarebbe stata selezionata nel tempo nella mente umana, ma non attraverso innate o istintive predisposizioni, bensì tramite l'utilizzo dell'esperienza, che favorirebbe la maturazione progressiva delle potenzialità della mente. Il fatto che tali capacità da potenziali diventino effettive dipende da primarie condizioni relazionali fra il bambino appena nato e la figura di attaccamento decisiva per la sua sopravvivenza.

Semplificando una lunga serie di studi al riguardo, va qui ricordato come il neonato non possa ancora formulare sotto forma di pensiero le proprie esperienze di bisogno e di sofferenza e quindi possa solo agirle e proiettarle all'esterno. La capacità di portare tali esperienze alla mente sotto forma di pensieri e non di azioni viene acquisita dal bambino attraverso la presenza di figure di attaccamento (nella tradizione psicoanalitica si sottolinea solitamente il ruolo della madre), che pensano per lui, riconoscendo, accogliendo in sé e restituendogli in forma diversa dall'azione e in maniera tollerabile i bisogni che egli prova.

Questa particolare forma di relazione diviene una modalità via via appresa e si instaura come funzione della mente. In tal modo, facendo propria tale funzione, la mente stessa può funzionare, in tutte le altre circostanze di apprendimento, al pari della figura di attaccamento decisiva per il bambino, da "contenitore" per "contenuti" non ancora esprimibili in forma di pensiero, ma recuperabili ed elaborabili, instaurando così le condizioni adatte a favorire tale rapporto di scambio, in pensieri (Bion, 1963).

In altri termini, è come se la figura di attaccamento mostrasse "come si fa", ma soprattutto desse al bambino l'idea che anch'egli possa funzionare allo stesso modo, perché così è pensato dal suo genitore. In tal modo, la comprensione che la figura di attaccamento, nella sua funzione di *caregiver*, ha della mente del bambino incoraggia quest'ultimo a servirsi della mente del genitore per poter esplorare e comprendere la natura prettamente rappresentazionale dei propri stati mentali e sviluppare così quelle capacità meta-cognitive che lo renderanno in grado di differenziare ciò che è apparente da ciò che è reale.

È questa la sottolineatura di Fonagy e Target (2001) della stretta relazione che intercorre tra il sistema di attaccamento e la capacità riflessiva. Nello specifico, i due autori sostengono che l'acquisizione da parte del bambino della funzione riflessiva richiede un sistema intersoggettivo "sicuro", garantito dalla capacità del *caregiver* di contenere le emozioni, proiettategli dal bambino attraverso l'identificazione proiettiva, dotandole così di significato. Al contrario, laddove l'esplorazione della mente del genitore venga sentita come un'esperienza traumatica o persecutoria, è incoraggiato l'abbandono della funzione riflessiva a favore di un ritiro difensivo nella modalità del "far finta", col rischio, nei casi gravi, di compromettere seriamente la capacità di essere consapevole della natura degli stati mentali propri ed altrui, di saper differenziare l'interno dall'esterno, la fantasia dalla realtà, la realtà psichica da quella fisica.

Attraverso il contatto e la relazione con un'altra mente, la nostra mente ha potuto nutrirsi di apprendimento, ha imparato cioè ad imparare. In tal modo è potuta entrare in contatto e ha sperimentato i molti modi e sfumature, non solo reali ma anche possibili, dell'apprendere; tuttavia ha riportato il segno della mente delle persone che hanno dato avvio a questo processo, i genitori in primis, che quindi hanno lasciato tracce delle loro specifiche modalità di funzionamento mentale. Ciò che avviene nelle prime relazioni da parte dei genitori e in seguito degli adulti impegnati in funzioni educative in genere (quando esse non si presentino francamente patologiche), è avviare un processo formativo e costitutivo della mente del bambino, nel senso di permettergli di imparare ad utilizzare la sua mente e quindi di fargli sperimentare l'apprendimento come un modo sempre possibile, rinnovabile e arricchibile per giungere a conoscenze su di sé e sulla realtà. Nel far questo è però inevitabile incidere la propria "impronta" su tale modalità, condizionando con il proprio stile quello dell'altro.

L'avvio delle funzioni di apprendimento del bambino avvia un percorso di crescita e di libertà di sviluppo, che potrà produrre sintesi nuove e diverse da quelle dei genitori. Ugualmente però, per ottenere questo, accade che soltanto comunicando e trasmettendo le proprie specifiche esperienze interiori di apprendimento al figlio i genitori potranno, paradossalmente, aiutarlo ad avviare il proprio peculiare modo di pensare, di sentirsi e di imparare. Come è facile intuire, questo processo non è univoco per tutti gli esseri umani, e diversi ne sono gli esiti conclusivi.

Sarà dunque vitale, per la salute mentale del bambino, che gli adulti facciano sentire come suo (del bambino) ciò che il bambino conoscerà, riuscendo a comunicare se stessi senza per questo travasarsi o sostituirsi all'altro, ma anzi aiutandolo a divenire se stesso. Potremmo definirla come una comprensione che costruisce il soggetto senza invaderlo.

Conclusioni

Nel punto di vista che ho descritto, l'apprendimento non è qualcosa di esterno, una tecnica o un dato inanimato esterno. Esso ha sì a che fare con caratteristiche cognitive individuabili (ad esempio percezione, memoria, attenzione), ma è anche una modalità di esperienza interiore, che riflette la persona che lo vive e lo sperimenta. Ritengo non siano scindibili le funzioni cognitive dalla persona che le utilizza e ritengo dunque l'apprendimento caratterizzato non solo da funzioni strutturali (cognitive e cerebrali), ma profondamente influenzato dalla dimensione intersoggettiva. In tale accezione utilizzo i termini "rapporto" e "relazione".

Sotto questo, come sotto diversi altri aspetti, credo si vada verso il superamento delle classiche dialettiche innato-acquisito a proposito della formazione della mente umana, ponendo nuove concezioni per spiegare il suo sviluppo, visto sempre più da diversi versanti (psicoanalitico, cognitivo, sociale e, attualmente, in parte anche biologico) come una possibilità di autocostruzione dell'individuo (Maturana e Varela, 1980).

Seguendo questo vertice conoscitivo appare evidente che l'apprendimento riveste un ruolo essenziale, e che vada ben oltre l'essere concepito come un semplice schema operativo, per divenire, al contrario, una funzione di alto valore simbolopoietico nell'istituirsi della capacità di costruire i pensieri. Esso inoltre assume una funzione rilevante in quanto richiama chiaramente la presenza di una relazione e di uno scambio tra individuo e ambiente che, nel caso della relazione interumana, assume la caratteristica di istituirsi come scambio tra menti. Di conseguenza possiamo vedere come la funzione dell'apprendimento sia presente non solo nei tradizionali contesti formativi o scolastici, ma anche in generale nel caratterizzare il rapporto tra persone nei termini di uno scambio conoscitivo e, in tal senso, formativo, nel momento in cui comporta una ridefinizione dei propri schemi di pensiero.

Bibliografia

Bion WR (1962) Learning from Experience. London, Heinemann, tr. it. Apprendere dall'esperienza, Armando, Roma, 1972

Bion WR (1963) Elements of Psychoanalysis. London, Heinemann, tr. it. Gli elementi della psicoanalisi, Armando, Roma, 1973

Fonagy P, Target M (2001) Attaccamento e funzione riflessiva. Raffaello Cortina, Milano

Ghilardi A (1993) Psicologia Medica e modelli di formazione. In Imbasciati A, Ghilardi A (1993) Aids. Psicologia Medica per gli operatori, Giuffré, Milano
Ghilardi A (2003) Formarsi alla psicoterapia. In: Ronchi E, Ghilardi A (eds) (2003) Professione psicoterapeuta. Il lavoro di gruppo nelle istituzioni, Franco Angeli, Milano
Kaneklin C, Olivetti Manoukian F (1990) Conoscere l'organizzazione. Nis, Roma
Imbasciati A (1986) Istituzioni di Psicologia, Vol. II. Utet Libreria, Torino
Liotti G (1994) La dimensione interpersonale della coscienza. Nis, Roma
Maturana H, Varela F (1980) Autopoiesi e cognizione. Marsilio, Venezia, 1985
Meltzer D (1981) La comprensione della bellezza. Loescher, Torino, tr. ingl. The Apprehension of Beauty: The Role of Aesthetic Conflict in Development, Art and Violence. Clunie Press, Perthshire
Stolorow R, Atwood G (1992) Contexts of Being. The Intersubjective Foundations of Psychological Life. Analytic Press Inc., Hillsdale, NJ, tr. it. I contesti dell'essere, Boringhieri, Torino, 1995

Capitolo 14
L'apprendimento tra biologia, epistemologia e psicoterapia psicoanalitica

Aurelia Galletti

Ogni volta che si affrontano temi importanti e complessi come il tema dell'apprendimento e delle difese della mente, è d'obbligo una premessa sulla non completezza e non esaustività del proprio intervento. Questi limiti, dati dal tempo e dalla vastità degli argomenti che si affrontano, nel caso del tema proposto sono ancora più forti e, in più, diventano una scelta metodologica che cerca di essere coerente con quanto intendo comunicare. Si tratta, come dicono Fabbri e Munari (1985), "della necessità di abbandonare l'illusione, presente anche in molte teorie psicologiche, di poter giungere un giorno a una teoria unitaria in cui riconoscere la spiegazione di ogni fenomeno, le leggi su cui costruire la nostra conoscenza".

Questa esigenza, così forte ancora in diversi campi di molte discipline, è alla base di un concetto di costruzione del sapere che si ispira alla metafora dell'edificio che procede dal basso verso l'alto, dal semplice al complesso. A questa metafora oggi è imprescindibile sostituire quella della rete, in cui le conoscenze appaiono "tutte interconnesse e interagenti tra di loro" e all'interno della quale è possibile entrare in corrispondenza di qualsiasi snodo, seguendo percorsi che non saranno mai lineari né tanto meno prevedibili.

Si tratta di passare da "una visione, cumulativa, lineare e atomistica, tipica del pensiero moderno newton-cartesiano" ad una "visione reticolare, ove nessuna direzione è privilegiata, nessuna proprietà è fondamentale, e dove le trasformazioni non sono necessariamente cumulative né lineari, ma aperte e indeterminate" (Fabbri e Munari,1985). È questa una visione interessata non tanto ai risultati, soprattutto se visti su un piano quantitativo, quanto ai processi, in quanto "la scoperta del nuovo deriverebbe da questa possibilità di variare le prospettive, i punti di vista" (Fabbri e Munari, 1985), di ridefinire i contesti all'interno dei quali determinati strumenti vengono utilizzati.

In questo senso proporrò alcune considerazioni sotto forma di punti, lasciando sullo sfondo le connessioni e le implicazioni che sono molteplici e variamente intricate.
1. L'uomo sa, e questo lo accomuna a tutti gli esseri viventi provvisti o meno di un sistema nervoso, nel senso che è in contatto con l'ambiente e risponde alle

C. Cristini, A. Ghilardi (a cura di), *Sentire e pensare. Emozioni e apprendimento fra mente e cervello*. ISBN 978-88-470-1068-0 © Springer-Verlag Italia 2009

sue sollecitazioni modificandosi e modificandolo attraverso quello che viene definito un "accoppiamento strutturale" con l'ambiente o medium. In questo senso, cioè "nel senso che la struttura mutante dell'organismo segue la struttura mutante del medium" (Maturana e Varela, 1985) si hanno cambiamenti strutturali dell'organismo-sistema, funzionali alla conservazione dell'adattamento senza perdita dell'organizzazione, cioè della rete di relazioni che definiscono il sistema stesso come un'unità.

2. Maturana e Varela hanno definito i sistemi viventi come sistemi autopoietici, cioè sistemi che si autoproducono nel senso che nessuna delle loro trasformazioni "può essere spiegata come una funzione degli stimoli dell'ambiente"; essi si modificano "in base alla" loro "organizzazione, allo scopo di conservare costante" la loro "organizzazione stessa: questo processo di costante aggiustamento è il processo cognitivo".

3. Ciò porta a dedurre che la vita come processo è un processo di cognizione, intesa come capacità di adattamento autoregolato che consente al sistema, chiuso in quanto la sua autoproduzione non è funzione dell'ambiente, di gestire la sua apertura nell'ambiente, in quanto il suo comportamento è influenzato dalle perturbazioni dell'ambiente.

4. L'uomo sa che sa, e questo lo distingue da tutti gli altri esseri viventi. "Come funzione basilare psicologica e, quindi, biologica la cognizione guida la sua manipolazione dell'universo e la conoscenza dà sicurezza ai suoi atti; la *conoscenza oggettiva* sembra possibile e mediante *la conoscenza oggettiva* l'universo appare sistematico e prevedibile" (Maturana e Varela, 1985).

5. "Tuttavia la conoscenza come esperienza è qualcosa di personale e di privato che non può essere trasferito, e ciò che si crede sia trasferibile, cioè la *conoscenza oggettiva*, deve sempre essere creato dall'ascoltatore" (Maturana e Varela, 1985); l'ascoltatore capisce ciò che è stato preparato a capire, ciò che in qualche modo è già dentro di lui e che risuona alle perturbazioni dell'ambiente prodotte da chi parla, senza che nulla venga trasferito[1] dall'uno all'altro.

6. Da quanto detto sulla base del discorso su Autopoiesi e Cognizione di Maturana e Varela, biologi e ricercatori nell'ambito della neurofisiologia, il discorso su come apprende e si difende la mente è un discorso di estrema complessità e che può essere affrontato dai più disparati punti di vista.

---

[1] Quando parlando di comunicazione noi diciamo che c'è un passaggio di informazione dal mittente al ricevente, siamo portati a immaginare che qualcosa (il messaggio) che appartiene al mittente venga trasferito al ricevente. In realtà non c'è nessun trasferimento di nulla, ma solo un'azione del mittente che è legata alla sua organizzazione interna e ai suoi rapporti con il medium di cui il ricevente fa parte, cui corrisponde una reazione del ricevente, legata alla sua organizzazione interna (ognuno capisce solo ciò che è predisposto a capire), per il quale mittente e messaggio fanno parte dell'ambiente o medium con cui stabilisce il suo accoppiamento strutturale.

7. "Il dominio linguistico, l'osservatore e l'autocoscienza come capacità di descrivere se stessi descrivendo se stessi in modo ricorsivo, sono domini differenti del sistema nervoso con i suoi propri stati in circostanze nelle quali questi stati rappresentano differenti modalità di interazioni dell'organismo".

8. Il pensiero è la capacità del sistema nervoso di interagire con alcuni suoi propri stati interni come se questi fossero entità indipendenti, vale a dire che la coscienza come capacità riflessiva è la capacità del pensiero di riflettere su se stesso, sul suo modo di operare, sul suo sviluppo che accompagna lo sviluppo dell'individuo.

9. Queste capacità, che da un punto di vista ontogenetico costituiscono l'apprendimento come un processo che consiste nella trasformazione, attraverso l'esperienza, del comportamento di un organismo, da un punto di vista filogenetico possono essere viste come il risultato di un lento arretramento dei vincoli dell'ereditarietà genetica verso una sempre maggiore influenza della educabilità degli individui, tanto da far dire ad alcuni che la cultura, antropologicamente intesa, può essere considerata addirittura non come una seconda natura, ma come quella più importante.

10. Questo lento processo ha influito fortemente sull'evoluzione umana rendendo il cucciolo dell'uomo sempre meno autonomo alla nascita, quindi sempre più esposto ai rischi dell'ambiente e dipendente dagli adulti di riferimento per un periodo che è il più lungo di tutte le specie (condizione neotenica). È in questo periodo che l'individuo si sviluppa fisicamente e che attraverso l'apprendimento sviluppa le sue competenze alla vita.

11. Secondo H. Maturana "l'apprendimento avviene in modo tale che, per l'osservatore, il comportamento appreso dall'organismo appare giustificato dal passato, mediante l'incorporamento di una rappresentazione dell'ambiente che agisce modificando il suo attuale comportamento col ricordo" (Maturana e Varela, 1985). Questa definizione si avvicina molto al concetto di transfert cosiddetto "endopsichico" di cui parla Freud nell'*Interpretazione dei sogni* (1899) quando afferma "la rappresentazione inconscia è, in quanto tale, generalmente incapace di penetrare nel preconscio e vi manifesta un effetto soltanto unendosi a una rappresentazione innocente, che fa parte del preconscio, trasferendo su di essa la sua intensità e servendosene come di una copertura". Per G. Bateson (1976), è implicito nel funzionamento dell'apprendimento un "come se", l'assunto scontato ma non vero, della ripetibilità dei contesti; nell'incontro sempre nuovo con una realtà in continuo divenire l'individuo si comporta *come se* ci si potesse bagnare due volte nello stesso fiume (vedi più ampiamente in Ronchi e Ghilardi, 2003); nella teoria dell'apprendimento di Pichon Rivière, psicoanalista argentino, si parla di situazioni di "reincontro" (Pichon Rivière, 1985).

12. In questo senso tutte le teorie psicologiche, non solo quelle più specificamente cognitiviste, sono anche teorie dell'apprendimento: le fasi dello sviluppo dell'individuo, secondo Freud, sono anche fasi di sviluppo dell'apprendimento e così le posizioni della Klein, la griglia di Bion e tutta la sua teoria del pensiero. È interessante rileggere questi autori in questa prospettiva.

13. Qui voglio proporre alcuni concetti che riguardano la teoria dell'apprendimento di Pichon Rivière. Secondo questo autore, la mente, nella sua relazione continua con la "realtà" che è modificazione continua della stessa, agisce attraverso un ECRO (Esquema Conceptual de Referimento y Operativo) che è un insieme di funzioni mentali costituite da "strutture vincolari o strutture di legame". Queste strutture sono costituite da un soggetto, un oggetto della relazione, inteso come il destinatario dell'investimento affettivo, dalla relazione tra soggetto e oggetto e da tutte le modificazioni che si verificano ad ogni reincontro tra questi. Si tratta perciò di strutture che si modificano in continuazione, che sono cioè in grado di apprendere. Anche l'ECRO, come modello formato da tutte queste funzioni/strutture, è un modello in grado di apprendere dall'esperienza, anzi il suo grado di salute dipende dalla sua capacità di apprendimento. Secondo Pichon Rivière, la malattia e il disagio psichici sono il blocco delle capacità di apprendimento, che producono la stereotipia, e la cura è la rimessa in moto dei meccanismi di apprendimento, cioè la trasformazione della stereotipia in un modello in grado di apprendere dall'esperienza.

14. Ma l'individuo si sviluppa all'interno di un gruppo familiare, sociale e culturale con il quale è sempre in stretta connessione come nodo di una rete, come crocevia di relazioni, e siccome, come dice Freud, "non esiste una psicologia individuale che non sia innanzitutto una psicologia sociale" (1921), l'apprendimento avviene all'interno di questa rete, all'interno dei diversi gruppi in cui l'individuo si trova ad operare e nelle cui strutture viene depositata parte della sua identità, che J. Bleger, allievo e collaboratore di Pichon Rivière, chiama anche psicotica (1992), intendendo designare con questo termine la parte più indifferenziata che caratterizza anche gli individui sani e dando, quindi, al termine un significato diverso da quello utilizzato nella diagnostica psichiatrica.

15. Nell'attività di cura che parte da queste premesse, la centralità del gruppo diventa anche l'ottica con cui lavorare con gli individui e il gruppo diventa il luogo privilegiato della cura stessa.

16. Pichon Rivière mette a punto la teoria e la tecnica dei gruppi operativi, gruppi orientati al compito, intendendo con questo termine definire sia il compito manifesto del gruppo, che può essere anche la cura degli individui che lo compongono, sia il compito latente, cioè l'attraversamento delle ansie e delle difese che si frappongono al raggiungimento del compito manifesto, ansie e difese che si strutturano sulla base del compito e ne assumono le caratteristiche. Visto in quest'ottica, il gruppo si struttura come un'unità in cui i singoli componenti funzionano come *integranti* e ciascuno si assume, in un gioco di proiezioni e introiezioni reciproche, il ruolo di una funzione dell'ECRO gruppale. Da questo punto di vista, quando un integrante del gruppo interviene lo fa nei termini di *portavoce* del gruppo stesso e ciò che viene portato nel gruppo (l'emergente) dal portavoce rappresenta quanto, in quel momento, il gruppo è in grado di elaborare. Questa teoria comporta anche una tecnica e una teoria della tecnica per le quali rimando al testo *Il processo gruppale* (Pichon Rivière, 1985).

Ansie, difese e psicoterapia psicoanalitica

L'apprendimento, che si configura come il processo stesso della vita, è la condizione del vivente nel suo adattamento attivo alla realtà ed è volto a far diminuire l'ansia dell'incontro col nuovo cui la realtà continuamente ci pone di fronte (vedi anche Burlini e Galletti, 2000).

L'individuo si difende dall'ansia attraverso meccanismi di difesa che, al momento della loro prima messa in atto, probabilmente costituiscono il modo migliore, date le possibilità interne ed esterne del soggetto, di reagire alle perturbazioni dell'ambiente o medium. Se però queste modalità, per motivi di ordine economico (nel senso dell'economia psichica, vedi Freud, 1925) si stereotipizzano, diventano disfunzionali, antieconomiche e perciò malate. La stereotipia infatti porta l'individuo a reagire ad un ambiente in continua trasformazione con modalità che, funzionali in origine, se rimangono poi sempre le stesse creano una forbice tra soggetto e ambiente (o medium) che si allarga sempre di più.

È in questi casi che la psicoterapia costituisce una risorsa per rimettere in moto i processi di apprendimento, rompendo la stereotipia per far posto a strutture vincolari che costituiscono l'ECRO individuale o gruppale, strutture dinamiche, in grado di apprendere dall'esperienza, cioè di modificarsi nell'interscambio continuo con l'ambiente.

All'interno dell'approccio psicosocioanalitico questo vale per gli individui, per i gruppi e per le istituzioni

La psicosocioanalisi comincia a diffondersi in Italia grazie alla ricerca di Luigi Pagliarani, psicoterapeuta di formazione psicoanalitica, che, inizialmente insieme a Franco Fornari e poi con un gruppo di altri terapeuti e formatori, si interroga sulla possibilità di applicare gli strumenti di indagine e di intervento della psicoanalisi non solo al singolo individuo, ma anche ai gruppi e alle istituzioni, a quella *polis* che insieme alla psicoanalisi ha sempre rappresentato l'altra sua grande passione. Sulla base di questa domanda incontra la socioanalisi inglese del Tavistock Institute e l'esperienza di H. Brown ed E. Jaques alla Glacier Metal Company. Da questo incontro, dalla riflessione su psicoanalisi e socioanalisi, dalla riflessione su alcune esperienze significative in ambito istituzionale (con Fornari il lavoro su un ospedale) e sul sociale più ampio (gruppo anti H e Istituto di Polemologia), nasce la psicosocioanalisi, il cui modello è stato rappresentato da Pagliarani nella "Finestra psicosocioanalitica" (Fig. 14.1).

In essa vengono distinte quattro aree di intervento della clinica, corrispondenti a quattro vertici di aggregazione e possibile osservazione delle esperienze umane.

Luigi Pagliarani (1990), nell'introduzione al *Glossario di Psicoterapia progettuale*, illustra le quattro aree in questo modo:
- "*Genitus*: la condizione di figlio, di generato, messo o venuto al mondo (condizione che ci rende tutti uguali e nello stesso tempo vede ognuno come un

Fig. 14.1 La finestra psicosocioanalitica

unico; il riquadro è evidenziato, rispetto agli altri tre, perché da questa condizione originaria dipende tutto il resto e per tutta la vita).

– *Globus*: il gruppo di ogni dimensione e natura.

– *Faber*: l'individuo singolo operante.

– *Officina*: alla latina, è il gruppo co-operante in tutti i sensi, e non solo nel significato restrittivo che ha oggi il vocabolo nella lingua italiana.

Il quadrato, guardato orizzontalmente, coi settori 1 e 2 (*Genitus* e *Globus*) evidenzia il mondo degli affetti, delle emozioni, delle angosce, dei fantasmi affrontato dalla psicoanalisi (*Genitus*: psicoanalisi individuale o, meglio, duale; *Globus*: psicoanalisi di gruppo, gruppo analisi). Mentre coi settori 3 e 4 (*Faber* e *Officina*) si evidenzia il mondo dell'operatività, del fare, del produrre affrontato dalla socioanalisi (*Faber*: consulenza socioanalitica nella gestione del ruolo di una persona; *Officina*: intervento socioanalitico nell'istituzione secondo l'accezione più larga del termine).

Guardato verticalmente, il quadrato coi settori 1 e 3 evidenzia il mondo al singolare, dell'individuo, mentre coi settori 2 e 4 il mondo al plurale, della società. Stando alle persone del verbo, 1 e 3 riguardano Io, Tu, Egli; 2 e 4, Noi, Voi, Loro.

La figura, vista staticamente, si presenta come una gabbia. Ogni casella è chiusa e ferma. Il trattamento psicosocioanalitico consiste nell'aprire i settori, nell'inserire una porta (da aprire o da chiudere) nella 'parete', introducendo dinamismo tra questi spazi col risultato di espandere la vita – affettiva e operativa – della persona e del gruppo (istituzione, società, cultura vigente), superando i vissuti e le resistenze che appesantiscono la situazione attuale, in modo che venga gestita secondo la sua realtà effettiva. Esempio: una cattiva gestione del ruolo da parte di *Faber* viene sanata e restituita a una efficace e realistica funzionalità in virtù di un'esplorazione – lunga o breve, comunque *brevior*, più breve, la più breve possibile – in *Genitus*; idem per *Officina*, invitata a esplorarsi in *Globus*. L'efficacia – e la necessità – di un tale approccio si può apprezzare considerando una situazione di lavoro istituzionale – *Officina* – in cui il numero dei membri, addestrati e allenati a interrogarsi dal vertice di *Genitus* ogni qualvolta vivano difficoltà in *Faber*, sia piuttosto alto".

In sintesi, la figura – dinamicamente trasformata[2] – diventa quella di Figura 14.2.

"I vettori della parte centrale della finestra – prosegue L. Pagliarani – segnalano l'andirivieni nel tempo tra uno spazio e l'altro, a seconda del processo in corso. Degno di nota è che tale approccio rifonda la connessione dei due verbi amare e lavorare ritenuti capitali dal primo Freud, ma poi scissi al punto che la letteratura psicoanalitica sul lavoro antecedente a Jaques è insignificante; indicativa, e legittimante, è altresì la circostanza che vede l'ultimo Bion, tornato a

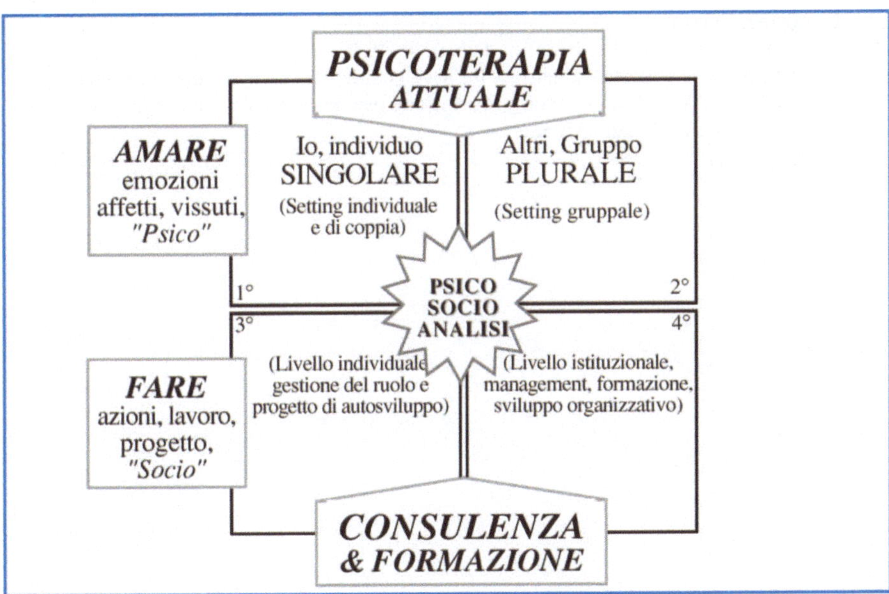

Fig. 14.2 Trasformazione dinamica della finestra psicosocioanalitica

---

[2] Entrambe le figure sono tratte da E. Ronchi (1998).

pensare e a indagare sui gruppi e sul potere, formulare la necessità di una psicosocioanalisi. Questa convergenza tra scuola inglese e scuola italiana risulta ulteriormente avvalorata dagli approdi cui è pervenuta autonomamente la scuola neolatina che con Pichon Rivière in *La teoria del vincolo* è andata oltre Freud e la Klein".

Bibliografia

Bateson G (1976) Verso un'ecologia della mente. Adelphi, Milano
Bleger J (1992) Simbiosi e ambiguità. Editrice Lauretana, Loreto
Burlini A, Galletti A (2000) Psicoterapia 'attuale': nodi di una rete emotiva e cognitiva tra individuo, gruppo e istituzione. Franco Angeli, Milano
Capra F (1997) La rete della vita. Rizzoli, Milano
Fabbri Montesano D, Munari A (1986) Il conoscere del sapere. Complessità e psicologia culturale. In: Bocchi G, Ceruti M (eds) La sfida della complessità. Feltrinelli, Milano
Freud S (1895) Progetto di una psicologia. In: Opere. Boringhieri, Torino
Freud S (1899) L'interpretazione dei sogni. In: Opere, Boringhieri, Torino
Freud S (1921) Psicologia delle masse e analisi dell'Io. In: Opere. Boringhieri, Torino
Freud S (1925) Inibizione, sintomo e angoscia. In: Opere. Boringhieri, Torino
Maturana H, Varela F (1985) Autopoiesi e cognizione. Marsilio, Venezia
Pagliarani L (1990) Introduzione. In: Basili, Burlini et al. Glossario di Psicoterapia progettuale. Guerini e Associati, Milano
Pichon Rivière E (1985) Il processo gruppale. Dalla psicoanalisi alla psicologia sociale. Ed. Lauretana, Loreto
Ronchi E (1998) Il corpo oltre i confini della pelle. Relazione terapeutica e percezione di sé come parte di un soggetto collettivo. In: Rivista Telematica Psychomedia, Roma
Ronchi E, Ghilardi A (2003) (a cura di) Professione psicoterapeuta. Il lavoro di gruppo nelle istituzioni. Franco Angeli, Milano

Capitolo 15

Piaceri e dispiaceri nell'apprendimento e nell'insegnamento universitari

Paola Manfredi

Le considerazioni prendono avvio da una specifica e attuale esperienza: l'attività di studio e insegnamento presso l'Università di Brescia.

Chi, a titolo diverso, come discente o come docente, ha in qualche modo scelto (e poco importa quale sia il nostro grado di consapevolezza di questa scelta o quanto essa ci possa apparire fortuita) di frequentare questa "sede del sapere", custodisce verosimilmente dentro di sé esperienze positive della funzione di apprendimento. Probabilmente ognuno di noi – studente o insegnante – ha sperimentato il piacere di apprendere, vissuto la gioia della scoperta, la ricchezza di un cambiamento, la felice consapevolezza che la mente è in grado di leggere la realtà, di collegare dati, di trovare legami, di creare, accogliere ed ospitare nuovi pensieri, nuove idee e anche di eliminare e dimenticare quelle che non ci piacciono più, o che in altri termini non ci servono o sono risultate obsolete.

Eppure se il mio sguardo si posa sulla realtà presente, faccio fatica a trovare testimonianze, ricordi, tracce di questo piacere.

Università

L'Università è in grado di promuovere il piacere di imparare, di conoscere, di cercare, di pensare?

Non credo sia fuori luogo chiederci quanta vitalità ci sia nelle nostre teorie. In coloro che dovrebbero insegnare e ricercare vi è la capacità e l'interesse per compiere i necessari sforzi per coniugare l'astrazione e la concretezza?

Sovente le nostre Università appaiono come apparati meglio identificabili come "esamifici". La richiesta sociale sembrerebbe muoversi verso progressive semplificazioni dei percorsi, in cui l'interesse rispetto alla qualità della formazione cede il passo alle percentuali degli studenti fuori corso e di respinti nei vari esami (con grande aumento dell'apprensione se dati non incoraggianti – si legga della selezione – vengono pubblicati dai giornali). Vi è un'attesa di "spendibilità" concreta, applicativa del sapere, che a volte appare quasi reificato. Certo esistono le ragioni del mercato del lavoro, ma queste sono le uni-

C. Cristini, A. Ghilardi (a cura di), *Sentire e pensare. Emozioni e apprendimento fra mente e cervello*. ISBN 978-88-470-1068-0 © Springer-Verlag Italia 2009

che? E siamo sicuri che, anche in un'ottica meramente economica, ciò sia vantaggioso? In un orizzonte non del tutto miope l'appiattimento sull'operatività paga davvero?

Sappiamo ancora costruire buone domande o attendiamo solo risposte? La risposta data troppo presto, semplificata, già tradotta, facilmente "digeribile", il "bigino del sapere" non richiede fatica, non pone dubbi; è pronto all'uso e non chiede molto tempo. Ma c'è una ragione per cui non si dovrebbe fare fatica? Pensare non è sempre facile e semplice, come non lo sono altre importanti esperienze della nostra vita, ma ciò non significa che non vi sia piacere o bellezza. Salire una parete in montagna richiede fatica e sovente sulla cima ci si può arrivare anche con una seggiovia, ma chi sceglie il percorso a piedi non ha scelto solo la fatica!

Soprattutto imparare a pensare costa fatica e un poco di dolore: la madre che allatta intempestivamente (si legga troppo presto) il figlio gli risparmia il pianto, gli risparmia la sofferenza, ma lo priva della possibilità di riconoscere la fame e di coltivare il desiderio, gli preclude un'occasione di sviluppo della mente.

Non mi pare casuale che le esperienze di apprendimento giudicate migliori vadano proprio nella direzione di una maggiore partecipazione e attivazione degli studenti: quindi non tanto il sapere pre-confezionato ma quello da costruire.

Ad esempio, nel Dipartimento di Economia dell'Università di Maastricht giudicato, per quattro anni consecutivi, il migliore dell'Olanda, vi è un programma di "didattica a base di problemi - DBP". I problemi sono analizzati e risolti dagli studenti in gruppi di 12 persone. Essi si incontrano due volte alla settimana, sotto le direttive di un presidente eletto, responsabile dell'agenda e dell'andamento della sessione. Compito del docente è monitorare il processo di apprendimento. Obiettivo di tale percorso non è solo l'acquisizione di informazioni, ma l'apprendimento efficace della procedura del problem solving e l'imparare ad imparare[1].

Vi è un altro elemento, oltre all'eccessiva semplificazione e passività del sapere, che può concorrere, io credo, ad allontanare il piacere dalle aule universitarie: è la mancanza di relazioni.

Se ritorniamo col pensiero alle nostre "felici" esperienze di apprendimento constateremo che esse si sono giocate in una dimensione attiva, di ricerca, e in un contesto relazionale, affettivo. I nostri primi apprendimenti sono stati insieme "cognitivi" ed "affettivi". Da una nostra recente ricerca (Manfredi, Imbasciati 2004) emerge come persino in epoca fetale la nostra (proto)mente "apprende" solo se vi è un mediatore affettivo. Valutando in follow-up a quattro, dieci e diciotto mesi bambini che in epoca fetale erano stati esposti a stimolazioni acustiche e verbali, si sono rilevate differenze nelle competenze comunicativo-linguistiche solo

---

[1] Possiamo a latere osservare come la dimensione positiva, vitale della novità trovi conferme anche a livello neurologico. È di questi mesi l'ipotesi che "la novità" attivi aree cerebrali legate al piacere e alla motivazione – sostanza nigra-ventrale segmentale – e che queste, verosimilmente attraverso il rilascio di dopamina, stimolino l'apprendimento e la memoria.

in relazione alle variabili di comunicazione intenzionale madre-feto. Tutte le altre variabili non si sono dimostrate statisticamente significative. In altri termini l'esposizione al linguaggio di per sé non determina significative differenze nell'apprendimento, nemmeno se è la voce materna ad essere udita, ma la differenza si crea quando la madre parla al proprio feto, quando decide un dialogo con lui. Questo dato è abbastanza sorprendente perché a livello di stimolo fisico non vi è differenza: sono onde sonore, hanno timbro e verosimilmente frequenza e intensità sovrapponibili; è sempre la voce della madre ad essere udita dal feto, sia che ella parli con altri sia che si rivolga al figlio che porta in grembo. Eppure una mente così "poco matura" come quella di un feto funziona in modo da acquisire fin da fasi precoci una sofisticata capacità discriminativa; fra tutto ciò che ancora deve essere appreso viene data precedenza alla capacità di intendere se quelle "parole sono per me", potremmo dire alla capacità di lettura affettiva.

Sorprende quindi ancor più come, crescendo, abbiamo pensato di costruirci percorsi di apprendimento che lasciano gli affetti fuori da questa esperienza! La relazione fra discente e docente diventa sovente un rapporto fra estranei, in cui uno dei membri ha il compito di trasmettere "nozioni" e l'altro il compito di immagazzinarle. Di fronte a platee troppo numerose l'unico pallido e incerto scambio è spesso quello di sguardi con gli studenti delle prime file!

Possiamo allora ipotizzare che i nostri percorsi di insegnamento/apprendimento, poco efficaci nel perseguimento dell'obiettivo dichiarato, rispondano ad un altro obiettivo. Forse abbiamo paura del piacere, dell'Eros: i nostri percorsi universitari possono risultare efficaci sistemi difensivi!

L'ipotesi è provocatoria, ma vale forse una riflessione se pensiamo come, in una ricerca effettuata su un campione di studenti al III anno del corso della Facoltà di Medicina della nostra stessa Università (Dabrassi, Manfredi 2006) sono emerse queste poco incoraggianti percentuali: 25,52% di studenti alessitimici, 36,55% border e 37,93% non alessitimici.

Ad onor del vero va detto che non abbiamo testato noi stessi, i docenti...

Discenti e docenti

Oltre ad alcune variabili per così dire di contesto, connesse alla specifica caratterizzazione culturale e sociale della nostra Università, a cui abbiamo precedentemente fatto rapido cenno, vi possono essere variabili di tipo personale che concorrono a far scemare il piacere di apprendere, quando non a sostenere specifiche difficoltà nell'espressione di questa funzione.

Senza avere alcuna pretesa di esaustività possiamo in rapida successione ricordare alcuni elementi.

Se pensiamo all'apprendimento come alla possibilità per la nostra mente di accogliere, di integrare dentro di sé qualcosa che prima era sconosciuto ed estraneo, diventa immediato connettere tale funzione con l'identità personale. Se alcuni apprendimenti e conoscenze possono essere avvertiti come minacciosi per il sé, si può inconsciamente difendersene. Un precario senso di identità (Sé poco integrato) porta quindi ad alterazioni della funzione di apprendimento e ad una flessione del test di realtà per annullare le percezioni troppo angoscianti e sostituirle con una visione del mondo più rispondente ai bisogni di onnipotenza e sicurezza.

Un punto di vista simile è quello che ci propone la lettura piagetiana, che individua nell'articolazione dei processi di assimilazione e accomodamento la possibilità di acquisire nuovi pensieri e conoscenze. Tale articolazione può essere più o meno mobile ed equilibrata – e pertanto adattiva – in funzione della nostra storia psichica, mentale, del nostro processo di individuazione. Un buon funzionamento garantisce una distinzione fra interno ed esterno e quindi una relazione adeguata con la realtà esterna. Se la nostra articolazione non è flessibile incontreremo un pensiero rigido in cui prevarrà l'aspetto difensivo. In tal caso possono darsi due possibilità:
- se prevale l'assimilazione troveremo negazione e deformazione a carattere soggettivo del mondo esterno
- se prevale l'accomodamento troveremo massicce condotte di identificazione e idealizzazione della realtà.

Una lettura più profonda e complessa è quella che lega alcuni importanti disturbi dell'apprendimento e del pensiero a disturbi della fiducia di base. Alcuni disturbi dell'apprendimento e del pensiero si possono manifestare nel periodo adolescenziale, nel momento cioè in cui il pensiero diventa ipotetico-deduttivo. Il disturbo del pensiero può essere una strategia mentale deviante adottata dall'adolescente per rispondere a quella crisi adolescenziale che non può essere vissuta sul versante fisiologico a causa dell'insuccesso della relazione d'attaccamento e dei problemi connessi alla fiducia di base. La fiducia di base è un sentimento primario implicato nell'acquisizione di fondamentali tappe evolutive, come il senso di continuità del sé, di confine (fisico e psichico) e di appartenenza. Il (parziale) fallimento della relazione di accudimento/attaccamento determina lesioni nell'acquisizione di tali competenze, alle quali l'adolescente può cercare di far fronte attraverso una distorsione evolutiva. Allo scopo di presidiare uno spazio di pensiero unico, personale e un sentimento del sé, l'apparato secondario del ragazzo attua una distorsione evolutiva e dissociativa in cui il pensiero viene utilizzato in modo magico. Un pensiero rigido, assoluto e dissociato dalle emozioni permette di non riconoscere i sentimenti di sfiducia, di inadeguatezza, di annichilimento e di impotenza che albergano nel sé e di pensarsi e sentirsi in un modo differente. Il confine fra sé e il mondo esterno e una sorta di controllo su di sé possono venire perseguiti attraverso un pensiero in costante rimuginio, assolutamente vigile nel processamento delle informazioni e distaccato dalla realtà. In tale assetto, con un pensiero così asservito ad altri compiti, vi è poco spazio per la libertà ed il piacere dell'apprendimento, tanto più qualora esso potesse compiersi in situazioni relazionali e affettive (Nosengo et al., 2008).

Sovente l'apprendimento è mediato da un insegnante rispetto al quale si possono giocare dinamiche connesse al rapporto identificazione/modello. È questo un rapporto complesso, giacché è innegabile che fattori di identificazione possano avere un ruolo facilitante l'apprendimento, ma è comunque necessaria una distanza ottimale fra soggetto e modello onde evitare identificazioni di tipo difensivo, quali l'identificazione con l'aggressore o l'identificazione proiettiva.

Un altro fattore importante nell'apprendimento è costituito dalle problematiche narcisistiche. Qualche volta difficoltà psichiche connesse alla necessità di mantenere in modo illusorio l'onnipotenza (infantile) si traducono in un interesse esclusivo per lo studio e l'insegnamento. In tal caso siamo colpiti non da un deficit ma dal suo opposto. Non è difficile incontrare adolescenti (giovani o tardivi) eccellentemente istruiti, brillanti studenti, ma paghi solo dei propri libri e inabili in altri contesti e relazioni sociali; non diversamente da alcuni docenti che hanno organizzato la loro intera vita fra i noti e rassicuranti confini di un laboratorio o tra le ossequienti corsie di qualche (più o meno prestigioso) centro di cura.

Altre volte queste stesse tematiche narcisistiche ostacolano severamente l'apprendimento, per l'inabilità del soggetto a tollerare il grado di frustrazione implicito in ogni forma di conoscenza e di apprendimento. Apprendere significa infatti abbandonare un equilibrio reale in vista di uno potenziale; pertanto esso ci pone di fronte a sentimenti di perdita e vissuti di incompletezza narcisistica. Efficacemente Ancona (1982) sottolinea come nella profondità della nostra mente esista sempre un primitivo conflitto tra curiosità e onniscienza e quest'ultima è non di rado percepita come un paradiso terrestre assolutamente preferibile alla ricerca della conoscenza.

Un'altra soluzione è configurata da chi "sceglie" la via della regressione intellettiva: vi è un riposizionamento ad un livello inferiore, che garantisce un certo funzionamento ed evita una possibile disgregazione.

Un'altra "anomalia" dei processi di apprendimento ci pare individuabile in quelle situazioni in cui non emergono disagi o difficoltà, ma si registra un'assenza di piacere. In questo caso le attività vengono eseguite in funzione di una motivazione meramente esterna, sia per evitare vari tipi di "punizioni" o "ripercussioni", sia per ottenere gratificazioni.

In altri casi ancora prevalgono pressioni di tipo superegoico o si persegue l'obiettivo di allontanare problematiche emotive ansiogene.

Cercando il piacere...

È sempre più agevole, si hanno sempre più materiale e ricchezza di particolari nel trattare di ciò che non va: semplice individuare limiti nell'istituzione universitaria, facile trovare aspetti del nostro funzionamento psichico che possono appesantire se non impedire lo svolgersi di percorsi di apprendimento. Un po' meno agevole è proporre il positivo, non definito per semplice sottrazione o doppia negazione.

Non mi sottraggo però al compito e se certamente non potrò essere soddisfacente, mi valga almeno l'onore delle armi....

Un contributo, forse non irrilevante, ma non ancora compiuto, che la psicologia può offrire al piacere dell'apprendimento, è legato ad un vecchio e un po' bistrattato concetto: la sublimazione.

Freud ne parla già nelle *Minute teoriche* per Wihelm Fliess (1892-97), ma l'idea rimane non ben specificata. Nella tradizione psicoanalitica la sublimazione viene annoverata tra le difese efficaci e non patologiche: con un'immagine emblematica e chiara Fenichel (1945) afferma che la sublimazione è paragonabile ad un canale (non una diga) per la corrente istintuale.

Cinquant'anni dopo questa apparente chiarezza scompare del tutto dal momento in cui sono radicalmente cambiati i riferimenti teorici e lontanissimi i tempi della teoria della libido. Che ne è allora della sublimazione? E quali intuizioni d'allora possono ancora costituire temi di ricerca, di approfondimento?

Hans W. Loewald è autore di un piccolo, denso e impegnativo contributo alla rivisitazione di tale concetto (1988) e da tale autore possiamo trarre qualche spunto suggestivo.

Una delle più frequenti citazioni a proposito di sublimazione è quella freudiana relativa a Leonardo da Vinci ed è da questo lavoro che prende avvio anche il nostro autore. Così S. Freud scriveva nel 1910: "In realtà Leonardo non era privo di passione, non gli mancava la scintilla divina che direttamente o indirettamente è la forza motrice – 'il primo motore' – di ogni fare umano. Egli aveva semplicemente convertito la passione in sete di sapere; si dedicava alla ricerca con quella continuità, perseveranza e profondità che derivano dalla passione (…). Al culmine di una scoperta, quando il suo sguardo è in grado di abbracciare un vasto settore di quel tutto di cui è parte, egli è afferrato dal pathos e celebra con parole esaltate la magnificenza di quel frammento di creazione che ha indagato oppure, in termini religiosi, la grandezza del suo Creatore" (p. 22 e sgg.).

In un altro passo, ancora più esplicito, viene sottolineata la natura divina, sacra delle funzioni sessuali e la caratterizzazione in tal senso di tutte le attività umane. H.W. Loewald ricorda come, secondo Freud, fu l'evoluzione della civiltà ad introdurre una rottura profonda, separando le componenti divine e sacre della sessualità e rendendo quest'ultima incapace di contenere e evocare il divino (la sessualità come "resto esausto"). "L'approfondirsi della rottura dell'unità originaria tra la sessualità e il divino priva entrambi di senso. È qui che la pulsione di morte mostra il suo silenzioso potere. Io ritengo che nella vera sublimazione tale rottura non sia dominante, o sia superata dalla prevalenza di altri fattori" (p. 22-23).

Qui mi pare sia individuabile un elemento di grande interesse: la connotazione cioè della sublimazione come legame più che come connessione o trasmutazione di elementi elevati o bassi.

"Nella sublimazione l'unità originaria viene ripristinata, o almeno parzialmente recuperata; (...) le trasmutazioni della sublimazione rivelano lo schiudersi di un'unicità di esperienza pulsionale-spirituale in elementi differenziati: l'unicità permane dello sviluppo ma sotto forma di legame" (p. 24).

Loewald sostiene che in una prima fase dello sviluppo non vi sarebbe alcuna distinzione fra soggetto e oggetto e fra sé e mondo esterno, e che successivamente sarebbe la sublimazione a rappresentare "una sorta di riconciliazione della dicotomia soggetto-oggetto, (...) un ridursi della distanza tra libido oggettuale e libido narcisistica, tra il mondo oggettuale e il Sé" (p. 30). La sublimazione è un atto di unificazione, un atto creativo che ricrea un'unità, "un'unità differenziata (una molteplicità) che coglie la separatezza nell'atto di unione e l'unità nell'atto di separazione" (p. 33).

Sono questi, a mio parere, spunti molto ricchi, anche se forse non immediatamente fruibili…

Credo che in questa sede si possa almeno convertirli in un augurio: quello di ricercare e di coltivare la passione nei nostri apprendimenti, nel nostro lavoro e nella nostra vita!

Bibliografia

Ancona L (1982) Dinamica dell'apprendimento. Mondadori, Milano

Dabrassi F, Manfredi P (2006) Quasi medici… quasi alessitimici. La cura, 2, 2, 47

Fenichel O (1945) Trattato di psicoanalisi delle nevrosi e delle psicosi. Astrolabio, Roma, 1951

Freud S (1892-97) Minute teoriche per Wihelm Fliess, Vol 2. Bollati Boringhieri, Torino, 1990

Freud S (1910) Un ricordo di infanzia di Leonardo da Vinci, Vol 6. Bollati Boringhieri, Torino, 1990

Loewald HW (1988) La sublimazione. Ricerche di psicoanalisi teorica, tr. it. Bollati Boringhieri, Torino, 1992

Manfredi P, Imbasciati A (2004) Il feto ci ascolta… e impara. Borla, Roma.

Nosengo C, Taglietti C, Berselli E (2008) Dall'alleanza diagnostica all'alleanza terapeutica: trattamento di un adolescente con disturbo del pensiero. Relazione presentata al Convegno internazionale "Nuove frontiere della ricerca clinica in adolescenza", Roma, 25-26 gennaio 2008

Capitolo 16
Dinamiche di gruppo nel processo di formazione

Renato de Polo

Afferma Otto Kernberg: "Certamente esistono problemi sociali ed economici fondamentali che si trovano al di fuori della sfera di influenza degli interventi psicoanalitici, ma noi abbiamo tardato a sviluppare – in un processo di apprendimento – un pensiero psicoanalitico tale da meglio chiarire i problemi maggiori della società" (in Ermete Ronchi, 1997).

Con estrema decisione Kernberg addita un ritardo nell'utilizzo, che non può più essere passato sotto silenzio e che esige un'attenta considerazione, delle risorse psicoanalitiche in rapporto alla società. Un problema però si pone e non è di poco conto: lo psicoanalista, che poteva anche sentirsi all'avanguardia nel trattamento intensivo della sofferenza mentale, si affaccia ai compiti nuovi che il rapporto col mondo esterno gli richiede sentendo che il suo equipaggiamento è decisamente più carente di quello che ha avuto ed ha in dotazione nel rapporto col paziente individuale all'interno del proprio studio o comunque all'interno del setting psicoanalitico o psicoterapico "classico". Che fare per esempio quando un gruppo o una istituzione richiede la sua consulenza per problemi che non rientrano specificamente nell'area del disturbo mentale, ma che comunque esprimono un disagio relazionale, che nasce all'interno di una dinamica affettiva in un collettivo di persone "normali"? La psicoanalisi gruppale offre certamente un ricco e articolato insieme di modelli, di idee e di metodologie operative utilizzabile anche in contesti non terapeutici, ma l'organizzazione di interventi in contesti istituzionali "normali" appare ancora una competenza affidabile ad un numero decisamente ristretto di psicoanalisti, che hanno generalmente limitato il proprio intervento alla conduzione di gruppi di supervisione sui casi clinici o di seminari clinici teorici. Per quanto riguarda invece il trattamento del disagio affettivo la psicoanalisi non ha mai rinunciato facilmente all'idea che il suo luogo privilegiato sia la classica seduta ben isolata dalla realtà esterna, all'interno del setting tradizionale funzionante come una sorta di nicchia ecologica nei confronti di un "sociale" sentito pericolosamente inquinante. In questo modo ha ritardato a farsi strada l'idea che i problemi che riguardano il collettivo possano essere trattati nel collettivo stesso, che esistano emozioni gruppali che possono e *debbono* addirittura essere trattate in gruppo per trovare una qualche elaborazione e soluzione, specialmente quando raggiungono un elevato livello di disagio. E senza che ciò neghi per nulla l'importanza della psicoanalisi individuale

C. Cristini, A. Ghilardi (a cura di), *Sentire e pensare. Emozioni e apprendimento fra mente e cervello*. ISBN 978-88-470-1068-0 © Springer-Verlag Italia 2009

e del suo apparato terapeutico. Ma allora se il collettivo, comunque esso sia, può diventare oggetto di un lavoro psicoanalitico, quale strumento utilizzare per intervenire e quale motivazione da parte dell'utente?

A proposito dello strumento ricorderò che già da diversi anni sono in atto studi su ciò che è stata definita "la funzione psicoanalitica della mente" (Di Chiara et al., 1985; de Polo, 1996, 2007); con questa espressione si intende una capacità primordiale di entrare in rapporto con l'altro e di trasformare gli elementi affettivi insopportabili, in quanto troppo dolorosi, dell'esperienza umana in fattori attivanti la crescita personale. In questo modo la funzione psicoanalitica della mente, se si è sviluppata, può essere utilizzata in qualsiasi contesto, anche collettivo, specialmente là dove il gruppo viene dominato da idee e affetti di origine sconosciuta che ne impediscono il funzionamento adeguato al compito che lo definisce. Sappiamo bene che in qualsiasi istituzione o in qualsiasi gruppo esistono fasi in cui l'affettività prevale sugli obiettivi razionali e ne impedisce o ne rende difficile la realizzazione. Ma ciò rappresenta un momento estremo, già caratterizzato da tensioni cronicizzate o da circoli viziosi. Più in generale in qualsiasi gruppo l'area di attività relativamente libera da conflitti si accompagna ad un'area dominata da stati d'animo o atmosfere emotive conosciute, ma non pensate, che innescano un sottile e ricorrente disagio, qualche volta quasi impercettibile, altre volte più manifesto. Abbiamo scoperto l'utilità dell'intervento psicoanaliticamente orientato proprio e particolarmente in queste situazioni, perché aiuta il gruppo di operatori a disinnescare sul nascere tensioni affettive e relazionali latenti, così che il compito che il gruppo si prefigge possa non solo evitare di subire interferenze di ordine emotivo, ma addirittura utilizzare tali emozioni per sviluppare in maniera più armonica il lavoro collettivo.

Ermete Ronchi a questo proposito afferma: "Finora si è pensato che la via maestra per incidere sul benessere degli individui fosse quella che passava attraverso il divano o il gruppo clinico... Emerge [invece] che l'intervento sul malessere istituzionale produce ricadute con effetti terapeutici su individui e gruppi. Alle soglie del 2000 sembra essere questa una nuova frontiera clinica da valorizzare" (Ronchi, 1997).

A proposito degli obiettivi che l'istituzione, ma anche qualsiasi gruppo, persegue ne individua essenzialmente due:
1. far fronte a stati di mancanza inventando e gestendo obiettivi e soluzioni attraverso la creatività delle persone
2. gestire quotidianamente le ansie e le difese che proprio per le difficoltà di questa operazione esistono e si ripropongono continuamente a tutte le età, in ogni ruolo e ad ogni livello.

"Il gruppo operativo (...) appare uno strumento adeguato per evitare di scindere e frammentare queste due parti, relegandole in mondi lontani e diversi. Un'istituzione sana ha consapevolezza di questa duplicità della sua natura e ne tiene conto nei suoi investimenti strategici. Ha infatti appreso che la possibilità di perseguire efficacemente i suoi obiettivi di lavoro è legata all'attivazione di un processo rivolto all'ascolto del proprio disagio in modo da poterlo quotidianamente attraversare" (Ronchi, 1997).

E ancora: l'obiettivo originario inteso in termini di "miglioramento della qualità dei servizi resi alla collettività" può essere messo in relazione con un altro ben più importante tema: quello del benessere sul lavoro.

Scrivono inoltre A. Burlini e A. Galletti (2000): "Le istituzioni che sapranno mettersi in ascolto del proprio disagio, senza ricorrere a meccanismi difensivi molto primitivi (come il *burn-out* o la negazione del tempo della vita privata) non solo procurerebbero ai propri membri una qualità relazionale migliore e anche più efficace per il conseguimento degli obiettivi che si propongono ma, attraverso i loro membri, potrebbero attivare prese di consapevolezza e quindi promuovere iniziative che riguardano la società tutta". Personalmente ho sperimentato un approccio al problema del disagio nelle istituzioni con piccoli gruppi sia di allievi di scuole di psicoterapia che con operatori di servizi.

I gruppi sono formati da otto-dodici persone. Le sedute durano generalmente un'ora e mezza e possono essere distribuite in modi diversi. La frequenza può essere di una-due volte al mese per tutto l'anno, oppure può essere concentrata in giornate intensive di quattro sedute 3-4 volte all'anno. È importante che venga definito con precisione il contratto iniziale. Per esempio: "dato che il vostro gruppo è già costituito per apprendere la psicoterapia, ci porremo l'obiettivo di conoscere meglio ed elaborare le emozioni e le fantasie inconsapevoli che sono presenti nel vostro gruppo e che influenzano l'apprendimento stesso". Il tema quindi è l'apprendimento nei suoi diversi aspetti: conosciuti ed inconsapevoli. Ognuno è libero di esprimersi come preferisce. Il conduttore si dispone quindi ad una posizione di ascolto partecipe, attento a registrare particolarmente le difficoltà emotive che i partecipanti comunicano in rapporto al tema. L'ascolto riguarda sia le comunicazioni sulla realtà esterna, sia i pensieri e le fantasie che nascono al suo interno. Queste ultime sono ovviamente di particolare importanza perché è ben conosciuto che i livelli impensabili o più difficilmente pensabili della vita mentale ed affettiva del gruppo sono trasferiti nella mente del conduttore e trovano lì il loro ricovero privilegiato se, ovviamente, egli è disposto ad accoglierli ed a rielaborarli dentro di sé sino al punto che possano diventare parola comunicabile.

Credo che questo assetto mentale del conduttore definisca la differenza tra un gruppo di psicodinamica di orientamento psicoanalitico ed altri gruppi di formazione. Ciò che si nota nelle fasi iniziali è che quando un gruppo comincia la sua attività con un conduttore, anche se si tratta di persone che si trovano insieme in un altro contesto, percorre tappe di sviluppo caratteristiche come se, comunque, si trattasse di un gruppo nuovo: c'è prima la ricerca di una unità intorno ad emozioni condivisibili, sia pur con il timore che l'unità cercata possa inglobare ed annullare l'identità individuale, c'è lo spostamento sull'esterno delle emozioni e rappresentazioni spiacevoli, nascono e si rafforzano sentimenti positivi, c'è una fase dove il gruppo si struttura e si articola, crea delle leggi, nascono incidenti e trasgressioni, ci sono fasi di paura collegate alla nascita di idee impreviste.

È importante che il conduttore in tutte le fasi sappia che il gruppo persegue una sua sopravvivenza, sia pur dovendo spesso affrontare il difficile compito di gestire improvvise perturbazioni affettive che, se troppo intense e dolorose, possono veramente portare a processi di autoannichilimento o automutilazione. La sua presenza è fondamentale particolarmente quando le perturbazioni superano una determinata soglia così da diventare non più gestibili dal lavoro che spontaneamente si sviluppa tra i partecipanti. E non solo: è anche essenziale per collegare i pensieri, le fantasie e gli affetti gruppali al compito di lavoro che è stato inizialmente definito. Per esempio, un membro del gruppo che si pone in posizione oppositiva rispetto agli altri potrebbe essere il portavoce, non tanto di una opposizione al gruppo, ma di una opposizione al tema di lavoro del gruppo, l'apprendimento per esempio, e quindi simboleggiare un fattore di opposizione all'apprendimento comune a tutti in modo inconsapevole, e giocato da tutti su di lui in modo manifesto: un portavoce inconsapevole di una opposizione comune.

L'apparire di un mondo condiviso, che sulla scena manifesta viene rimosso, ha generalmente una conseguenza molto significativa: permette che vengano alla luce le differenze individuali. Garantita la possibilità di sopravvivenza del gruppo, anche dopo aver attraversato il suo mondo interno più oscuro, l'esigenza individuale può apparire, perché non viene più considerata particolarmente pericolosa per l'unità gruppale. Ciò però non è certo senza dolore: il bambino può nascere, ma la nascita non è certo indolore, come ben sappiamo. Quando poi il percorso verso l'individuazione è compiuto, nasce un nuovo ciclo. Ritorna l'esigenza di unità, di fusione ecc.

Ciò che conta è, ripeto, che il conduttore permetta che queste fasi si dispieghino, ma sappia anche mostrare come e quanto questi scenari intessano il compito che il gruppo si è posto, così che si possano aprire prospettive di un nuovo modo di relazionarsi con il compito stesso. L'esito che ci si propone è di sviluppare una migliore capacità di apprendere come rapportarsi al proprio compito di lavoro e di produrre per risonanza effetti simili nel contesto istituzionale più vasto. Questo lavoro si impone sempre più come oggetto di studio e di attenzione in quanto si è rivelato capace di promuovere l'interazione tra docenti e operatori in modo sorprendentemente creativo, ponendosi per di più come area intermedia e come spazio di raccordo tra teoria e prassi.

Mi riferisco a quelle metodologie che hanno assunto nella prassi formativa denominazioni diverse: gruppo di sensibilizzazione, gruppo di psicodinamica, gruppo di diagnosi ecc.

A partire dall'uso che se ne è fatto all'interno di alcune strutture formative alla psicoterapia, la sua utilizzazione si è estesa anche agli ambiti degli operatori in diversi contesti; si sono aperti spazi per l'espressione di ciò che potremmo definire una sorta di preconscio istituzionale, che si riferisce a quell'insieme di idee, pensieri, affetti che sono conosciuti tra i partecipanti all'istituzione, conosciuti ma non pensati, cioè elaborati. Durante il lavoro di gruppo è possibile individuare e soffermarsi non solo su tematiche riguardanti l'oggetto specifico di cui il gruppo di operatori si occupa, ma anche pensare ad organizzare in contesti di senso gli "stati d'animo" o le "atmosfere emotive" che rimangono generalmente sospese e non pensate in qualsiasi istituzione, generando poi fastidiose turbolenze che disturbano i processi di sviluppo gruppali.

Sappiamo che l'incontro con l'altro e la costruzione di un mondo relazionale condiviso risultano bisogni primari che ogni essere umano tende a soddisfare come condizione necessaria per la sua esistenza.

Il gruppo di cui stiamo parlando diventa funzionale alla costruzione di questo "mondo relazionale condiviso" in quanto ne permette l'apparire. Ciò inoltre procede, di pari passo, con la scoperta "nel vivo" di movimenti gruppali sconosciuti.

Vorrei ora dare un'esemplificazione di questo tipo di gruppo[1].

Si tratta di un gruppo che si riunisce in una scuola di specializzazione due volte all'anno per una giornata intera e per quattro anni. Ogni giornata si svolge attraverso quattro sedute di un'ora e mezzo.

Il conduttore propone che diventi argomento di discussione tutto ciò che riguarda i temi di apprendimento, sia dal punto di vista didattico che istituzionale.

Prima seduta. Viene esposto il problema che suscita maggiore disagio: la direzione della scuola ha deciso, per ovvii motivi economici, di avviare seminari comuni tra allievi di differenti anni di corso. Gli allievi presenti, del quarto anno e del terzo, accusano il disagio derivante dall'unione tra questi due gruppi e l'impressione che la scelta operata sia stata sostanzialmente a loro svantaggio. Sebbene sentano di essere stati oggetto di un abuso di potere, paiono sostanzialmente rassegnati. Chi parla esprime una protesta che rimane tra il pacato e l'accorato e che riscuote il consenso comune. Mentre viene avanzata la protesta si comincia però ad avviare un confronto tra le caratteristiche dei due gruppi: uno è infatti costituito da psicologi, l'altro da medici. Si sviluppano interazioni tra medici e psicologi dove gli uni dimostrano curiosità ed apprezzamento per le competenze degli altri. Nella mente del conduttore s'impone l'idea che l'unione tra i due gruppi sia tutt'altro che svantaggiosa. Nota la ricchezza degli scambi tra di loro, l'interesse reciproco. Verso la fine un medico si assenta dicendo che ha bisogno di una pausa.

La seduta è utile per notare la presenza nel gruppo di due teorie: la prima dice che l'unione è un "male", la seconda "sostiene" invece l'idea che l'unione sia una ricchezza.

Il conduttore avanza l'ipotesi che la prima idea (l'unione è un "male") sia funzionale al creare un senso di comunanza e di identità tra di loro e che ciò comporta che il "male" gruppale sia depositato all'esterno del gruppo sulla direzione didattica. È stata infatti la direzione didattica che ha operato la scelta di unire i gruppi. L'unione è diventata l'esito maligno di una direzione didattica "cattiva". Ciò permette di vivere il gruppo come un "bene", sebbene rimanga qualche segnale che l'unione sia anche almeno un po' angosciante, in quanto rischia di assorbire troppo l'individuo (mi riferisco all'uscita finale da parte dell'operatore medico).

---

[1] L'esempio, qui parzialmente rielaborato, è già comparso in de Polo, 2007.

Nella seconda seduta viene presentato qualche sogno con un tema comune: occorre rifare gli esami. Si tratta di sogni che ruotano intorno agli esami di maturità.

Ci si sofferma a lungo su ricordi riguardanti tali esami, da cui risulta che la maturità raggiunta è sentita come fittizia.

Il sogno dello Shuttle

Un allievo, Mario, ricorda un sogno in cui un gruppo di persone si dirige verso una navicella spaziale che è in partenza. Dicono a Mario che il suo biglietto per imbarcarsi non è valido. Egli difende invece il suo diritto. Poi si vede insieme ad un gruppo, ma sul tetto di un camper vicino ad un aeroporto con degli aerei in partenza. Un aereo passa vicino, gli scompiglia i vestiti e tende a togliergli gli indumenti intimi. Mario riflette con molta vivacità sullo Shuttle e collega l'immagine della nave spaziale al suo desiderio di arrivare subito, di anticipare i tempi del suo percorso. Il sogno e il suo racconto coinvolgono molto tutti i partecipanti. Appare così una metafora decisamente significativa di un comune stato d'animo gruppale. Non è difficile interpretare l'immagine ideale del gruppo contenitore-Shuttle, che permette di raggiungere rapidamente mete elevate, saltando il faticoso apprendere dall'esperienza. Al confronto il gruppo reale appare simile ad un'"armata Brancaleone", come dirà qualcuno, che procede lentamente come un camper. Questa interpretazione suscita l'impressione di essere stati spogliati e di ritrovarsi quasi senza indumenti. Verso la fine della seduta vengono notate le assenze di un gruppo di allievi. Esse sono paragonate alla difficoltà che ciascuno di loro ha nell'accettare il lento procedere del gruppo sul camper e la perdita di indumenti. Qualcuno dice: "della faccia". Si pensava di essere navigatori spaziali e invece ci si trova a dover fare i conti con tante lentezze, oltre che a dover rifare gli esami.

La terza seduta è ancora dominata da vivaci rappresentazioni portate da Mario. Si parla di una vacanza nel deserto e di piacere della contemplazione che il deserto suscita. "Se ci si sofferma a guardare, l'apparente sua piattezza si rivela invece molto viva. Si possono vedere bellissimi fiori, per esempio, e tante altre cose che non appaiono ad una osservazione superficiale" dice Mario. Si ricordano anche le immersioni nel Mar Rosso, i pesci che si affollano intorno. Appare un'immagine vivida degli squali che non devono fare nessuna fatica per mangiare: ci sono infatti i barracuda che s'incaricano di dar loro da mangiare il cibo eccedente. Qualcuno ricorda che anche gli allievi assenti hanno chiesto ai presenti di portare loro gli appunti della giornata di gruppo. Sono come gli squali che aspettano il cibo dai barracuda. Lo squalo compare in questa descrizione con un'immagine abbastanza tranquilla, sebbene conservi qualcosa di inquietante. Rimane l'idea che immergersi nelle profondità comporta almeno una quota di pericolo.

Il conduttore nota l'armonia presente nella rappresentazione di queste scene. Paragona l'immersione al lavoro di analisi sviluppato che ha permesso di scoprire un mondo prima sconosciuto dove in particolare le esigenze alimentari sono ben regolate, con ruoli e funzioni. Ovviamente, si osserva, se ci fosse una qualche modificazione nell'ecosistema alimentare, se si creasse uno squilibrio nella distribuzione degli alimenti, potrebbe scoppiare il caos, sulla base del principio "pesce grosso mangia pesce piccolo". Il conduttore osserva che il cambiamento istituzionale (l'unione tra i due gruppi) può aver provocato proprio una fantasia di rottura nell'ecosistema alimentare profondo, scatenando fantasmi di voracità e divoramento.

Il discorso prosegue con osservazioni riguardanti il piacere o il rifiuto di mangiare gli animali. Una del gruppo in particolare impersona tale rifiuto e ricorda con un certo disgusto scene della tradizione contadina collegate all'uccisione del maiale. Il gruppo si schiera dividendosi tra fautori del cibo animale e oppositori.

Il conduttore nota che il gruppo, dopo l'immersione nelle sue profondità, ove compaiono anche gli assenti, gli squali, ora sta discutendo il sistema delle leggi gruppali: è lecita o no l'uccisione e il divoramento del maiale, cioè dei membri del gruppo tra di loro. È curioso infatti che chi parla aggiunge un racconto dove c'è il membro di un gruppo che assomiglia ad un maiale. La legge interna come divieto del cannibalismo appare necessaria nei momenti in cui qualche trasformazione gruppale può attivare fantasmi di voracità sino al limite della loro realizzazione simbolica.

A questo punto viene assicurata almeno simbolicamente la sopravvivenza del gruppo attraverso una legge che, in questo momento, viene discussa.

Accennerò solo sinteticamente alla quarta seduta dove viene posta una serie di problemi di realtà collegati alla didattica comune.

Sebbene il gruppo abbia maturato l'apprezzamento delle possibilità offerte dall'unione tra gruppi diversi, vengono riprese in considerazione le disfunzioni nate da questa unione: per esempio gli allievi del quarto anno sono stati costretti ad ascoltare per la seconda volta lezioni rivolte ad allievi del terzo anno. In questo caso appare una configurazione paradossale: gli allievi del terzo anno (rappresentazioni del pesce grosso) divorano il tempo degli allievi del quarto anno (pesce piccolo) in quanto le lezioni comuni sono finalizzate al programma (di alimentazione) degli allievi del terzo anno. L'unione diventa allora una unione nel senso però di divoramento del pesce piccolo da parte del pesce grosso. Ci si domanda perché sia avvenuto un processo di questo genere, per di più senza particolari sussulti. Per esempio gli allievi non hanno cercato con sufficiente determinazione di discutere con i responsabili didattici le disfunzioni rilevate precedentemente. Ciò era avvenuto o, meglio, non era avvenuto, per un vantaggio secondario da parte di tutti: gli allievi del terzo anno potevano ricevere la loro adeguata alimentazione didattica, quelli del quarto anno potevano evitare le fatiche dell'apprendimento di cose nuove, ed inoltre il consistente gruppo di assenti poteva sentirsi giustificato nell'essere assente: tanto lo so già! La conclusione del gruppo fu un progetto di nominare rappresentanti per discutere con la direzione non l'unione tra i gruppi, ma le disfunzioni presenti ad unione avvenuta.

Verso la fine della giornata il conduttore enunciò sia pur in modo sintetico i temi teorici più importanti emersi:

- il costituirsi del gruppo nella distinzione buono-cattivo,
- i tentativi di fuga dall'apprendere dall'esperienza attraverso l'onnipotenza,
- gli aspetti spiacevoli dell'avvicinamento alla realtà gruppale,
- la fantasmatica orale,
- il gruppo totale come insieme di assenti e presenti ecc.

La giornata stessa però si è posta come un momento altamente significativo di ciò che spesso viene astrattamente formulato: apprendere dall'esperienza, in uno spazio dove può avvenire una trasformazione, anche se avviene attraverso ciò che abbiamo definito la funzione psicoanalitica della mente che in questo caso esplora dal cielo (lo Shuttle) alle profondità del mare fantasmi comuni o, in altri termini, un mondo nascosto condiviso. L'esplorazione attraverso la funzione psicoanalitica permette come esito finale un orientamento nella realtà più adeguato se e in quanto viene attivata la distinzione tra realtà e fantasia e la loro relazione dialettica.

Bibliografia

Burlini A, Galletti A (2000) Psicoterapia attuale. Nodi di una rete emotiva e cognitiva tra individuo, gruppo e istituzioni. Franco Angeli, Milano

de Polo R (1996) La funzione psicoanalitica della mente nella dinamica gruppale. A proposito di formazione, Areanalisi, X, 18-19

de Polo R (2007) La bussola psicoanalitica tra individuo, gruppo e società. Franco Angeli, Milano

Di Chiara G, Bogani A, Bravi G et al (1985) Preconcezione edipica e funzione psicoanalitica della mente. Riv di Psicoanalisi, XXXI, 3

Ronchi E (1997) Gruppo operativo, emozioni istituzionali e cambiamento. Riv Italiana di Gruppoanalisi, XII, 3-4

Indice analitico